全国注册公用设备工程师
（暖通空调）执业资格专业考试
考前 3 套卷

林星春　房天宇　主编

中国建筑工业出版社

图书在版编目（CIP）数据

全国注册公用设备工程师（暖通空调）执业资格专业考试考前3套卷 / 林星春, 房天宇主编. — 北京：中国建筑工业出版社, 2023.8
ISBN 978-7-112-28857-1

Ⅰ. ①全… Ⅱ. ①林… ②房… Ⅲ. ①城市公用设施-资格考试-习题集②采暖设备-资格考试-习题集③通风设备-资格考试-习题集④空气调节设备-资格考试-习题集 Ⅳ. ①TU99-44

中国国家版本馆CIP数据核字（2023）第112481号

责任编辑：张文胜
责任校对：姜小莲

全国注册公用设备工程师
（暖通空调）执业资格专业考试
考前3套卷

林星春　房天宇　主编

*

中国建筑工业出版社出版、发行（北京海淀三里河路9号）
各地新华书店、建筑书店经销
北京鸿文瀚海文化传媒有限公司制版
河北鹏润印刷有限公司印刷

*

开本：787毫米×1092毫米　1/16　印张：17¼　字数：408千字
2023年8月第一版　2023年8月第一次印刷
定价：62.00元
ISBN 978-7-112-28857-1
（41211）

版权所有　翻印必究
如有内容及印装质量问题，请联系本社读者服务中心退换
电话：(010) 58337283　QQ：2885381756
（地址：北京海淀三里河路9号中国建筑工业出版社604室　邮政编码：100037）

本书编委会

主编：林星春　上海水石建筑规划设计股份有限公司
　　　房天宇　中国建筑东北设计研究院有限公司

参编：封彦琪　中科盛华工程集团有限公司
　　　马　辉　新城控股集团股份有限公司
　　　李春萍　吉林省建苑设计集团有限公司

前　言

自从 2005 年国家实行全国勘察设计注册公用设备工程师执业资格考试制度以来，至 2023 年已举行了 16 年考试。作为执业资格的准入制度考试，注册设备工程师（暖通空调）考试是暖通行业最重要和影响力最大的考试，注册设备师证书也是职称评审的优先条件、个人能力提升与再学习的途径、岗位提升和职业发展的保证、公司资质认定和发展等需求。根据目前的趋势，部分省份已经要求工程设计专业负责人必须由具有相应注册执业资格的工程师担任并签字盖章，通过考试成为硬性条件。除了暖通空调本专业考生外，也有诸多符合报考规定的相近专业相关专业甚至是其他工科专业的考生参加暖通空调专业考试。

结合目前中国建筑工业出版社出版的相应注册公用设备工程师暖通空调专业考试系列图书：《全国勘察设计注册公用设备工程师暖通空调专业考试复习教材》（本书解析中简称《复习教材》）《全国勘察设计注册公用设备工程师暖通空调专业考试必备规范精要选编》《全国勘察设计注册公用设备工程师暖通空调专业考试全程实训手册》《全国勘察设计注册公用设备工程师暖通空调专业考试备考应试指南》《全国勘察设计注册公用设备工程师暖通空调专业考试考点精讲》，已经形成了教材—规范—真题—总结的系列，但针对考试冲刺模拟试卷内容的资料，尤其是"新题"相对较少，为响应此需求，策划本书，作为《全国勘察设计注册公用设备工程师暖通空调专业考试复习教材》的配套模拟卷资料，按照试卷格式编排，更适合于备考冲刺阶段模拟测试使用，本书内容特点为：

(1) 完全根据真题试卷的格式按考试科目编排，更适合于模拟测试；
(2) 根据最新教材和最新考试规范目录，补充新增知识点的考察；
(3) 贴近真题考试难度，可进行批分统计实时检验阶段复习成效；
(4) 突出考察内容的同时兼顾细节知识点，强化并查漏补缺；
(5) 套卷数量少而精，在复习时间和经济投入上更适合考生使用。

书中所有的题目答案解析全部由曾经参与过考试的高分考生和暖通空调在线注考培训名师原创编写或根据往年真题改编而成。本书主编具有相关设计咨询经验 16 年，注册考试授课培训经历 13 年，主编参编相关书籍标准 22 本，其中注册考试相关书籍 16 本。

如对本书有任何建议、意见和勘误，请与本书主编联系（28136076@qq.com）。在此，本书编委会祝所有考生旗开得胜、考试顺利。

林星春
2023 年 5 月

目　录

考前冲刺阶段复习方法、考前注意点及考场锦囊

近十年真题分值分布统计分析

《全国勘察设计注册公用设备工程师暖通空调专业考试复习教材》各章节考题频率统计

全国注册公用设备工程师（暖通空调）执业资格考试考前第1套卷

专业知识（上）

专业知识（下）

专业案例（上）

专业案例（下）

全国注册公用设备工程师（暖通空调）执业资格考试考前第2套卷

专业知识（上）

专业知识（下）

专业案例（上）

专业案例（下）

全国注册公用设备工程师（暖通空调）执业资格考试考前第3套卷

专业知识（上）

专业知识（下）

专业案例（上）

专业案例（下）

全国注册公用设备工程师（暖通空调）执业资格考试考前3套卷答案及解析

第1套卷·专业知识（上）答案及解析

第1套卷·专业知识（下）答案及解析

第1套卷·专业案例（上）答案及解析

第1套卷·专业案例（下）答案及解析

第2套卷·专业知识（上）答案及解析

第2套卷·专业知识（下）答案及解析

第2套卷·专业案例（上）答案及解析

第2套卷·专业案例（下）答案及解析

第3套卷·专业知识（上）答案及解析

第3套卷·专业知识（下）答案及解析

第3套卷·专业案例（上）答案及解析

第3套卷·专业案例（下）答案及解析

全国注册公用设备工程师（暖通空调）执业资格考试答题卡和答题纸示例

考前冲刺阶段复习方法、考前注意点及考场锦囊

1. 考前冲刺阶段复习法

考前冲刺复习阶段建议考生安排约 8 套套卷进行实战训练，每周一套，利用周末的时间按考试时间安排四个科目的考试，周一至周五对试卷一题一题进行分析并总结错题，这一阶段对应的是教材、规范的第三遍精简复习，在第一、第二遍复习教材的基础上，通过套卷模拟考试情况，一方面做到对真题的题型、知识点、出题角度、难易度、陷阱、基本思路和常规做法的掌握；另一方面严格按照考试的时间执行，熟练应用各种考试技巧，尤其是考场时间把控的"半点时间把控法"和"专业案例通过技巧"。根据 PDCA 循环复习法，在一套套的试卷练习中不断暴露问题，并在下一套测试中解决问题，力争不要把问题带到考场上。

在建议的 8 套试卷安排中，前 5 套可使用最近几年的真题试卷，因考虑到考生会或多或少通过培训班课程、复习讨论或者在第二阶段知识点提炼时熟悉过往年真题，故最后 3 套试卷建议使用一定质量且与真题相似度较高的模拟卷或预测卷（要求这几套卷子平时没有接触过其中的题目）。虽然正式考试题目往往难度、出题角度和知识点大多和往年真题相似，但对于考生来说，考试的卷子是全新的，故前 5 套曾经接触过的真题卷子往往体现不出考生的真实水平（因为见过题目及答案的原因，成绩会偏高），而最后 3 套测试卷对于考生来说是全新的，能比较真实地反映出考生对于未见过的题的应对能力，得分往往与实际考试成绩非常接近了，而通过这 3 套测试卷暴露出的问题还来得及在最后两周的总结提升复习中进行最后的查漏补缺。

考前两周勿大量做题及做研究，只做两件事：（1）错过的题不要再错；（2）对的题继续做对。考前两周复习内容见下表：

考前两周复习内容

倒计时	复习内容
第 14 天～第 13 天	将整个复习阶段的测试套卷时用"做题四支笔标注法"标注的重点题、易错题和强化题过一遍，并做空白错题整理（可组合成四科考卷）
第 12 天～第 11 天	过一遍用"教材四支笔标注法"画出来的重点（利用一目十行复习法）
第 10 天～第 9 天	再熟悉一遍所有规范的目录，将《全国勘察设计注册公用设备工程师暖通空调专业考试考点精讲》第 15.2 节中的曾考条文和重点标注的条文翻一遍
第 8 天	过一篇《全国勘察设计注册公用设备工程师暖通空调专业考试考点精讲》中第一篇所有的高频考点和公式
第 7 天～第 6 天	将空白错题集再分析一遍
第 5 天	对近三年的专业知识和专业案例题各题考点进行列表总结回顾

续表

倒计时	复习内容
第4天～第3天	将《全国勘察设计注册公用设备工程师暖通空调专业考试考点精讲》第二篇扩展总结以及自己做的各种总结再过一遍（同样可采用"四支笔标注法"）
第2天～第1天	做好当年的考点预测（可以是某个考点、知识点、规范条文、公式、总结，等等）或参考《全国勘察设计注册公用设备工程师暖通空调专业考试考点精讲》第15.6节"最新考点预测140例"（可采用"走马观灯复习法"），根据考点预测在脑海中进行幻灯片式的回想，模糊和卡壳之处回顾到教材、规范相应位置强化

注：表格中具体内容可参考《全国勘察设计注册公用设备工程师暖通空调专业考试考点精讲》，中国建筑工业出版社，林星春，房天宇主编）。

2. 考前准备

（1）关于考前复习强度：千万不要用力过猛，保持稳定的复习状态，甚至可以稍微的调节放松。

（2）关于时间和心态调整：考前十天开始注意调整自己的休息时间，并且在考试前一天晚上和当天晚上保证差不多的时间入睡，过早或者过晚都是不宜的。

（3）关于准考证打印：一般在考前一周左右各地开通准考证打印通道，注意准考证上的考试时间和考场（建议：准考证打印至少五份，其中一份放在另外的地方。特别注意身份证不要过期）。

（4）关于计算器：检查计算器的电量情况，如显示不清楚需及时更换电池，若有条件则带两个计算器，考场上没人愿意将正在用的计算器借你。

（5）关于考点：最好提前一天到考场踩点，熟悉路程，免得考试当天迟到（考点一般都比较偏），有条件的可提前预订考场周边酒店（准考证出来后立即预订）。

（6）关于拉杆箱：务必找一个厚实的拉杆箱（拉杆、拉链及万向轮质量要好），以避免去考场的途中出现破损情况。

3. 考场锦囊

（1）携带双证、资料、正宗2B铅笔、橡皮、草稿纸、多张焓湿图、计算器、尺、手表、书架、特别要求的资料等。

（2）答题卡的横竖要注意（四场考试的答题卡排版可能不同）。

（3）准考证号不要忘了填和涂，并确定四科考试准考证号是否不同（划去考完科目的准考证号）。

（4）保证至少剩余10min左右的涂卡时间。

（5）专业案例答题纸上要写上解题过程；答题纸上如果有括号，括号内要填上具体答案的选项。

（6）能带上的规范和参考书尽量带上。

（7）注意每道题的时间安排：单选100s一题，多选200s一题，案例7min一题。

（8）考试时熟练应用七种题型分类应对法、多选题十大技巧、专业案例通过技巧、半点时间把控法、题号题眼标注法。

（9）最好能提前15min到考场，合理摆好规范和参考书。

（10）万一提前发答题卡和试卷的话，可以仔细填涂答题卡，勿填错或者漏填。

4. 关于考卷的强调

（1）在专业知识试卷上做题的时候可以做画线画圈这类的标记（尽量少画），但千万不要做特别的标记，这些会被认为是作弊标记。

（2）专业案例主要解题步骤和答案需填写和填涂在答题纸上，试卷上除了题目上做简单标注外建议不要做其他任何标记，整张试卷也建议用同一支考试要求用笔答题，尤其是不要换笔的颜色或一张试卷上用多种颜色的笔作答（严禁使用涂改液修正带）。

（3）拿到考卷时，不管是专业知识还是专业案例卷子，先填上姓名、准考证号和单位，然后一定要花时间看考试说明，不管是涂卡还是答题，一定要按考试说明的要求，勿另辟蹊径。

（4）答题卡的填涂如果有不明白的话一定要询问监考老师，勿自行揣测。另外，碰到其他问题也可以询问监考老师。

5. 考场内外的特殊细节

（1）用地图软件查询到考场的时间时，建议提前几天在同一时间段查询，并考虑堵车因素。

（2）尽量采用公共交通出行，一般考场不具备停车条件。

（3）关于助人为乐：呼吁男考生主动帮女考生和年老考生拉下行李箱，尤其是对于孕妇考生。

（4）考试时间较长，除了水以外，对于胃不太好的考生，建议带上小饼干、巧克力等补充精力。

（5）下午考试容易犯困，可以带上风油精等物品。

（6）务必各种设闹铃，包括下午考试前的中场休息。中午可以在快餐店或者校园绿化处进行休息调整，避免奔波。

（7）考完单科后可不用马上对答案（坚持到全部考完），不管上午考得怎么样，一定要调整好积极准备下午的考试（上午的知识点下午也会重复考，准备也指休息好），因为分数是按整天算的，只要一天总分通过即可。

近十年真题分值分布统计分析

2012—2022 年真题分值分布统计分析

章节	供暖	通风	空气调节	制冷与热泵技术	绿色建筑	民用建筑房屋卫生设备和燃气供应
平均题量	40	42	54	42	4	8
平均分值	62	67	88	66	6	12
平均占比	21%	22%	29%	22%	2%	4%

2022 年真题分值分布统计分析

题型题量	第一天知识				第二天案例		题量	分值
	上午单选	下午单选	上午多选	下午多选	上午	下午		
供暖	9	6	8	6	4	5	38	59
通风	9	6	9	7	6	5	42	66
空气调节	10	7	10	9	9	9	**54**	**88**
制冷与热泵技术	9	9	10	6	5	5	44	69
绿色建筑	1	1	1	1	0	0	4	6
民用建筑房屋卫生设备和燃气供应	2	1	2	1	1	1	8	12
总计	40	40	30	30	25	25	190	300

注：其他年份真题分值分布统计见《全国勘察设计注册公用设备工程师暖通空调专业考试考点精讲》。

《全国勘察设计注册公用设备工程师暖通空调专业考试复习教材》各章节考题频率统计

供暖章节考题频率统计

章节标题	近十年考题比例	近三年考题比例	近一年考题比例	近十年考题分值	近三年考题分值	近一年考题分值
1.1 建筑热工与节能	2.33%	3.00%	2.67%	70	27	8
1.2 建筑供暖热负荷计算	1.37%	2.33%	2.67%	41	21	8
1.3 热水、蒸汽供暖系统分类及计算	1.83%	1.44%	0.67%	55	13	2
1.4 辐射供暖（供冷）	2.47%	2.44%	3.67%	74	22	11
1.5 热风供暖	0.87%	0.78%	0.67%	26	7	2
1.6 供暖系统的水力计算	2.73%	2.00%	1.33%	82	18	4
1.7 供暖系统设计	1.17%	1.33%	0.67%	35	12	2
1.8 供暖设备与附件	**4.47%**	**4.00%**	**3.67%**	**134**	**36**	**11**
1.9 供暖系统热计量	2.13%	2.78%	2.00%	64	25	6
1.10 区域供热	3.90%	3.67%	2.67%	117	33	8
1.11 区域锅炉房	1.93%	2.89%	3.00%	58	26	9
1.12 分散供暖	0	0	0	0	0	0

通风章节考题频率统计

章节标题	近十年考题比例	近三年考题比例	近一年考题比例	近十年考题分值	近三年考题分值	近一年考题分值
2.1 环境标准、卫生标准与排放标准	0.27%	0	0	8	0	0
2.2 全面通风	**4.50%**	**4.67%**	**3.67%**	**135**	**42**	**11**
2.3 自然通风	2.90%	3.89%	4.67%	87	35	14
2.4 局部排风	1.70%	2.56%	2.33%	51	23	7
2.5 过滤与除尘	2.40%	2.33%	2.00%	72	21	6
2.6 有害气体净化	1.37%	1.56%	2.33%	41	14	7
2.7 通风管道系统	2.50%	1.00%	0.33%	75	9	1
2.8 通风机	3.33%	3.89%	2.33%	100	35	7
2.9 通风管道风压、风速、风量测定	0.37%	0.22%	0	11	2	0
2.10 建筑防排烟	3.90%	4.44%	5.33%	117	40	16
2.11 人民防空地下室通风	0.53%	0.33%	1.00%	16	3	3
2.12 汽车库、电气和设备用房通风	0.37%	0.22%	0.67%	11	2	2

续表

章节标题	近十年考题比例	近三年考题比例	近一年考题比例	近十年考题分值	近三年考题分值	近一年考题分值
2.13 通风、空气调节系统防火防爆设计要点	0.43%	1.44%	4.33%	13	2	0
2.14 完善重大疫情防控机制中的建筑通风与空调系统	0.07%	0	0	2	0	0
2.15 暖通空调系统、燃气系统的抗震设计	0.03%	0.11%	0.33%	1	1	1

空气调节章节考题频率统计

章节标题	近十年考题比例	近三年考题比例	近一年考题比例	近十年考题分值	近三年考题分值	近一年考题分值
3.1 空气调节的基础知识	1.60%	1.56%	1.00%	48	14	3
3.2 空调冷热负荷和湿负荷计算	3.27%	2.56%	2.00%	98	23	6
3.3 空调方式与分类	0.57%	0.67%	0	17	6	0
3.4 空气处理与空调风系统	**8.80%**	**8.44%**	**11.00%**	**264**	**76**	**33**
3.5 空调房间的气流组织	1.47%	2.22%	1.67%	44	20	5
3.6 空气洁净技术	3.40%	3.33%	3.67%	102	30	11
3.7 空调冷热源与集中空调水系统	6.00%	2.44%	5.00%	180	22	15
3.8 空调系统的监测与控制	2.20%	2.56%	2.33%	66	23	7
3.9 空调、通风系统的消声与隔振	1.83%	2.44%	1.67%	55	22	5
3.10 绝热设计	0.80%	0.44%	0	24	4	0
3.11 空调系统的节能、调试与运行	3.20%	1.78%	1.33%	96	16	4

制冷与热泵技术章节考题频率统计

章节标题	近十年考题比例	近三年考题比例	近一年考题比例	近十年考题分值	近三年考题分值	近一年考题分值
4.1 蒸汽压缩式制冷循环	1.93%	2.33%	3.33%	58	21	10
4.2 制冷剂及载冷剂	1.23%	0.78%	1.00%	37	7	3
4.3 蒸气压缩式制冷(热泵)机组及其选择计算方法	**8.77%**	**8.44%**	**2.33%**	**263**	**76**	**7**
4.4 蒸气压缩式制冷系统及制冷机房设计	1.47%	1.44%	2.33%	44	13	7
4.5 溴化锂吸收式制冷机	1.97%	1.78%	1.33%	59	16	4
4.6 燃气冷热电联供	1.00%	1.00%	0	30	9	0
4.7 蓄冷技术及其应用	2.13%	3.22%	3.67%	64	29	11
4.8 冷库设计的基础知识	1.10%	1.00%	1.00%	33	9	3
4.9 冷库制冷系统设计及设备的选择计算	1.30%	1.89%	1.67%	39	17	5

绿色建筑章节考题频率统计

章节标题	近十年考题比例	近三年考题比例	近一年考题比例	近十年考题分值	近三年考题分值	近一年考题分值
5.1 绿色建筑及其基本要求	0.20%	0.22%	0.33%	6	2	1
5.2 绿色民用建筑评价与可应用的暖通空调技术	**0.77%**	**1.56%**	**0.67%**	**23**	**14**	**2**
5.3 绿色工业建筑运用的暖通空调技术	0.23%	0.11%	0	7	1	0
5.4 绿色建筑的评价	0.50%	0.33%	0.67%	15	3	2

民用建筑房屋卫生设备和燃气供应章节考题频率统计

章节标题	近十年考题比例	近三年考题比例	近一年考题比例	近十年考题分值	近三年考题分值	近一年考题分值
6.1 室内给水	**2.07%**	**2.56%**	**3.00%**	**62**	**23**	**9**
6.2 室内排水	0.53%	0	0	16	7	0
6.3 燃气供应	1.47%	1.11%	0.33%	44	10	1

全国注册公用设备工程师（暖通空调）执业资格考试考前第 1 套卷

专业知识（上）

（一）单项选择题（共 40 题，每题 1 分，每题的备选项中只有一个符合题意）

1. 某建筑面积为 20000m² 的酒店项目位于哈尔滨，体形系数为 0.3，根据《建筑节能与可再生能源利用通用规范》GB 55015-2021，下列关于该建筑节能设计的说法错误的是哪一项？
   (A) 北立面窗墙面积比 0.7，外窗传热系数 2.3W/(m²·K)，可进行权衡判断
   (B) 南侧外墙传热系数 0.33W/(m²·K)，满足热工性能限值
   (C) 设计时必须充分满足冬季保温要求，一般可不考虑夏季防热
   (D) 建筑体形系数是指建筑的外表面积和建筑地上地下总体积之比

2. 沈阳某住宅小区采用散热器供暖系统，下列有关供暖系统的设计不符合相关标准的是哪一项？
   (A) 室内供暖系统采用共用立管的分户独立循环系统
   (B) 采用共用立管系统时，每层连接的户数不宜超过 3 户
   (C) 采用共用立管系统时，立管连接的户内系统总数不宜多于 40 个
   (D) 室内供暖系统不应采用单管系统

3. 下列关于热力网管道附件的设置，说法错误的是哪一项？
   (A) 热力网管道干线起点应安装关断阀门
   (B) 热力网关断阀应采用单向密封阀门
   (C) 热水热力网干线应装设分段阀门
   (D) 热水管道的高点应安装放气装置

4. 对于供暖系统和设备进行水压试验的试验压力，下列哪一项是正确的？
   (A) 散热器安装前应进行 0.5MPa 的压力试验
   (B) 低温热水地板辐射供暖系统的盘管试验压力为工作压力的 1.5 倍，不小于 0.6MPa
   (C) 室内热水供暖系统（钢管）顶点的试验压力应不小于该点工作压力的 1.5 倍
   (D) 换热站内热交换器的试验压力为最大工作压力的 1.5 倍

5. 下列哪一种机械循环供暖制式不考虑热水在散热器中水冷却而产生自然作用压力的影响？
   (A) 热水垂直上供下回式双管供暖系统
   (B) 热水垂直下供下回式双管供暖系统
   (C) 立管层数相等的热水垂直上供下回单管跨越式供暖系统
   (D) 热水垂直分层布置的水平单管串联跨越式供暖系统

6. 对于采用干式凝结水管的低压蒸汽供暖系统，影响凝结水管排空气口与锅炉的高差的为下列哪一项？
   （A）蒸汽流速
   （B）蒸汽压力
   （C）凝结水管坡度
   （D）凝结水管长度

7. 下列关于供暖膨胀水箱的说法，错误的是哪一项？
   （A）寒冷地区的膨胀水箱应安装在供暖房间内，如供暖有困难时，膨胀水箱应有良好的保温措施
   （B）膨胀水箱的膨胀管上严禁安装阀门
   （C）膨胀水箱上应设置循环管，循环管应严禁安装阀门
   （D）开式膨胀水箱内的水温不应超过 95℃

8. 下列关于供热管网水力计算的说法，不正确的是哪一项？
   （A）热水供热系统多热源联网运行时，应按热源投产顺序对每个热源满负荷运行的工况进行水力计算并绘制水压图
   （B）热水热力网应进行各种事故工况的水力计算，当供热量保证率不满足规范要求时，应加大不利段干线的直径
   （C）对于常年运行的热水供热管网应进行非供暖期水力工况的分析。当有夏季制冷负荷时，还应分别进行供冷期和过渡期水力工况分析
   （D）蒸汽供热管网应根据管线起点压力和用户需要压力确定的允许比摩阻选择管道直径

9. 热力管网管道的热补偿设计，下列哪一项做法是错误的？
   （A）采用铰接波纹管补偿器，且补偿管段较长时，采取减少管道摩擦力的措施
   （B）采用套筒补偿时，补偿器应留有不小于 10mm 的补偿余量
   （C）采用弯管补偿时，应考虑安装时的冷紧
   （D）采用球形补偿器，且补偿管段过长时，在适当地点设导向支座

10. 某工业园区内的生活区冬季采用高压蒸汽供暖系统，下列有关供汽管道的设计，哪一项是正确的？
    （A）最不利环路的供气管，压力损失不应大于起始压力的 25%
    （B）供汽干管的末端直径，不应小于 25mm
    （C）汽水逆向流动的供汽管的最大允许流速为 80m/s
    （D）汽水逆向流动的蒸汽管的坡度，不得小于 0.002

11. 在进行通风管路水力计算时，需要根据具体情况控制风管的风速，下列关于风管风速的选择不合理的是哪一项？

（A）地下车库风机入口风速 10m/s
（B）演播室［25dB（A）］内空调主风管风速 5m/s
（C）工业厂房排放含有金刚砂的水平风管风速 22m/s
（D）正压送风非金属风管风速 12m/s

12. 下列关于全面通风设计的做法不合理的是哪一项？
（A）在进行机械送风系统设计时，当室内温度最高限值要求严格时，夏季计算消除余热所需通风量的室外计算参数可采用夏季空调室外计算温度
（B）当有害气体和蒸汽密度比空气轻时，宜从房间上部区域排出
（C）室内含尘气体经净化后其含尘浓度不超过国家规定的容许浓度要求值的 30% 时，允许循环使用
（D）排出空气含氢气时，全面排风的吸风口上缘至顶棚平面或屋顶的距离不应大于 300mm

13. 下列关于柜式排风罩的描述哪一项是错误的？
（A）当罩内发热量大，采用自然排风时，其最小排风量按中和界高度不低于排风柜上的工作孔上缘确定
（B）采用吹吸联合通风柜可以隔断室内的干扰气流，有效控制有害物
（C）通风柜设置于供暖房间时，为节约供暖能耗可采用送风式通风柜，送风量取排风量的 80%～85%
（D）排风柜的风速与生产工艺和有害物类型有关

14. 下列有关旋风除尘器的说法错误的是哪一项？
（A）设计除尘系统时，旋风除尘器进口含尘浓度不超过 $1kg/m^3$
（B）分割粒径是指除尘器分级效率为 50% 时对应的粉尘粒径
（C）旋风除尘器入口流速一般为 12～25m/s
（D）旋风除尘器绝对尺寸放大后，除尘效率、压力损失将降低

15. 采用液体吸收法消除有害气体时，有关吸收剂选用原则错误的是哪一项？
（A）被吸收组分的溶解度应尽量高，吸收速率尽量快
（B）为了减少吸收剂的损耗，其蒸气压应尽量低
（C）黏度要低，比热大，不起泡
（D）使用中有利于被吸收组分的回收利用

16. 某一次回风空调系统送风干管及回风干管均为 2000mm×630mm，在预留风量测孔时，预留位置不合理的是下图中哪一个测点？
（A）A 点 （B）B 点
（C）C 点 （D）D 点

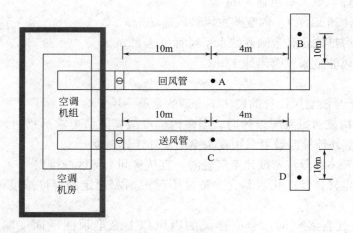

17. 下列有关通风机选用的说法错误的是哪一项？
   （A）输送烟气温度在200～250℃的锅炉引风机材料与一般用途通风机相同
   （B）隧道采用射流通风机，具有可逆转特性，反转后风机性能只降低5%
   （C）防爆场所需选用叶轮、机壳均为铝板制作的防爆通风机
   （D）一般用途通风机适合输送温度低于80℃，含尘浓度小于$150mg/m^3$的清洁空气

18. 设有喷淋的商业建筑进行排烟系统的设计，其中有关自然排烟措施不合理的是哪一项？
   （A）空间净高7m的商店，经计算确定排烟量为$9.1×10^4 m^3/h$，在顶部设置$24m^2$有效通风面积的排烟窗
   （B）仅走道采用自然排烟，走道两端均设置不小于$2m^2$的自然排烟窗且两侧自然排烟窗的距离不小于走道长度的1/2
   （C）建筑面积为$150m^2$的商店设置自然排烟窗时，排烟窗开启方向不限
   （D）商业步行街顶棚设置的自然排烟口有效开启面积不小于地面面积的25%

19. 设置在办公楼走廊吊顶内的水平排烟管道，其耐火极限最低为多少？
   （A）0.5h　　　　（B）1.0h　　　　（C）1.5h　　　　（D）2.0h

20. 下列关于人防地下室柴油电站通风的做法不合理的是哪一项？
   （A）固定电站控制室与发电机房间设防毒通道，并满足换气次数不小于$40h^{-1}$的要求
   （B）电站控制室温度不应超过35℃
   （C）柴油发电机房采用空气冷却时，按消除柴油发电机房内余热计算进风量
   （D）柴油发电机房贮油间通风量按不低于$5h^{-1}$确定，排风机选用防爆型风机

21. 下列有关空调系统负荷计算的说法错误的是哪一项？
   （A）大空间采用分层空调技术，应计算屋顶天窗辐射进入空调区的冷负荷
   （B）末端设有温度控制装置时，空调系统的冬季热负荷按所服务空调区的累计值确定

(C) 空调区与室外空气的正压差值较大时，不计算冷风渗入耗热量
(D) 炊事、照明等散热量应予以扣除

22. 某实验楼空调房间，经计算，人体散湿量为 2.7kg/h，潮湿表面的散湿量为 1.1kg/h，化学反应过程的散湿量为 1.5kg/h，新风带入的湿负荷为 3.0kg/h，若室内冷负荷为 10kW，则该房间的热湿比为下列哪一项？
(A) 1204kJ/kg　　(B) 1887kJ/kg　　(C) 4337kJ/kg　　(D) 6792kJ/kg

23. 下列关于变风量空调系统的说法不合理的是哪一项？
(A) 变风量空调系统不会因室内冷凝水而滋生微生物和细菌，对室内空气质量有利
(B) 变风量空调系统不易控制室内湿度
(C) 根据是否补偿系统压力变化，变风量末端可分为压力无关型和压力相关型
(D) 变风量空调系统可设计恒速风机，通过改变送回风阀的开度实现变风量

24. 下列关于溶液除湿系统的说法，错误的是哪一项？
(A) 溶液表面蒸汽压越低，除湿能力越强
(B) 溶液的温度越低，除湿能力越强
(C) 溶液的溶度越低，除湿能力越强
(D) 溶液与被处理空气的水蒸气分压力相等时，除湿能力为 0

25. 下列有关洁净室室内浮游菌和沉降菌菌落数的检测，不符合规定的是哪一项？
(A) 室内微生物菌落数的检测宜采用空气悬浮微生物法和沉降微生物法
(B) 悬浮微生物法采样点数可与空气洁净度的测点数相同
(C) 5 级洁净室采用沉降微生物法，培养皿最少为 5 个
(D) 浮游菌采样器的采样率宜大于 100L/min

26. 下列有关组合式空调机组试验工况，说法正确的是哪一项？
(A) 测定风机机外静压时，其进口空气干球温度为 5～35℃
(B) 测定风机输入功率时，设备进口水温为 7℃
(C) 测定风机额定风量时，风量实测值不低于额定值的 90%
(D) 风管采用焓差法凝露试验时，环境露点温度应为 16～20℃

27. 下列有关 CFD 在暖通空调工程中的应用，说法错误的是哪一项？
(A) CFD 无法对室内的空气龄进行模拟和预测
(B) 可利用 CFD 对建筑外部的风环境进行模拟和分析
(C) 可通过 CFD 气流模拟，判断冷却塔换热情况的优劣
(D) 可利用 CFD 做锅炉燃烧规律的分析

28. 下列有关空调节能技术措施中不正确的是哪一项？

(A) 对于人员使用数量随机性较大的房间，人数应根据实际的需求来选择
(B) 根据实时的 CO_2 浓度控制实时送入室内的新风量
(C) 严寒地区应对排风热回收装置的排风侧是否出现结霜或结露现象进行核算
(D) 对一些在冬季也需要提供空调冷水的建筑，可考虑采用冷却塔供冷

29. 下列有关公共建筑节能设计的说法错误的是哪一项？
(A) 人员密度相对较大且变化较大的房间，宜根据室内 CO_2 浓度检测值进行新风需求控制
(B) 风机盘管加新风系统设计时，新风宜接入风机盘管回风管，经风机盘管处理后送入室内
(C) 空调风系统不应利用土建风道输送经过冷热处理后的新风
(D) 空调风系统风量小于 10000 m^3/h 时，可不考虑单位风量耗功率限值

30. 下列有关蒸气压缩制冷系统的相关描述正确的是哪一项？
(A) 当蒸发温度下降时，制冷剂的循环量增加
(B) 理想循环的制冷系数只与蒸发温度和冷凝温度相关
(C) 理论循环中存在两个等温过程
(D) 理想工况，冷凝温度和蒸发温度同时降低1℃，性能系数不发生变化

31. 下列有关制冷剂的相关描述错误的是哪一项？
(A) R1234ze 可替代 R134a
(B) 房间空调器制冷剂可采用 R290 替代
(C) R23 主要应用于超低温冷库
(D) R407C 为共沸混合物

32. 某制冷剂为 R717 的活塞式压缩机制冷系统，其相关做法错误的是哪一项？
(A) 当吸气温度为 －40℃时，采用双级压缩有助于系统的改善
(B) 名义工况下，其吸气温度为 －10℃
(C) 压比大于 8 时，系统采用二级活塞式压缩机
(D) 活塞式压缩机气缸可开启补气孔与经济器相连

33. 下列有关制冷压缩机的相关描述说法错误的是哪一项？
(A) 只有离心式压缩机会出现喘振现象
(B) 空气源热泵机组在保证压缩机入口侧的过热度的前提下不需要设置气液分离器
(C) 数码涡旋压缩机不需要设置制冷剂热气旁通
(D) 离心式压缩机可设置节能器

34. 下列有关蒸发式冷凝冷（热）水机组的说法错误的是哪一项？
(A) 机组的冷却水用水量一般不到冷却塔用水量的 1/2

(B) 机组的 COP 要小于风冷热泵冷水机组
(C) 蒸发式冷凝器传热系数比风冷式冷凝器大
(D) 综合权衡初投资和运行费用比水冷式和风冷式机组要低

35. 下列有关水（地）源热泵机组能效等级说法正确的是哪一项？
(A) 60kW 水环式冷热水型机组性能系数 4.60，达到二级能效等级
(B) 180kW 地埋管式冷热水型机组性能系数 4.20，达到一级能效等级
(C) 150kW 地表水式冷热水型机组全年综合性能系数 5.40，达到一级能效等级
(D) 地下水式冷热风型机组全年综合性能系数 3.50，达到三级能效等级

36. 某办公建筑采用冰蓄冷系统，采用冰盘内融冰方式，空调冷水直接进入建筑内的空调末端，基载负荷为 400kW。下列有关其设计做法正确的是哪一项？
(A) 不需要设置基载机组
(B) 空调的冷水供回水采用 5℃温差
(C) 供水温度为 6℃
(D) 蓄冰槽与消防水池合用

37. 某冷库在选取隔热材料时，下列相关性能的描述错误是哪一项？
(A) 硬质聚氨酯泡沫塑料的导热性好
(B) 聚苯乙烯挤塑板可用于冷库地面
(C) 低密度闭孔泡沫玻璃的抗压强度要大于挤压型聚苯乙烯泡沫板
(D) 正铺于地面、楼面的隔热材料，其抗压强度不应小于 0.5MPa

38. 下列关于设备之间制冷剂管道连接的坡向说法正确的是哪一项？
(A) 压缩机进气水平管坡向蒸发器
(B) 压缩机排气水平管坡向压缩机
(C) 冷凝器至贮液器的水平供液管坡向贮液器
(D) 油分离器至冷凝器的水平管坡向冷凝器

39. 某办公楼竣工后参评绿色建筑，其各项得分为，安全耐久 40 分，健康舒适 60 分，生活便利 40 分，资源节约 100 分，环境宜居 30 分，提高与创新加分项不得分，且满足《绿色建筑评价标准》GB/T 50378-2019 表 3.2.8 要求，请问其可申请几星级绿色建筑？
(A) 基本级　　(B) 一星级　　(C) 二星级　　(D) 三星级

40. 某 18 层的居住建筑，标准层的横支管层层连接至排水立管，关于其排水设施的设置说法正确的是哪一项？
(A) 当其仅设置伸顶通气管时，底层横支管与立管连接处至立管管底的最小垂直距离为 0.75m
(B) 需要层层设置检查口

(C) 排水立管管径可取 75mm

(D) 排水立管通过主卧房间时，需暗装

（二）多项选择题（共 30 题，每题 2 分，每题的各选项中有两个或两个以上符合题意，错选、少选、多选均不得分）

41. 下列关于地板辐射供暖（供冷）系统安装的做法不合理的是哪几项？

(A) 加热供冷管出地面至分集水器下部阀门接口之间的明装管段外部应加装塑料套管或波纹管，套管应高出面层 150～200mm

(B) 分集水器安装时，集水器安在上侧，分集水器中心间距 200mm

(C) 混凝土填充层施工中，加热供冷管内的水压不应低于 0.4MPa

(D) 加热供冷管弯头中间宜设固定卡，直管段固定点间距宜为 500～700mm

42. 下列关于供暖系统管道弯曲半径的表述，符合相关规定的是哪几项？

(A) 钢制焊接弯头，不小于外径的 3 倍

(B) 钢管热揻弯，不小于外径的 3.5 倍

(C) 钢管冷揻弯，不小于外径的 4 倍

(D) 钢制冲压弯头，不小于外径的 1.5 倍

43. 单管跨越式系统散热器串联组数不宜过多的原因是下列哪几项？

(A) 散热器面积增加较大

(B) 恒温阀调节性能很难满足要求

(C) 安装不方便

(D) 重力循环作用压力的影响更明显

44. 外网采用定流量控制时，采用三通阀混水的地面辐射供暖系统包括下列哪些部件或设备？

(A) 平衡管 (B) 平衡阀 (C) 热计量装置 (D) 换热器

45. 现对石家庄某住宅小区供暖系统改造，下列需进行改造是哪几项？

(A) 室外供暖系统热力入口没有加装平衡调节设备

(B) 供热管网的水力平衡度超出 0.9～1.2 的范围

(C) 室外供热管网循环水泵出口总流量低于设计值

(D) 供暖系统室外管网的输送效率低于 90%，正常补水量大于总循环流量的 0.5%

46. 关于蒸汽锅炉作为热源的规定，错误的是哪几项？

(A) 厨房、洗衣、高温消毒以及工艺性湿度控制等必须采用蒸汽的热负荷时，可采用蒸汽锅炉作为热源

(B) 蒸汽热负荷在总热负荷中的比例大于 70% 时，可采用蒸汽锅炉作为热源

(C) 供暖总热负荷不大于 1.4MW 时，可采用蒸汽锅炉作为热源

（D）蒸汽锅炉房内由于建筑空间不足无法设置热交换系统时，供暖可采用蒸汽锅炉作为热源

47. 关于锅炉房燃气管道的设计，下列哪几项说法是错误的？
（A）锅炉房燃气管道宜采用单母管，常年不间断供热时应采用双母管
（B）为便于操作，锅炉房燃气管道宜地下敷设
（C）要根据锅炉房具体情况考虑燃气管道上是否安装放散管
（D）燃气管道的吹扫气体应采用锅炉所用燃气

48. 某新建集中供暖住宅小区采用共用立管分户计量，户内系统采用水平双管散热器热水供暖系统，分室温控，则下列哪几项是正确的？
（A）热媒热水供/回水温度为 95℃/70℃
（B）在每组散热器的供水支管上安装高阻恒温控制阀
（C）当散热器安装在装饰罩内时，应采用温包外置式恒温控制阀
（D）户内系统入口装置依次由供水管调节阀、过滤器（户用热量表前）、户用热量表和回水截止阀组成

49. 天津某住宅地下车库设置与送排风系统联动的 CO 浓度监测系统，下列环境监测浓度设定值不合理的是哪几项？
（A）15mg/m³　　（B）25mg/m³　　（C）35mg/m³　　（D）45mg/m³

50. 有关热风平衡的说法中，下列正确的是哪几项？
（A）不论采用何种通风方式，通风房间的空气量都要保持平衡
（B）洁净度要求高的房间利用无组织排风保持房间正压
（C）产生有害物质的房间利用无组织进风保持房间负压
（D）要使通风房间温度保持不变，必须使室内的总得热量等于总失热量

51. 下列有关自然通风系统设计说法正确的是哪几项？
（A）严寒地区用于冬季自然通风的进风口，其下缘距室内地面不宜低于 4m，否则应采取防止冷风吹向工作地点的有效措施
（B）采用通风屋顶隔热时，其通风层长度不宜大于 10m，空气层高度宜为 20cm
（C）对于大多数厂房，为了保证室内外温差不超过 5℃，排风与室外温差一般应不超过 10～12℃
（D）寒冷地区室内散热量大于 35W/m³ 时应采用避风天窗

52. 某工厂除尘装置采用袋式除尘器，其相关说法正确的有哪些？
（A）不同清灰方式中，气流反吹清灰能力最强，允许较高过滤风速
（B）粉尘粒径越大，袋式除尘器的除尘效率越高
（C）滤料采用机织布的条件下，较小的过滤风速有助于提高除尘效率

(D) 气体密度与过滤层的压力损失无关

53. 均匀送风设计时需要满足下列哪些条件？
    (A) 保持各侧孔静压相等
    (B) 保持各侧孔流量系数相等
    (C) 保持各侧孔间压降相等
    (D) 保持出流角不小于60°

54. 下列关于风管的材料耐火性能说法正确的是哪几项？
    (A) 普通的通风、空气调节系统的风管，应采用不燃材料制作
    (B) 接触腐蚀性气体的风管及柔性接头，可采用难燃材料制作
    (C) 风管穿过防火墙时，应在穿过处设防火阀，防火阀两侧各2m范围内的风管及其保温材料，应采用不燃材料
    (D) 设备和风管的绝热材料宜采用不燃材料，当确有困难时，可采用燃烧产物毒性较小且烟密度等级小于或等于50mm的不燃材料

55. 随着新冠疫情全球暴发，国家要求完善重大疫情防控机制，健全国家公共卫生应急管理体系。在非医疗类公共建筑设计时，若建筑处于发生经空气传播病毒疫情的疫区时，下列通风空调系统运行方案错误的是哪几项？
    (A) 新风系统宜全天运行，为了防止负压房间空气质量下降，排风系统停止运行
    (B) 确保新风直接取自室外，禁止从机房、楼道和吊顶内取风
    (C) 全空气系统应关闭回风阀，采用全新风运行方式，保持空调系统加湿功能
    (D) 当场所内出现相关患者时，应加大空调系统新风量供应

56. 下列关于排烟系统设计的说法正确的是哪几项？
    (A) 排烟口设置在侧墙时，吊顶与其最近边缘的距离不应大于0.5m
    (B) 采用吊顶上部空间进行排烟时，吊顶内应采用不燃材料，且吊顶内不应有可燃物
    (C) 当空间净高大于6m时，防烟分区之间可不设置挡烟垂壁
    (D) 走道的排烟口可设置在其净空高度的1/2以上

57. 下列有关湿空气的说法，正确的是哪几项？
    (A) 湿空气的压力由干空气分压力和水蒸气分压力组成
    (B) 水蒸气分压力相同的两股空气，干空气分压力高的空气含湿量低
    (C) 每千克水变为水蒸气所需要的汽化潜热为2500kJ/kg
    (D) 相对湿度不仅与水蒸气分压力有关，而且与水蒸气饱和分压力有关

58. 某大型公共建筑，其空调负荷显现出内外分区特点，设计全空气分区空调系统，下列有关该系统的说法正确的是哪几项？
    (A) 全空气分区空调系统属于双风道系统

(B) 各个空调分区可随意调节送风温度
(C) 全空气分区空调系统节能性差
(D) 系统通过送风温度控制风道的风阀调节

59. 下列各项气流组织设计中，说法错误的是哪几项？
(A) 空调系统非等温自由射流主体段内，轴心温度与射流出口的温度之比，约为0.73倍的轴心速度与射流出口速度之比
(B) 多个送风口自同一平面沿平行轴线向同一方向送出的平行射流，其流动规律与单独送出时的流动规律相同
(C) $d=0.5m$的回风口，距离风口0.25m远处，回风气流速度为点汇处风速的25%
(D) 与一般的射流相比，旋转射流的射程短得多

60. 有关变流量系统与定流量系统，下列各项表述中正确的是哪几项？
(A) 一级泵压差旁通变流量系统与定流量系统均无法做到实时的降低能耗
(B) 一级泵压差旁通变流量系统与定流量系统运行能耗相同
(C) 一级泵变频变流量系统，水泵降至40Hz运转时，压差旁通阀不会发生动作
(D) 二级泵系统应能进行自动变速控制，宜根据管道压差的变化控制转速，且压差能优化调节

61. 下列有关二级泵和多级泵空调水系统的盈亏管，说法正确的是哪几项？
(A) 盈亏管与设计工况完全匹配时，无水流通过
(B) 二级泵或多级泵之间必须设置平衡管
(C) 一级泵的流量不小于二级泵的流量，有利于防止盈亏管倒流
(D) 若盈亏管发生倒流，将导致末端供水温度上升

62. 下列有关消声器的性能与设计，说法正确的是哪几项？
(A) 消声器应采用不燃材料制作
(B) 消声器的声学性能是指声功率级的差，即进出口的声功率级之差
(C) 微缝板消声器相比微穿孔消声器，消声性能更强，阻力也更低
(D) 微缝板消声器不适合在高温、高速风管和洁净车间内使用

63. 对二级泵空调系统的水泵变速控制，下列说法正确的是哪几项？
(A) 有压力/压差控制和温差控制等不同方式
(B) 温差控制与压差控制相比，响应时间更快
(C) 干管压差控制方式，信号点的距离近，易于实施
(D) 最不利末端压差控制方式，比干管压差控制方式运行节能效果更好

64. 下列有关蒸汽压缩式机组相关参数的描述错误的是哪几项？
(A) 机组制热的名义工况，用户侧的进口水温为45℃

(B) 水冷机组名义工况，冷凝器换热量为1kW时，热源侧的水流量为0.134m³/(h·kW)
(C) 风冷热泵融霜工况，其干球温度为2℃
(D) 名义工况下，蒸发器和冷凝器侧都是清洁的

65. 长春一体育馆，拟采用蓄冷方式进行供冷，下列相关描述正确的是哪几项？
(A) 一般情况下，采用蓄冷系统的初投资较高，其运行耗电量较高
(B) 水蓄冷系统的机组用电负荷削峰率要低于冰蓄冷
(C) 设置蓄冷系统可减少主机的装机容量
(D) 同一机组，环境工况相同时，冰蓄冷工况下的制冷量衰减大于水蓄冷工况

66. 北京市某蓄冷系统制冷剂采用螺杆式水冷机组空调工况制冷，夜间制冰，该机组的名义工况制冷量为2000kW，下列相关说法正确的是哪几项？
(A) 该机组制冰工况下的性能系数的限值为4.5
(B) 该机组制冰工况的额定制冷量可为1200kW
(C) 该机组制冰工况单位制冷量的耗功要大于空调工况
(D) 标准工况下，该机组制冰工况蒸发器侧出水温度为－5.6℃

67. 下列有关制冷剂管道的设计说法正确的是哪几项？
(A) 制冷剂蒸气吸气管，饱和蒸发温度降低应不大于1℃
(B) 用于输送卤代烃的制冷管道其过滤器不应采用铸铁
(C) 在管道系统中，应考虑能从任何一处管道中将制冷剂抽走
(D) 融霜用热气管应做保温

68. 某工厂采用冷热电联供系统，发电机采用微型燃气机，下列相关说法正确的是哪几项？
(A) 发电设备台数和单机容量，应按发电机组工作时有较高的负载率进行确定，并应充分利用余热能
(B) 联供系统宜选用有降低氮氧化物排放措施的原动机
(C) 余热形式为高温烟气
(D) 该系统可用于制备生活热水

69. 以下关于绿色建筑评价的基本规定描述正确的是哪几项？
(A) 建筑工程竣工后即申请绿色建筑评价的项目，所提交的一切资料可以是预评价时的设计文件
(B) 绿色建筑评价指标体系由健康舒适、生活便利、资源节约、环境宜居组成
(C) 《绿色建筑评价标准》GB/T 50378-2019修订内容，以"四节一环保"为基本约束，遵循以人民为中心的发展理念
(D) 《绿色建筑评价标准》GB/T 50378-2019将绿色建筑分为基本级、一星级、二星级、三星级共4个等级

70. 关于燃气管道切断阀门的设置正确的是哪几项？
（A）设置在调压站的室外或箱体外燃气进口管道上
（B）设置在进口压力大于1.6MPa的调压站燃气出口管道上
（C）设置在用户燃气引入管
（D）设置在放散管起点

专业知识（下）

（一）单项选择题（共 40 题，每题 1 分，每题的备选项中只有一个符合题意）

1. 严寒地区设置集中供暖的公共建筑，如果不设置值班供暖，利用工作时间内房间蓄热量维持非工作时间内的室温，那么该室温应该为下列哪一项？
   （A）必须达到 5℃
   （B）必须在 0℃以上
   （C）10℃
   （D）设计温度

2. 如下图所示四个朝向均为外墙，计算该房间冷风渗透耗热量时，下列哪一项说法是正确的？

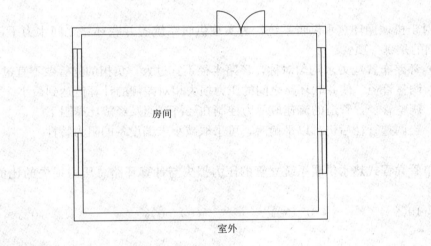

   （A）计算所有朝向外门窗的冷风渗透耗热量
   （B）计算冷空气渗透较大一个朝向外门窗的冷风渗透耗热量
   （C）计算冬季较多风向围护结构 1/2 范围内外门窗的冷风渗透耗热量
   （D）计算风量较大两个朝向外门窗的冷风渗透耗热量

3. 下列有关高层建筑热水供暖系统的说法错误的是哪一项？
   （A）热水供暖系统高度超过 50m 时，宜竖向分区设置
   （B）双水箱分层式系统属于开式系统
   （C）采用断流器和阻旋器的分层系统中，需将断流器设置在室外管网静水压线的高度
   （D）高区供水管上设置加压泵时，加压泵出口应设止回阀

4. 某 6 层办公建筑，设计机械循环热水供暖系统时，合理的做法应为下列哪一项？

(A) 水平干管必须保持与水流方向相同的坡向
(B) 采用同程式双管系统，作用半径控制在150m以内
(C) 采用同程式单管跨越系统，作用半径控制在120m以内
(D) 采用同程式单管系统，加跨越管和温控阀

5. 热水供暖系统3台同型号循环水泵并联运行，若1台水泵停止运行，其他2台水泵的流量和扬程会如何变化？
(A) 流量减小，扬程增大
(B) 流量和扬程均减小
(C) 流量增大，扬程减小
(D) 流量和扬程均增大

6. 关于蒸汽集中供热系统中与供暖用户连接的热力站设计，正确的是哪一项？
(A) 汽水换热器宜采用带有凝结水过冷段的换热设备，并应设凝结水水位调节装置
(B) 热力站中应采用开式凝结水箱
(C) 凝结水箱的总储水量宜按30min最大凝结水量确定
(D) 凝结水泵不应设置备用泵

7. 对于机械循环热水供暖系统，为实现供暖系统各并联环路之间水力平衡，下列措施中不正确的是哪一项？
(A) 环路布置应力求均匀对称，环路半径不宜过大，负担的立管数不宜过多
(B) 调整管径，使并联环路之间的压力损失相对差额的计算值达到最小
(C) 调整管径，管道的流速应尽力控制在经济流速及经济比摩阻下
(D) 当调整管径后仍难以平衡时，可采取减小末端设备的阻力特性

8. 单管异程式热水供暖系统立管的压力损失与计算环路总压力损失的比值不宜小于下列哪个值？
(A) 10％ (B) 15％ (C) 50％ (D) 70％

9. 新建住宅热水辐射供暖系统应设置室温调控装置，下列哪一项措施是不正确的？
(A) 实现气候补偿，自动控制供水温度
(B) 自动控制阀宜采用电热式控制阀，也可采用自力式温控阀和电动阀
(C) 不能采用室温传感器时，可采用自动地面温度优先控制
(D) 采用总体控制时应在分水器或集水器的各个分支管上分别设置自动控制阀

10. 下列有关锅炉各指标的名称含义描述错误的是哪一项？
(A) 每平方米受热面每小时所产生的散热量称为锅炉受热面的蒸发率
(B) 锅炉的受热面蒸发率越高，表示传热好，锅炉所耗金属量少，锅炉结构紧凑
(C) 锅炉的热效率是指锅炉名义工况下的热效率
(D) 蒸发量是指蒸汽锅炉每小时所产生的额定蒸汽量

11. 某汽水换热站，一次网蒸汽压力为0.6MPa的饱和干蒸汽（温度为159℃），则该管道保温材料应采用下列哪一种？
（A）柔性泡沫橡塑制品
（B）硬质聚氨酯泡沫制品
（C）硬质酚醛泡沫制品
（D）离心玻璃棉制品

12. 某厂房采用燃气红外线辐射供暖系统，下列说法正确的是哪一项？
（A）燃气红外线辐射供暖系统的燃料宜采用天然气，不得采用液化石油气、人工煤气等
（B）当由室外向燃烧器提供空气时，系统热负荷应包括加热该空气量所需的热负荷
（C）燃烧器所需空气量可直接来自室外，也可由室内提供
（D）燃气红外线辐射供暖系统的尾气宜通过排气管直接排至室外

13. 下列关于室内外环境空气质量的说法错误的是哪一项？
（A）环境空气质量指数（AQI）按大小将空气质量分为六个等级，指数级别越大，说明污染越严重
（B）办公楼在交付使用前进行室内装修工程环境监测时，测得TVOC浓度0.48mg/m³，不满足相关规范要求
（C）某地区近3年年均室外空气质量优良天数280天，此地区的中小学教室应设计新风净化系统
（D）最高允许浓度（MAC）是指工作地点在一个工作日、任何时间有毒化学物质均不应超过的浓度

14. 某车间面积为1000m²，高度为8m，设置事故通风系统，通风量至少为下列哪一项？
（A）66000m³/h　　　　　（B）72000m³/h
（C）78000m³/h　　　　　（D）96000m³/h

15. 下列各种工况中，排风罩设计不合理的是哪一项？
（A）振动大、物料冲击大或温度较高的场合，可用3~8mm厚的钢板制作
（B）用2mm以上薄钢板制作的排风罩，宜采用电焊
（C）密闭罩排风口应设在罩内粉尘浓度较高的部位，以利于有害物排出
（D）采用下部设吸风口的密闭罩排出斗升式提升机输送冷料时下部收料点的粉尘

16. 下述有关袋式除尘器特性的说法，哪一项是错误的？
（A）在不同的清灰方式之间，脉冲喷吹的清灰能力最强，可允许高的过滤风速并保持低的压力损失
（B）在稳定的初层形成之前，袋式除尘器滤料的除尘效率不高，通常只有50%~80%

(C) 采用聚亚酰胺制作的滤袋，可在260℃下连续运行，但不耐水解
(D) 滤袋的过滤层压力损失与过滤速度和气体密度成正比，与气体黏度无关

17. 下列哪种方式无法灭杀病菌？
    (A) 活性炭吸附　　　　　　　　(B) 紫外线照射
    (C) 30ppm 臭氧　　　　　　　　(D) 光触媒

18. 通风系统验收时，矩形风管弯管制作应设弯管导流片的是下列选项中的哪一个？
    (A) 平面边长为 800mm 的内弧形外直角形
    (B) 平面边长为 800mm 的内外同心弧形
    (C) 平面边长为 500mm 的内斜线外直角形
    (D) 平面边长为 500mm 的内外直角形

19. 对一段薄钢板法兰连接的 320mm×200mm 的水平金属风管安装支吊架，下列间距中不符合规定的是哪一项？
    (A) 2000mm　　(B) 2400mm　　(C) 2800mm　　(D) 3200mm

20. 下列有关排烟系统中排烟口的设置做法错误的是哪一项？
    (A) 排烟口的设置宜使烟流方向与人员疏散方向相反，排烟口与附近安全出口相邻边缘之间的水平距离不应小于 1.5m
    (B) 每个排烟口的排烟量不应大于最大允许排烟量
    (C) 吊顶应采用不燃材料时，非封闭式吊顶可采用吊顶内设排烟口排烟
    (D) 侧墙设置的排烟口，吊顶与最近边缘的距离不应大于 0.5m

21. 下列有关厨房通风系统设计的说法错误的是哪一项？
    (A) 厨房炉灶间应设置局部机械排风
    (B) 不具备计算条件时，中餐厨房排风量可按换气次数 40~60h^{-1} 估算
    (C) 厨房排风系统风管风速不应大于 8m/s
    (D) 厨房排风管应设不小于 2‰ 的坡度，坡向排水点或排风罩

22. 下列关于风管内风速的控制要求错误的是哪一项？
    (A) 酒店宴会厅全空气空调系统的干管设计风速不超过 8m/s
    (B) 住宅新排/换气系统室内新风干管风速不超过 8m/s
    (C) 工业建筑全面通风引风土建风道内风速不超过 12m/s
    (D) 工业建筑排出含有石灰石的水平风管风速不超过 16m/s

23. 下列有关加湿器的特点，说法错误的是哪一项？
    (A) 电极式加湿器产生蒸汽量的多少可以用水位来控制
    (B) 红外线加湿器可在水不沸腾的状况下快速蒸发

(C) 电热式加湿器单位加湿量的电耗限值为0.75kWh/kg
(D) 干式蒸汽加湿器的加湿速度较慢，但均匀性好

24. 工业建筑设计空调系统，下列不符合国家相关规范的是哪一项？
(A) 室温允许波动为±0.5℃的房间，不应有外门
(B) 以消除余热、余湿为主的全空气系统，宜可变新风比，且应配备过渡季全新风运行的设施
(C) 夏季计算围护结构传热量时，外墙和屋顶应采用室外计算逐时综合温度
(D) 温湿度允许波动范围较小时，宜采用全空气变风量空调系统

25. 一台8000m³/h的组合式空调机组设计选用中效2级过滤器，为保证过滤效率，下列机组截面尺寸设计宜取下列哪一项？
(A) 1000（W）×800（H）
(B) 1000（W）×1000（H）
(C) 1200（W）×800（H）
(D) 1200（W）×1000（H）

26. 某办公建筑，采用一级泵变流量系统，压差旁通调节，冷水泵设计扬程为56m，设计流量为320m³/h，阀门调节，实际运行发现，几乎阀门全关才能达到设计流量，造成该现象的原因为下列何项？
(A) 系统实际阻力过大
(B) 泵的扬程选择过大
(C) 泵的流量选择过大
(D) 未采用高阻力阀门

27. 淄博的某剧场空调采用座椅送风方式，从满足节能与舒适度的角度看，下列哪种说法是合理的？
(A) 宜采用一次回风系统，系统简单
(B) 宜采用全新风空调系统，提高舒适度
(C) 宜采用一次风再热系统，宜提高送风温度
(D) 宜采用二次回风系统，以避免再热损失

28. 夏季或过渡季随着室外空气湿球温度的降低，冷却水温已经达到冷水机组的最低供水温度限制，下列哪种控制方式不能有效避免此问题的发生？
(A) 多台冷却塔联合运行时，采用风机台数控制
(B) 单台冷却塔采用风机变频变速控制
(C) 冷却水供回水管之间设置电动旁通阀
(D) 冷却水泵采用变频变流量控制

29. 空调系统的消声与隔振，下列说法错误的是哪一项？
(A) 通风机与消声装置之间的风管，其风速可采用8～10m/s
(B) 机房内的消声器宜贴近设备布置
(C) 当共振幅度较大时，弹簧隔振器宜与阻尼大的材料联合使用

(D) 设备重心偏高时，宜加大隔振台座的质量和尺寸

30. 下列各项中，不得采用电直接加热设备作为空气加湿热源的是哪一项？
(A) 电力供应充足，且电力需求侧管理鼓励用电时
(B) 利用可再生能源发电，且其发电量能满足自身加湿用电量需求的建筑
(C) 冬季无加湿用蒸汽源，且冬季室内相对湿度控制精度要求高的建筑
(D) 执行分时电价，峰谷电价差较大的地区

31. 某蒸汽压缩式制冷系统，系统制冷剂采用 R22，在机组运行时有"冰塞现象的存在"，则最易产生该现象的部位是哪里？
(A) 冷凝器出口　　(B) 膨胀阀出口　　(C) 蒸发器内壁　　(D) 蒸发器出口

32. 下列有关冰蓄冷的描述说法正确的是哪一项？
(A) 串联系统中的制冷机位于冰槽上游方式，制冷机组进水温度较低
(B) 串联系统中的制冷机位于冰槽下游方式，制冷效率较高
(C) 冰晶式蓄冷装置，采用空调工况冷水机组
(D) 冰球式蓄冷装置属于封装冰蓄冷，需要中间冷媒

33. 下列有关冷库系统的相关说法正确的是哪一项？
(A) 商用冷库采用氨水溶液作为载冷剂时，需要保证管道的密闭性
(B) 对于物流冷库的穿堂区域采用氨直接蒸发制冷
(C) 制冷剂中氨的价格要比氟利昂高
(D) 氨水溶液载冷剂的质量浓度不应超过 10%

34. 有关制冷剂管道设置，下列哪一项是错误的？
(A) 液体制冷剂管道，除特殊要求外，不允许设计成倒 U 形
(B) 制冷压缩机排气水平管应有 ≥0.01 的坡度，坡向油分离器或冷凝器
(C) 氨制冷系统采用无缝钢管
(D) R410a 制冷剂管道内壁需镀锌

35. 某溴化锂吸收式制冷机运行时其二元溶液发生结晶的现象，与下列哪个因素无关？
(A) 吸收器的冷却水温度过低。
(B) 发生器的加热温度过高
(C) 突发停电或控制失灵等意外事件
(D) 有少量空气掺入

36. 下列有关蒸汽压缩式制冷循环的相关描述正确的是哪一项？
(A) 蒸发器内，随着蒸发压力的增加，气体比容增加
(B) 在蒸发器至压缩机吸气侧的管路中，随着压降的增加，气体过热度降低

（C）在蒸发器至压缩机吸气侧的管路中，随着压降的增加，冷剂的比容增加
（D）在蒸发器至压缩机吸气侧的管路中，随着管路漏热的增加，冷剂的比容降低

37. 下列有关冷库的说法正确的是哪一项？
（A）冷库按照库温的范围和要求可以分为三类（高温冷库、低温冷库、中温冷库）
（B）大比目鱼的贮藏室温 0~1℃，相对湿度小于 95%
（C）食品的冻结时间为终了温度为 -15℃ 时的时间
（D）800m³ 的蔬菜冷藏间，按照直接堆码考虑，其可利用容积约为 3200m³

38. 某商务中心拟采用第二类溴化锂吸收式热泵制取高温热水，下列说法正确的是哪一项？
（A）高温水热量由吸收器输出
（B）冷却水带走的热量为冷凝器与吸收器的散热量之和
（C）第二类溴化锂吸收式热泵机组较第一类机组升温能力和性能系数均增加
（D）其供热系数限定值为 1.2~2.5

39. 下列有关绿色建筑的评价要求说法错误的是哪一项？
（A）绿色建筑评价应以单栋建筑或建筑群为评价对象
（B）绿色建筑评价 5 类指标体系包括安全耐久、健康舒适、生活便利、资源节约、环境宜居
（C）建筑供暖空调系统能耗相比国家现行有关建筑节能标准降低 50%，可得 15 分
（D）全部卫生器具的用水效率等级达到 2 级可得 15 分

40. 某燃气管道的设计压力为 1.0MPa，则其管材选型正确的是哪一项？
（A）聚乙烯管　　　　　　　　（B）球墨铸铁管
（C）钢管　　　　　　　　　　（D）钢骨架聚乙烯复合管

（二）多项选择题（共 30 题，每题 2 分，每题的各选项中有两个或两个以上符合题意，错选、少选、多选均不得分）

41. 以下应计入冬季供暖通风系统热负荷的是哪几项？
（A）通风耗热量
（B）水分蒸发的耗热量
（C）居住建筑中的炊事、照明、家电散热
（D）公共建筑中较大且放热恒定的物体散热

42. 燃气红外辐射供暖系统的发生器布置在可燃物上方，发生器的功率为 50kW，发生器与可燃物的距离选择下列哪几个值不符合要求？
（A）1.2m　　（B）1.5m　　（C）1.8m　　（D）2.5m

43. 关于供暖管道的热补偿，下列哪几项做法是正确的？
    （A）垂直双管系统连接散热器立管的长度为18m，在立管中间设固定卡
    （B）采用补偿器时，优先选用方形补偿器
    （C）计算管道膨胀量时，管道安装温度取累年最低日平均温度
    （D）供暖系统的干管考虑热补偿，立管不考虑热补偿

44. 下列有关散热器的设计要求合理的是哪几项？
    （A）民用建筑宜选用外形美观，易于清扫的散热器
    （B）放散粉尘或防尘要求较高的工业建筑，应采用易于清扫的散热器
    （C）一般钢制散热器系统，当水温为25℃时，pH＝10～12，O_2 浓度≤0.1mg/L
    （D）采用铜制散热器系统水 pH＝5～8.5，Cl^-、SO_4^{2-} 浓度不大于 100mg/L

45. 关于辐射供暖试运行、调试的要求，下列哪几项是错误的？
    （A）辐射供暖系统未经调试，严禁运行使用
    （B）辐射供暖系统试运行调试，应在施工完毕且养护期满后，由施工单位在建设单位的配合下进行
    （C）辐射供暖系统室内空气温度检测，宜以房间中央离地1.1m高处的空气温度作为评价依据
    （D）辐射供暖系统进出口水温测点应布置在分水器、集水器上

46. 某蒸汽供暖系统的供汽压力为0.6MPa，需要减至0.07MPa。下列哪几项做法是正确的？
    （A）采用两级减压，串联两个减压装置
    （B）应设置旁通管和旁通阀
    （C）可以串联两个截止阀减压
    （D）第二级减压阀应采用波纹式减压阀

47. 关于热水供热管网压力工况的说法，下列正确的是哪几项？
    （A）供热系统无论在运行或停止时，用户系统回水管出口处压力，必须高于用户系统的充水高度
    （B）热水热力网的回水压力不应超过直接连接用户系统的允许压力
    （C）热水热力网回水管任何一点的回水压力不应低于50kPa
    （D）热水热力网循环水泵停止运行时，静态压力不应使热力网任何一点的水汽化即可

48. 某6层住宅楼供暖采用上供下回垂直单管顺流式热水供暖系统，层高为3m，已知供暖系统入口压力为0.33MPa，该供暖系统顶点的试验压力不符合规定的是哪几项？
    （A）0.15MPa　　　（B）0.20MPa　　　（C）0.25MPa　　　（D）0.30MPa

49. 某一般工业区内新建一所工厂，排放有害气体苯，其排气筒高度为12m，以下排放

速率不满足标准的是哪几项？
(A) 0.10kg/h　　(B) 0.25kg/h　　(C) 0.32kg/h　　(D) 0.58kg/h

50. 对于与防爆有关的通风系统管道设计，下列说法正确的是哪几项？
(A) 排除有爆炸危险物质的局部排风系统风管内爆炸危险物质浓度不应大于50%
(B) 净化有爆炸危险粉尘的干式除尘器和过滤器应布置在系统的负压段上
(C) 排除或输送有燃烧或爆炸危险物质的设备和风管均应设置导除静电的接地装置
(D) 设在地下、半地下室内排除有爆炸危险物质的排风设备应设在独立风机房内

51. 下列各项中，对局部排风系统说法正确是哪几项？
(A) 对于多点产尘、阵发性产尘、尘气流速度大的设备适用于大容积密闭罩
(B) 对于发热量不稳定的过程，可选择上下均设排风口的通风柜
(C) 设计槽边排风罩，当圆形槽直径为500～1000mm时，宜采用环形排风罩
(D) 安装高度 $H>1m$ 的接受式排风罩属于高悬罩

52. 下列各项中，对旋风除尘器说法正确的是哪几项？
(A) 旋风器筒体断面风速宜为12～25m/s
(B) 随入口含尘浓度增高，除尘器的压力损失及除尘效率下降
(C) 除尘器入口不应低于10m/s，以防入口管道积尘
(D) 旋风除尘器的计算阻力一般为800～1000Pa

53. 某医疗垃圾房设置活性炭吸附装置，拟采用固定床吸附，垃圾房面积 $40m^2$，净高3.5m，排风换气次数不小于 $15h^{-1}$，则适合采用哪种形式的固定床吸附装置？
(A) 垂直型　　(B) 圆筒型　　(C) 多层型　　(D) 水平型

54. 某酒店设备用房集中设在地下室，在进行通风管道设计时，有关风管布置的说法错误的是哪几项？
(A) 多台设备用房通风机并联运行时，应在各自管路上设置止回或自动关断装置
(B) 对于排除有害气体的通风系统，风管排风口宜设置在建筑物顶端，且宜采用防雨风帽
(C) 燃气锅炉房排风风机应采用防爆型，送风风机可采用非防爆型
(D) 风管与通风机连接处，应设柔性接头，其长度宜为250～400mm

55. 某10层商店建筑，设有喷淋，层高6m，在进行防排烟系统设计时，下列设计措施错误的是哪几项？
(A) 因建筑高度超过50m，该公共建筑不得采用自然排烟
(B) 因回廊周围房间均设有排烟设施，回廊可不设排烟
(C) 长度90m靠外墙的疏散走道，宽度2m，划分2个长度不超过60m的防烟分区并按不小于地面面积2%设置固定窗。

（D）采用吊顶内排烟，吊顶开孔均匀且开孔率为30%，吊顶内空间高度计入储烟仓

56. 下列有关传热盘管的选型和计算，说法正确的是哪几项？
（A）表面式冷却器需要超过8排时，优先考虑降低进水温度
（B）表面式冷却器迎面风速超过3m/s时，宜在冷却器后增设挡水板
（C）以蒸汽为热媒的空气加热器，基本上可以不考虑蒸汽流速的影响
（D）表面式冷却器的接触系数只考虑空气的状态变化

57. 某工业项目设计大温差型间接—直接复合蒸发冷却冷水机组，下列各项说法不合理的是哪几项？
（A）机组设计供水温度宜在夏季空调室外计算湿球温度和露点温度之间
（B）设计供回水温差宜大于或等于10℃
（C）空调末端宜串联，冷水先经过新风机组再经过显热末端
（D）空调末端宜并联

58. 下列有关温湿度独立控制空调系统中的湿度控制系统，说法正确的是哪几项？
（A）在温湿度独立控制空调系统中，一般采用新风作为湿度控制系统
（B）采用冷却除湿时，新风系统承担部分室内显热
（C）采用溶液除湿，可以实现对空气的加热、降温、除湿等各种处理过程
（D）布置湿度控制系统的风口时，应避开人员主要活动区

59. 有关水环热泵系统的说法，下列说法正确的是哪几项？
（A）水环热泵属于直膨式系统
（B）各房间可以同时供冷供热，灵活性大
（C）采用开式冷却塔时，宜设置中间换热器
（D）系统较大时宜采用变流量运行

60. 夏热冬冷地区某度假村项目，采用水源热泵机组，设计一级泵两管制空调系统，夏季供/回水温度为7℃/12℃，冬季供/回水温度为45℃/40℃，夏季系统总供冷量为2400kW，冬季系统总供热量为1800kW，冬夏共用水泵，设置三用一备，则下列关于该系统耗电输冷（热）比说法正确的是哪几项？
（A）夏季 $\triangle T$ 取值为5℃
（B）冬季 $\triangle T$ 取值为10℃
（C）夏季 B 值取值为28
（D）冬季 A 值取值为0.004225

61. 关于绝热厚度设计计算，下列各项中哪几项说法是正确的？
（A）保温设计时，经济厚度一般都大于安全与热环境保护要求的厚度
（B）保冷设计时，经济厚度不一定大于防结露要求的厚度
（C）热设备的绝热层厚度可按介质温度条件对应的最大管径的绝热层厚度增加10mm选用

（D）室外管道发泡橡塑和硬质聚氨酯泡塑保冷层防结露厚度，应根据潮湿系数进行修正

62. 下列关于可再生能源的利用，正确的是哪几项？
（A）建筑空调系统中应用的可再生能源一般分为循环再生式和天然能源类
（B）采用空气源热泵代替锅炉，可减轻雾霾灾害，推动节能减排
（C）冬季设计状态下，严寒地区空气源冷热水机组性能系数不应低于2.0
（D）一般太阳能集热器在连续集热情况下，提供的热水温度较低，因此空调供热时，对水温要求越低，越有利于太阳能的充分利用

63. 有关公共建筑空调系统设计的节能措施，下列说法正确的是哪几项？
（A）风机盘管加新风系统，新风宜经过风机盘管后送出，有利于风机盘管对新风进行降温处理
（B）空气过滤器宜设置阻力检测和报警装置，并方便更换
（C）不应利用土建风道作为送风道和输送冷、热处理后的新风风道
（D）当在室内设置冷却水集水箱时，冷却塔布水器与集水箱设计水位之间的高差不应超过8m

64. 一蒸汽压缩机组为了提高制冷系数，分别考虑设置再冷却器和采用回热循环，在获得的再冷度相同的情况下，下列相关说法正确的是哪几项？
（A）两者需要的冷却水流量不同
（B）前者的再冷却器可设置在水冷冷凝器内
（C）后者需在冷凝器与膨胀阀之间设置回热器
（D）后者较前者提高的制冷系数大

65. 天津某办公楼拟采用地源热泵系统，下列相关描述正确的是哪几项？
（A）制冷工况下地下水式机组较地埋管式机组的冷源温度范围更稳定
（B）地下水式机组的性能系数高于地埋管式机组的综合性能系数
（C）制冷工况下，地埋管换热器中传热介质的设计平均温度，通常取33～36℃
（D）若采用地埋管换热系统，其埋管的长度应对供热工况和供冷工况分别计算，取大者

66. 下列有关燃气冷热电联供系统的相关描述正确的是哪几项？
（A）燃气冷热电联供系统的初投资增加，但其一次能源综合利用率显著提高
（B）燃气轮机发电机推荐与热水型吸收式制冷机联合运行
（C）微燃机的发电效率较内燃机低
（D）系统的最大综合利用率应大于70%

67. 上海一商业综合体，拟采用部分负荷蓄冷系统，机组采用双工况螺杆机组，夜间低

谷时段蓄冷，基载制冷机进行供冷，白天与制冷机联合供冷，下列相关说法错误的是哪几项？
(A) 制冷机夜间空调工况运行效率高于白天
(B) 相同冷量下，制冷机蓄冰工况运行经济性低于白天
(C) 采用高压缩比的压缩机
(D) 双工况机组需满足 3 级能效限定等级

68. 如下图所示，某水蓄冷系统设计蓄冷与供冷合用一套水泵泵组，有关工况阀门（V1～V6）的启闭状态，下列哪几项是错误的？

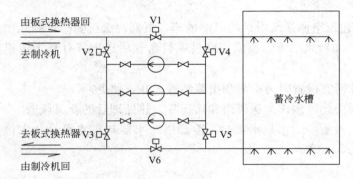

(A) 蓄冷工况开启的阀门是：V1、V4、V6，其余阀门关闭
(B) 供冷工况开启的阀门是：V2、V4、V6，其余阀门关闭
(C) 蓄冷工况开启的阀门是：V2、V3、V5，其余阀门关闭
(D) 供冷工况开启的阀门是：V1、V3、V5，其余阀门关闭

69. 下列关于绿色工业建筑评价说法正确的是哪几项？
(A) 绿色工业建筑评价分为设计评价和运行评价
(B) 二星级绿色工业建筑须获得 11 分必达分，总评分（包括附加分）不低于 55 分
(C) 绿色工业建筑评价体系由节地与可持续发展的场地、节能与能源利用等七类指标构成
(D) 绿色工业建筑评价采用权重计分法

70. 下列对燃气管道埋设的最小覆土厚度（路面至管顶）要求正确的有哪些？
(A) 埋设在机动车道下时，不得小于 0.9m
(B) 埋设在非机动车道（含人行道）下时，不得小于 0.5m
(C) 埋设在机动车不可能到达的地方时，不得小于 0.3m
(D) 埋设在水田下时，不得小于 0.8m

专业案例（上）

1. 严寒地区 C 区拟建南北朝向的 5 层办公楼，室内外高差为 0.6m，层高为 4m，该建筑外轮廓尺寸为 60m×20m，南侧外窗为 14 个竖向条形落地窗（每个窗宽 2500mm），该建筑的体形系数以及南外墙、南外窗的传热系数 [W/(m²·K)] 限值应为下列何项？

（A）体形系数为 0.182，$K_{窗} \leq 1.7$，$K_{墙} \leq 0.43$
（B）体形系数为 0.182，$K_{窗} \leq 1.5$，$K_{墙} \leq 0.38$
（C）体形系数为 0.183，$K_{窗} \leq 1.7$，$K_{墙} \leq 0.38$
（D）体形系数为 0.183，$K_{窗} \leq 1.5$，$K_{墙} \leq 0.43$

2. 某上供下回单管顺流式热水供暖系统，供水温度 90℃，回水温度 70℃，设计室温 16℃。立管的总负荷为 20000W，其中：最上层负荷为 2500W，最下层负荷为 2000W，散热器单位面积散热量的特性公式为 $q = 0.9 \Delta t^{1.2}$。忽略管道的散热量，试计算首层与顶层散热器散热面积的比值是多少？（忽略修正系数）

（A）0.89　　（B）1.12　　（C）1.40　　（D）1.75

3. 某室内供暖系统采用单管水平串联式系统如右图所示，各层层高均为 6m，供水温度 95℃（密度 961.92kg/m³），回水温度 70℃（密度 977.81kg/m³），供水立管 ab、bc、cd 段阻力均为 150Pa，对应的回水立管各段阻力损失同供水段，每层散热器及其支管阻力损失均为 300Pa，计算三层散热器环路相对于一层散热器环路的不平衡率？是否符合规范要求？

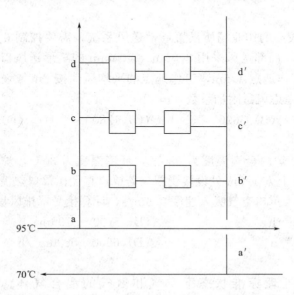

（A）13%，符合要求　　　　　　（B）33%，不符合要求
（C）42%，不符合要求　　　　　（D）58%，不符合要求

4. 石家庄某大空间集中办公室的建筑面积为 1000m², 用燃气红外线辐射供暖, 舒适温度为 18℃, 辐射管安装高度为 4m, 距人体头部 2.5m, 围护结构耗热量为 50kW, 辐射供暖系统的效率为 0.9。燃气红外线辐射供暖系统热负荷为下列哪一项?

（A） 36～41kW　　　　　　　　　（B） 42～47kW
（C） 48～53kW　　　　　　　　　（D） 54～59kW

5. 某建筑采用低温热水地板辐射供暖, 按 60℃/50℃ 热水设计, 最不利环路计算阻力为 70kPa（其中最不利环路户内阻力为 30kPa）, 由于热源条件改变, 热水温度需要调整为 50℃/43℃, 系统和辐射地板加热管的管径均不变, 但需要调整辐射地板的布管间距, 调整后最不利环路户内阻力增加为 40kPa, 则热力入口的资用压力应增加为下列何值?

（A） 90～110kPa　　　　　　　　（B） 110～130kPa
（C） 130～150kPa　　　　　　　　（D） 150～170kPa

6. 某公共建筑采用集中热水供暖系统, 供暖热负荷为 3000kW, 设计供回水温度差 Δt = 25℃, 热力站至供暖末端供回水管道的长度 L=1400m。该供暖系为一级泵系统, 循环泵为两用一备, 扬程为 32m, 则循环水泵在设计工况点的效率不能低于下列哪一项?

（A） 55.3%　　（B） 65.5%　　（C） 67.6%　　（D） 75.6%

7. 某 150 人的会议室建筑面积 120m², 净高 3.5m。设室外空气中 CO_2 的体积浓度和房间初始 CO_2 浓度均为 300ppm, 每人每小时呼出 CO_2 为 22.6L, 若保证当上座率为 80% 时, 2h 以内任意时刻 CO_2 浓度均不超过 2000ppm, 试计算人均最小送风量 [m³/(h·人)] 为下列何项?

（A） 11　　　（B） 12　　　（C） 13　　　（D） 14

8. 某热辐射强度较高的作业场所设置局部送风系统, 需要控制 6 个局部工作地点, 每个工作地点宽度为 1m, 局部送风采用 300mm×400mm 的矩形送风口（送风口紊流系数为 0.076）。若送风口至工作地点 1.5m, 工作地点的平均风速按 2m/s 设计。试计算局部送风系统的总送风量。（不考虑风量附加系数, m³/h）

（A） 3000　　（B） 5600　　（C） 12800　　（D） 17500

9. 某金属熔化炉, 炉内金属温度为 650℃, 环境温度为 30℃, 炉口直径为 0.65m, 散热面为水平面, 于炉口上方 1.2m 处设接受罩。若罩口直径比罩口热流直径大 1 倍, 热源对流散热量 3200J/s, 扩大罩口空气吸入速度 0.6m/s, 计算接受罩排风量。

（A） 5600～5699m³/h　　　　　　（B） 5700～5799m³/h
（C） 6500～6590m³/h　　　　　　（D） 6600～6690m³/h

10. 有一吸收塔处理标准状态下空气和氨气的混合气体。若进口氨气浓度为 0.087kmol/kmol, 用水吸收氨气, 氨与水的气液平衡关系式为 $Y=0.75X$。要求的净化效率为 95%, 处理气体流量为 75kmol/h, 求实际的供液量（kg/h）。（实际液气比为最小液气

比的 1.3 倍）

   (A) 962　　　　(B) 1250　　　　(C) 1420　　　　(D) 1600

11. 青海某产尘车间，其中 10 个产尘部位合用除尘系统，每个产尘部位的产尘量均为 1.5m³/s，车间运行时最多有 8 个产尘部位同时运转。每个排尘口设有与工艺联动的阀门，除尘器漏风率为 3%，忽略风管漏风。除尘系统标准状态阻力为 1000Pa，青海室外大气压为 77.5kPa，排风温度为 20℃，选用联轴器直接连接全压效率为 0.7 的离心式通风机。试计算此通风机的配电机功率接近于下列哪一项？（风压附加 10%）

   (A) 15kW　　　(B) 18.5kW　　　(C) 22kW　　　(D) 30kW

12. 某 150m² 地下变电所，室内净高 4.0m，其中设有 4 台功率为 600kVA 的变压器，变压器功率因数为 0.95，效率为 0.98，负荷率为 0.75。变电所设计温度为 35℃。拟采用机械通风，设计进风量为排风量的 80%，周围房间及走道空气温度为 15℃。当地冬季室外通风计算温度为 -15℃，为了防止送风直吹冻坏设备，拟采用变电所空气与室外空气预混送入的方式，使得送风温度不低于 10℃，围护结构耗热量忽略不计，试计算变电室排风量。[空气比热容为 1.01kJ/(kg·k)]

   (A) 2100m³/h　　　　　　　　(B) 3360m³/h
   (C) 4450m³/h　　　　　　　　(D) 4800m³/h

13. 某 40m² 负压病房，净高 3m，净化要求房间送风换气次数不小于 20h⁻¹。病房门尺寸为双开门 1.3m×2.1m（缝隙 3mm），若病房门关闭时需要保持室内 15Pa 负压，除病房门外无其他缝隙或洞口，试计算确定此负压病房所需机械送排风量。（门缝流量系数为 0.83，空气密度为 1.2kg/m³）

   (A) 送风量约为 2000m³/h，排风量 2400m³/h
   (B) 送风量约为 2035m³/h，排风量 2400m³/h
   (C) 送风量约为 2400m³/h，排风量 2765m³/h
   (D) 送风量约为 2400m³/h，排风量 2800m³/h

14. 一股 20℃ 的空气喷入饱和干蒸汽进行加湿处理，控制蒸汽量不使空气超出饱和状态，已知空气状态变化过程的热湿比 $\varepsilon=2638$kJ/kg，空气含湿量增加了 5g/kg。试问水蒸气的温度为多少，该过程空气焓值增加了多少？

   (A) 水蒸气温度 20℃，空气焓值增加 12.7kJ
   (B) 水蒸气温度 20℃，空气焓值增加 13.2kJ
   (C) 水蒸气温度 75℃，空气焓值增加 12.7kJ
   (D) 水蒸气温度 75℃，空气焓值增加 13.2kJ

15. 某建筑设计热泵型房间空调器，该空调器夏季累计制冷量为 720kW，冬季累计供热量为 960kW，根据测试显示，该空调器夏季平均供冷能效系数 $COP_c=4.8$，冬季平均供热能效系数 $COP_h=3.2$，问该设备 APF 为下列何值？

(A) 3.52 (B) 3.73 (C) 3.98 (D) 4.36

16. 严寒地区某工业生产车间，采用双风机直流式空调系统，冬季空调室外计算温度为 －16℃，室内设计温度为 18℃，空调系统设置显热热回收装置（热回收效率 $\eta=60\%$），送风量和排风量分别为 20000m³/h 和 18000m³/h。为防止排风侧结露，排风出口温度控制为 2℃，空气密度按 1.2kg/m³ 计算（不考虑密度修正），房间热负荷为 67kW。问在不考虑加湿情况下冬季新风加热盘管的总设计加热量（kW）最接近下列哪个选项？

(A) 164kW (B) 172kW (C) 200kW (D) 296kW

17. 某酒店大堂空调设计温度为 24℃，采用 1000mm×120mm 的百叶风口送风，送风紊流系数为 0.16，若距离风口 1.5m 处的送风射流轴心温度为 22℃，则射流出口处的温度为下列何值？（送风口直径采用水力直径计算）

(A) 16.6～17.0℃   (B) 17.1～17.5℃
(C) 17.6～18.0℃   (D) 18.1～18.5℃

18. 某项目设计制冷机与蓄冰装置并联的冰蓄冷系统（见下图），蓄冰装置采用复合盘管内融冰式，采用双工况冷水机组，载冷剂为 25% 的乙烯乙二醇溶液 [比热为 3.65kJ/(kg·K)]，空调工况蒸发器供/回水温度为 5℃/10℃，制冰工况蒸发器出水温度为 －5.6℃，空调系统设计冷负荷为 2000kW，乙二醇循环泵按蓄冷工况选型，设置两用一备，扬程为 30m，水泵效率为 75%，计算乙二醇循环泵的耗电输冷比，并判断是否满足国家标准？（水泵流量不考虑安全系数，乙二醇溶液密度取 1052kg/m³）

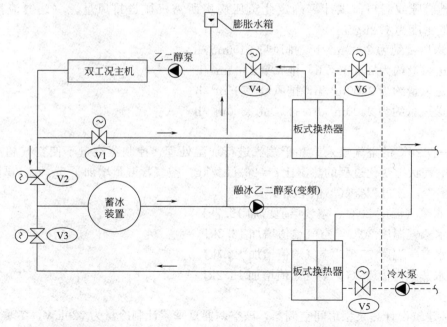

(A) 24.4，满足国家标准   (B) 35.9，满足国家标准
(C) 24.4，不满足国家标准 (D) 35.9，不满足国家标准

19. 下图所示为 CO_2 跨临界制冷循环，$h_1=429.7kJ/kg$，$h_2=460.5kJ/kg$，$h_3=276.4kJ/kg$，$h_5=271kJ/kg$，气体冷却器的换热量为120kW，则该系统的制冷量为多少？

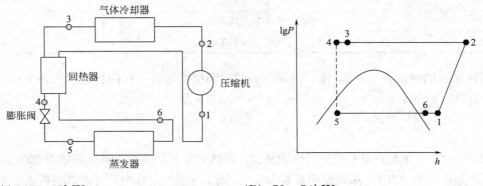

(A) 65～67kW　　　　　　　　　(B) 72～74kW
(C) 82～84kW　　　　　　　　　(D) 98～100kW

20. 某性能良好的大型全封闭式制冷压缩机用于热泵系统，工质为R22，摩擦效率 $\eta_m=0.9$，指示效率 $\eta_i=0.85$，电动机效率 $\eta_e=0.95$，理论比功 $\omega_o=43.98kJ/kg$，单位质量制冷量 $q_0=272.32kJ/kg$，制冷剂质量流量 $q_m=0.5kg/s$，求压缩机在该工况下的制热量是多少？
(A) 150～155kW　　　　　　　　(B) 155～160kW
(C) 160～165kW　　　　　　　　(D) 170～175kW

21. 某酒店建筑冷负荷为2500kW，拟配置1台制冷量为1800kW离心机组及1台制冷量为700kW螺杆式机组，该酒店年运行负荷率分布如表1所示，机组运行策略及平均性能系数如表2所示。

酒店年运行负荷率　　　　　　　　　　　　　　　　　　　　表1

负荷率	10%	20%	30%	40%	50%	60%	70%	80%	90%	100%
制冷量(kW)	250	500	750	1000	1250	1500	1750	2000	2250	2500
运行时间(h)	596	649	565	454	277	176	108	43	10	2

机组运行策略及平均性能系数　　　　　　　　　　　　　　　表2

负荷率	总负荷数(kW)	运行机组	负荷率	平均COP
10%	250	机组$_{700}$	40%	6.57
20%	500	机组$_{700}$	80%	6.569
30%	750	机组$_{1800}$	40%	6.57
40%	1000	机组$_{1800}$	60%	7.124
50%	1250	机组$_{1800}$	70%	6.881
60%	1500	机组$_{1800}$+机组$_{700}$	70%+40%	7.124
70%	1750	机组$_{1800}$+机组$_{700}$	70%+70%	6.881

续表

负荷率	总负荷数(kW)	运行机组	负荷率	平均COP
80%	2000	机组$_{1800}$+机组$_{700}$	80%+80%	6.569
90%	2250	机组$_{1800}$+机组$_{700}$	90%+90%	6.317
100%	2500	机组$_{1800}$+机组$_{700}$	100%+100%	5.817

若该地区的电价为0.8元/度，则该酒店的空调机组运行一年的总费用为多少？
(A) 12万～13万元　　　　　　(B) 18万～19万元
(C) 21万～22万元　　　　　　(D) 27万～28万元

22. 现对一土壤源热泵系统进行性能测试，制热工况下，蒸发器侧换热量为200kW，土壤侧循环水泵电量为30kW，系统制热系数为3.2，则工况运行过程中，可提供的热量为多少？
(A) 248kW　　(B) 278kW　　(C) 291kW　　(D) 335kW

23. 某系统采用溴化锂第二类吸收式热泵制取高温水的循环示意图如下图所示，系统的循环倍率为12，其各个状态点的焓值如下：$h_1=256.8$kJ/kg，$h_3=285.8$kJ/kg，$h_4=302.5$kJ/kg，$h_7=2875.3$kJ/kg，$h_9=592.5$kJ/kg，$h_{10}=2850.4$kJ/kg。则系统的供热性能系数为多少？

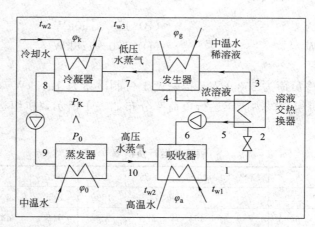

(A) 0.40～0.42　　　　　　　(B) 0.43～0.45
(C) 0.48～0.50　　　　　　　(D) 0.54～0.56

24. 一冷库冻结物冷藏间，室外计算温度为30℃，冷间设计温度为−20℃，墙体的导热系数测定值及基本情况见下表。要求面积热流量为10W/m²，则硬质聚氨酯厚度最小为下列何项？

结构层	厚度(m)	导热系数[W/(m·℃)]	表面传热系数[W/(m²·℃)]
外表面			23
水泥砂浆抹面	0.05	0.93	

续表

结构层	厚度(m)	导热系数[W/(m·℃)]	表面传热系数[W/(m²·℃)]
混合砂浆砌砖面	0.35	0.814	
硬泡聚氨酯		0.031	
内表面			18

(A) 13.7mm (B) 14mm (C) 16.5mm (D) 17.8mm

25. 某商场内残疾人卫生间内，设有洗手盆、污水盆和冲洗水箱大便器。计算该卫生间最小排水设计秒流量。

(A) 1.67L/s (B) 1.93L/s (C) 2.08L/s (D) 2.22L/s

专业案例（下）

1. 某机械循环热水供暖系统包括南北两个并联循环环路1和2，系统设计供/回水温度为95℃/70℃，总热负荷为74800W，环路1流量为1196kg/h时的压力损失为4513Pa，环路2流量为1180kg/h时的压力损失为4100Pa，环路1、2的实际流量为下列何值？

  （A）1196kg/h，1180kg/h　　　　　（B）1264kg/h，1309kg/h
  （C）1309kg/h，1264kg/h　　　　　（D）1180kg/h，1196kg/h

2. 接上题，环路内立管采用不等温降方法进行水力计算，若分支环路1最远立管的温降取值为30℃，则实际温降为多少？

  （A）28.4℃　　（B）30℃　　（C）25℃　　（D）31.7℃

3. 某热风供暖集中送风系统，总送风量为10000m^3/h（其中从室外补充新风20%），室外温度为-12℃，室内温度为16℃，送风温度为40℃，空气定压比热取1.01kJ/(kg·℃)。试计算加热器的加热量及房间围护结构热负荷接近下列何项？（空气密度取1.2kg/m^3）

  （A）加热器的加热量79.99kW，热负荷79.99kW
  （B）加热器的加热量79.99kW，热负荷98.66kW
  （C）加热器的加热量98.66kW，热负荷98.66kW
  （D）加热器的加热量98.66kW，热负荷79.99kW

4. 某车间高度为8m，面积2000m^2，冬季供暖采用散热器加暖风机形式的热水供暖系统，室内供暖设计温度为18℃，供暖总热负荷为170kW，供暖热媒为75℃/50℃的热水，车间内散热器总散热量为70kW，若采用每台标准热量为6kW，风量为900m^3/h的暖风机，求车间内至少需要布置多少台暖风机？（不考虑安全系数）

  （A）25台　　（B）26台　　（C）27台　　（D）28台

5. 某办公楼的供暖设计热负荷为150kW，设计供/回水温度为75℃/50℃，计算阻力损失为30kPa，其入口外网的实际供回水压差为50kPa，该用户的水力失调度应为下列何值？

  （A）1.29　　（B）1.00　　（C）0.78　　（D）无法确定

6. 重力回水低压蒸汽供暖系统，最远立管Ⅰ上有6组散热器，相邻立管Ⅱ上也有6组散热器，每组散热器的散热量均为5000W，立管Ⅰ和Ⅱ间凝水干管长度为15m，则立管Ⅰ和Ⅱ间凝水干管的管径应为下列何项？

  （A）15mm　　（B）20mm　　（C）25mm　　（D）32mm

7. 某车间采用集中送风供暖，车间的长×宽×高为 10m×10m×10m，普通圆喷嘴送风口的安装高度为 5m，工作地带最大平均回流速度为 0.5m/s，则送风口直径为下列何值？

(A) 14～15cm (B) 16～17cm (C) 18～19cm (D) 20～21cm

8. 上海市某一生产车间拟采用全面通风系统消除余热余湿，室内设计温度 18℃。该车间围护结构的耗热量为 200kW，机械排风量为 10kg/s，机械送风量（新风）为 8kg/s。若室内再循环送风量为 5kg/s，再循环送风温度 25℃，工作区设备的散热量为 50kW，则机械送风（新风）系统的设计送风温度为多少？（冬季通风室外计算温度为 4.2℃，冬季供暖室外计算温度为 -0.3℃）

(A) 32～34℃ (B) 35～37℃ (C) 38～40℃ (D) 41～43℃

9. 水泥厂转轮烘干过程设于密闭罩内，其中物料进入罩内带入的环境诱导空气量为 0.8kg/s，烘干产生的空气膨胀量为 0.4m³/s，由密闭罩缝隙吸入环境空气量，若环境空气为 20℃，密闭罩排风温度 50℃，试问保持烘干温度 150℃ 所需的排风量最大为多少（m³/s）？

(A) 1.03 (B) 1.12 (C) 1.17 (D) 1.32

10. 某地下设备用房排风系统如下图所示，水泵房排风量 1500m³/h，消防泵房排风量 2000m³/h。经水力计算，各管段阻力分别是 $\Delta P_{13}=104$Pa，$\Delta P_{23}=84$Pa，$\Delta P_{34}=74$Pa。若运行时风机风量为 3500m³/h，试计算实际运行时消防泵房的排风量。

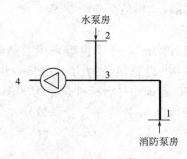

(A) 1500m³/h   (B) 1596m³/h
(C) 1904m³/h   (D) 2000m³/h

11. 某厂房多个排风罩合用排风系统，房间与室外压差为零。当通风机在设计工况全部 4 个排风罩均开启时，系统设计排风量为 5000m³/h，系统的设计阻力为 380Pa。若仅 2 个排风口开启，系统排风量降为 2500m³/h，若风机性能曲线为 $P=400-3.9\times10^{-3}G-1.5\times10^{-8}G^2$，风机效率始终为 80%，机械及电机效率为 90%，试问采用变频调节能与采用节流调节哪种方式省电，并计算仅开 2 个排风口时，每小时节省多少电量？

(A) 节流调节省电，每小时节电 0.21kWh
(B) 节流调节省电，每小时节电 0.33kWh

(C) 变频调节省电，每小时节电 0.21kWh
(D) 变频调节省电，每小时节电 0.33kWh

12. 某10层办公楼，建筑高度48m，其合用前室及防烟楼梯间各层平面图如右图所示，所有疏散门均为 1.5m×2.0m 的双扇门（门缝宽度3mm），电梯门为 1.2m×2.4m 的对开门（门缝宽度4mm）。若前室各层设置1个 1.6m×0.6m 的常闭送风阀，试确定最合理的防烟方案并计算合用前室所需正压送风风机的送风量。

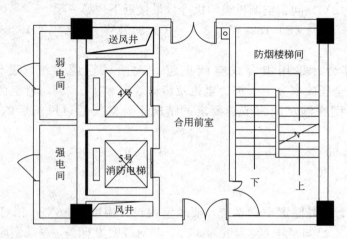

(A) 合用前室及楼梯间分别正压送风，前室送风口设于图示送风井侧壁，风口距地 300mm，合用前室正压送风风机送风量 $47400m^3/h$

(B) 合用前室及楼梯间分别正压送风，前室送风口设于图示送风井侧壁，风口距地 300mm，合用前室正压送风风机送风量 $56850m^3/h$

(C) 合用前室正压送风，前室送风口设于进入合用前室疏散门的顶部，防烟楼梯间自然通风，合用前室正压送风风机送风量 $60350m^3/h$

(D) 合用前室正压送风，前室送风口设于进入合用前室疏散门的顶部，防烟楼梯间自然通风，合用前室正压送风风机送风量 $72450m^3/h$

13. 某平时车库战时二等人员掩蔽所的防空地下室，掩蔽1200人，清洁区面积为 $1000m^2$，高 4.5m，防毒通道的净空尺寸为 6m×3m×3m，隔绝防护前的新风量为 $15m^3/(人·h)$，试计算隔绝防护时间，并判断是否应采取 O_2、吸收 CO_2 或减少战时掩蔽人数等措施。

(A) 隔绝防护时间 2.9h，需采取措施
(B) 隔绝防护时间 2.9h，不需采取措施
(C) 隔绝防护时间 4.35h，需采取措施
(D) 隔绝防护时间 4.35h，不需采取措施

14. 某空调机组混水流程如下图所示。设计流量下电动调节阀全开，阀门进出口压差为 100kPa，已知阀门的流通能力为25，混水泵扬程80kPa，空调机组水压降50kPa，一次侧

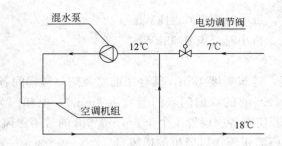

供/回水温度7℃/18℃。问：空调机组的供冷量最接近下列哪一项？

(A) 174kW (B) 182kW (C) 319kW (D) 364kW

15. 某酒店宴会厅采用组合式空调机组一次回风空调系统，设计风机总风量为30000m³/h，风机全压效率$\eta_1=0.65$，电机及传动效率$\eta_2=0.855$，若空调机组内部压力损失不超过200Pa，则在满足国家节能要求的情况下，空气通过风机后的温升不超过下列何项？

(A) 0.81～0.90℃ (B) 0.91～1.00℃
(C) 1.01～1.10℃ (D) 1.11～1.20℃

16. 某建筑设计转轮除湿空调系统，要求室内设计温度为16℃，相对湿度为40%，系统原理如下图所示。已知室外干球温度为33℃，相对湿度为60%，系统新风量为16000m³/h，总送风量为40000m³/h，前表冷器供冷量$Q_1=234.7$kW，转轮出口含湿量为1.0g/kg，则转轮除湿量为下列哪一项？（表冷器机器露点考虑为95%）

(A) 250～259kg/h (B) 260～269kg/h
(C) 270～279kg/h (D) 280～289kg/h

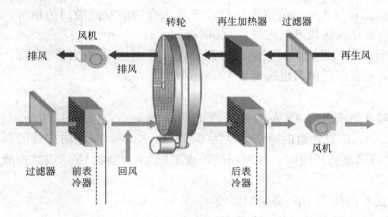

17. 某洁净室长度为24m、宽度为16m、高度为3.5m，洁净度为4级，要求大于等于0.1μm含尘粒子不大于10000pc/m³，室内工作人员为50人，设计气流组织为单向流，净化系统送风含尘浓度约为2000pc/m³，维持室内不小于0.3m/s风速。已知生产工艺产尘量为2.0×10^7pc/min，单位面积洁净室的装饰材料发尘量取1.25×10^4pc/(min·m²)，人员发尘量取50×10^4pc/(人·min)。问：该洁净室净化所需最小空气量接近下列何项？

(A) 415000m³/h (B) 498000m³/h
(C) 538000m³/h (D) 672000m³/h

18. 如下图所示，某高层建筑空调水系统分为高低两个分区，高区冷水供/回水温度为8℃/13℃，低区冷水供/回水温度为6℃/12℃，已知高区冷负荷为450kW，低区冷负荷为600kW，低区水泵扬程为28m，水泵效率为75%，则低区冷水循环泵的功率为下列何项？

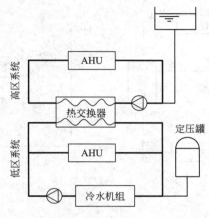

(A) 12.7kW (B) 13.2kW (C) 15.3kW (D) 17.5kW

19. 某理想快开特性调节阀可调比为30，所能控制的最大流量为400m³/h，全开流量为500m³/h，试计算阀门开度为60%时，流通调节阀的流量为多少（m³/h）？
    (A) 38 (B) 240 (C) 300 (D) 387

20. 某建筑空调冷负荷为3000kW，采用3台螺杆式冷水机组，一级泵变频变流量压差旁通水系统，供/回水温度为6℃/12℃，已知水泵最低运转频率为25Hz，供回水管的压差恒定控制为60kPa，试问调节阀的流量系数接近下列哪一项？
    (A) 92.6 (B) 111 (C) 276 (D) 333

21. 某居住小区设计换热站，冬季热水供水温度为60℃，主管道直径为DN200，采用泡沫橡塑保温，已知供暖期室外平均温度为−18℃，则该管道设计保温厚度应为下列何项？
    (A) 28mm (B) 32mm (C) 36mm (D) 40mm

22. 某一制冷系统，蒸发器侧进/出水温度为7℃/12℃，计算循环水流量为60t/h，而系统循环过程中存在传热温差，蒸发温度为$t_0=4℃$，冷凝温度$t_k=40℃$，$h_1=380.2$kJ/kg，$h=410.5$kJ/kg。$h_4=246.3$kJ/kg，则该系统的制冷效率为多少？
    (A) 45% (B) 57.5%
    (C) 65% (D) 72.1%

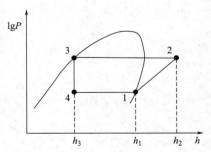

23. 某带节能器的螺杆压缩式制冷机组，制冷剂质量流量的比值 $M_{R1}:M_{R2}=6:1$，下图为系统组成和理论循环，点 1 为蒸发器出口状态，该循环的理论制冷系数 COP 接近下列何项？

状态点	1	2	4	5	9
比焓(kJ/kg)	409.09	428.02	440.33	263.27	414.53

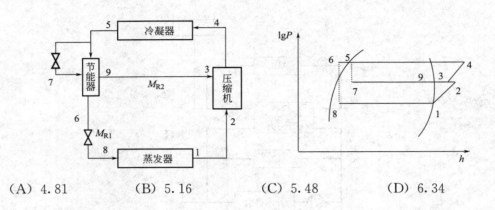

(A) 4.81　　　(B) 5.16　　　(C) 5.48　　　(D) 6.34

24. 100kg 牛肉胴体，含水率为 0.582，先将其从温度 $t=20℃$ 冻结至 $-20℃$ 时，牛肉的初始冻结点为 $-1.5℃$，未冻结的水分质量为下列何项？

(A) 8.7kg　　　(B) 22.2kg　　　(C) 35.8kg　　　(D) 49.5kg

25. 某住宅楼共有 15 层，一梯两户，共有 3 个门栋，每户采用燃气双眼灶（$0.7m^3/h$）和快速热水器（$1.0m^3/h$）各一个。问：每个门栋立管底部的计算流量和整栋楼入户总管的计算流量分别是多少？

(A) $7.7m^3/h$，$26.1m^3/h$

(B) $9.69m^3/h$，$26.1m^3/h$

(C) $16.1m^3/h$，$78.3m^3/h$

(D) $26.1m^3/h$，$78.3m^3/h$

全国注册公用设备工程师（暖通空调）执业资格考试考前第 2 套卷

专业知识（上）

（一）单项选择题（共 40 题，每题 1 分，每题的备选项中只有一个符合题意）

1. 已知各地区室外气象参数如下表所示，下列情况应对围护结构进行内表面结露验算的是哪一项？

地区	供暖室外计算温度（℃）	累年最低日期平均温度（℃）	计算供暖期室外平均温度（℃）	地区	供暖室外计算温度（℃）	累年最低日期平均温度（℃）	计算供暖期室外平均温度（℃）
重庆	5.5	2.9	—	杭州	1.0	−2.6	4.5
长沙	0.9	−2.2	4.8	成都	3.8	0.7	—

(A) 杭州地区，围护结构热惰性指标 6
(B) 长沙地区，围护结构热惰性指标 5
(C) 重庆地区，围护结构热惰性指标 4
(D) 成都地区，围护结构热惰性指标 3

2. 北京某新建居住小区，做节能报告时，下列何项需权衡判断？
(A) 其中一栋 6 层的花园洋房体形系数为 0.30
(B) 其中一栋 6 层的花园洋房南向窗墙面积比为 0.50
(C) 其中一栋 6 层的花园洋房屋面传热系数为 0.30
(D) 其中一栋 6 层的花园洋房夏季屋面天窗的传热系数为 2.0

3. 某居住小区换热站一次网采用高温水，下列有关高温水的供/回水温度不符合相关标准的是哪一项？
(A) 115℃/40℃   (B) 120℃/40℃
(C) 130℃/40℃   (D) 135℃/40℃

4. 有关供暖系统的阀门选用正确的是哪一项？
(A) 热水系统关闭用的阀门可以采用截止阀
(B) 供暖系统调节用的阀门采用闸阀
(C) 系统放水用的阀门选用旋塞阀
(D) 系统排气用的阀门选用闸阀

5. 当供暖系统供水水质条件较差时，宜首选下列哪种热量表？
(A) 涡轮式热量表   (B) 电磁式热量表
(C) 超声波式热量表   (D) 孔板式热量表

6. 下列有关某公共建筑内集中供暖输配系统说法错误的是哪一项？
（A）集中供暖系统应采用热水作为热媒
（B）在选配集中供暖系统循环水泵时，应计算集中供暖系统耗电输热比，并应标注在施工图设计说明中
（C）集中供暖系统采用变流量水系统时，循环水泵宜采用变速调节控制
（D）集中供暖系统变速调节循环泵性能曲线宜为平缓型

7. 关于疏水阀的选型，下列说法正确的是哪一项？
（A）脉冲式疏水阀宜用于压力较低的工艺设备
（B）可调恒温式疏水阀宜用于流量较小的系统
（C）热动力式疏水阀宜用于流量较大的装置
（D）恒温式疏水阀仅用于低压蒸汽系统

8. 某新建住宅小区设计供暖系统，下列说法正确的是哪一项？
（A）应以楼栋为对象设置热量表
（B）热量表宜就近安装在建筑物内
（C）各楼栋热力入口应安装动态水力平衡阀
（D）当室内供暖为变流量系统时，应设置自力式流量控制阀

9. 安装辐射供暖加热管时，应设置地面填充层伸缩缝，下列规定中不正确的是哪一项？
（A）供暖平面图中应包括伸缩缝敷设平面图
（B）当地面面积超过 30m^2 或边长超过 6m 时，每隔 5～6m 间距设置伸缩缝，伸缩缝宽度不应小于 5mm
（C）填充层应有效固定，施工过程中不得拆除和移动伸缩缝
（D）伸缩缝填充材料为弹性膨胀膏

10. 某新建热力站宜采用小型热力站的原因不包括下列哪一项？
（A）热力站供热面积越小，调控设备的节能效果越显著
（B）水力平衡比较容易
（C）采用大温差、小流量的运行模式，有利于水泵节电
（D）人工值守要求

11. 某小区的室内供热管网，管网的材质为镀锌钢管，则下列关于管道的连接方式错误的是哪一项？
（A）管径小于或等于 100mm 时，采用螺纹连接
（B）管径大于 100mm 时，采用法兰连接
（C）管径大于 100mm 时，采用焊接连接
（D）管径大于 100mm 时，采用卡套式专用管件连接

12. 下列关于机械送风系统室外进风口的设置不合理的是哪一项？
    （A）设在排风口的上风侧，且应低于排风口
    （B）进风口设在绿化地带时，进风口底部距离室外地坪不宜低于2m
    （C）降温用的进风口，宜设在建筑物的背阴处
    （D）进风口应设在室外空气比较清洁的地点

13. 下列有关自然通风设计的说法错误的是哪一项？
    （A）在房间顶部增加机械送风后，房间的中和面将下移
    （B）在房间顶部增加机械排风后，房间的中和面将下移
    （C）放散热量的厂房，自然通风量应根据热压作用进行计算，但应避免风压造成的不利影响
    （D）自然通风设计中，中和面的位置是可以人为设定的

14. 下列有关接受罩设计正确的是哪一项？
    （A）接受罩的排风量等于罩口断面上热射流的流量
    （B）横向气流较小的场所，低悬罩排风罩口尺寸应比罩口断面热射流直径扩大150～200mm
    （C）横向气流较大的场所，低悬罩罩口应比热源大出安装高度的一半
    （D）高悬罩排风量为收缩断面热射流流量加上罩口扩大面积的吸入空气量

15. 下列关于湿式除尘器的说法错误的是哪一项？
    （A）湿式除尘器具有结构简单，投资低，支持干湿法回收干料，除尘效率较高的优点，并能同时进行有害气体的净化
    （B）水浴除尘器可以根据需要和风机备用压力调节插入深度，提高净化效率
    （C）冲激式除尘器对 $5\mu m$ 的尘粒，除尘效率可达95％左右
    （D）麻石水膜除尘器可用于处理腐蚀性气体的气体净化，用它处理含有 SO_2 气体的锅炉烟气，使用寿命长

16. 下列哪种吸收剂适合去除环境中有恶臭气味的硫化氢？
    （A）苛性钠　　　　　　　　（B）次氯酸钠
    （C）硫酸　　　　　　　　　（D）乙二醛

17. 下列关于通风系统风量、风速、压力的测量方法错误的是哪一项？
    （A）为了测量直径500mm的圆形风管风量，将管道断面划分为5个等面积同心环
    （B）直径500mm圆形风管风量测量断面距离下游局部阻力构件不应小于1000mm
    （C）直径500mm圆形风管风量测量断面距离上游局部阻力构件不应小于2500mm
    （D）采用热球风速仪测量风速时，风速探头测杆应与风管管壁垂直，风速探头应侧对气流吹来方向

18. 下列关于通风机设置的说法错误的是哪一项？
（A）为防毒而设置的排风机与其他系统的通风设备布置在同一风机房时，风机房应设不小于 $1h^{-1}$ 的排风
（B）通风机露天布置时，其电机应采取防雨措施，电机防护等级不应低于 IP54
（C）离心通风机宜设置风机入口阀
（D）有振动的通风设备进、出口应设置柔性接头

19. 关于人防工程超压排风系统的概念，下列哪一项是错误的？
（A）超压排风系统的目的是形成室内超压、实现消洗间和防毒通道的通风换气
（B）超压排风时必须关闭排风机，靠室内超压向室外排风
（C）超压排风量即为滤毒通风排气量与防毒通道排气量之和
（D）防毒通道换气次数越大，滤毒排风量就越大

20. 下列关于设备机房通风设计错误的是哪一项？
（A）通信机房、电子计算机房等场所设置气体灭火后不小于 $5h^{-1}$ 的通风
（B）设置在首层的燃油锅炉间事故通风量不应小于 $12h^{-1}$
（C）氨制冷机房事故排风机应采用防爆型
（D）资料不全时，变电室通风量可按 $5\sim8h^{-1}$ 计算

21. 工业厂房中，下列哪一项可采用循环空气？
（A）混合后宜使蒸汽凝结或聚集粉尘的房间，排风含尘浓度约为工作区容许浓度的 25%
（B）含有难闻气体以及含有危险浓度的致病细菌或病毒的房间
（C）空气中含有极毒物质的场所
（D）除尘净化后，排风含尘浓度仍大于或等于工作区容许浓度的 30%时

22. 下列有关排烟系统设计，不满足规范要求的是哪一项？
（A）水平方向设置的机械排烟系统，不应负担多个防火分区
（B）一个排烟系统负担多个防烟分区的排烟支管上应设置排烟防火阀
（C）排烟系统与空调系统合用，排烟口打开时，合用管道上需联动关闭的通风和空调系统的控制阀门不应超过 10 个
（D）当吊顶内有可燃物时，吊顶内的排烟管道应采用不燃材料进行隔热，或与可燃物保持不小于 150mm 的距离

23. 某生产车间每班工作 10h，每小时平均接触乙酸乙酯的浓度为 $200mg/m^3$，试确定该生产车间劳动接触乙酸乙酯的限值大小。
（A）乙酸乙酯接触限值为 $140mg/m^3$
（B）乙酸乙酯接触限值为 $160mg/m^3$
（C）乙酸乙酯接触限值为 $200mg/m^3$
（D）乙酸乙酯接触限值为 $300mg/m^3$

24. 某房间空调系统，空气处理流程如下图所示，利用焓湿图绘制空气处理过程，正确的是哪一项？

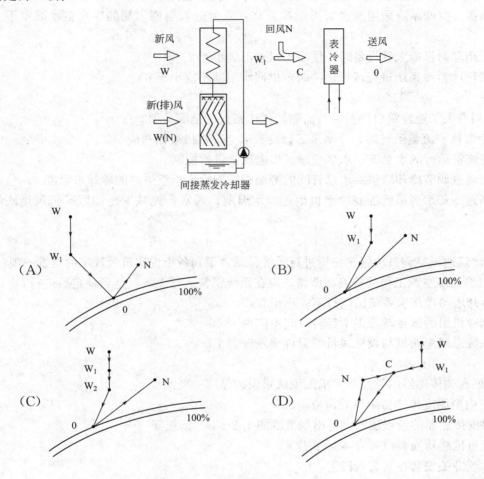

25. 某酒店宴会厅，面积 1200m²，设计净高 10m，设计空调系统夏季供冷冬季供暖，下列气流组织设计合理的是哪一项？
   （A）吊顶设置百叶风口下送风
   （B）采用喷口送风，人员活动区位于射流区
   （C）风口安装高度大于 5m，送风温差采用 10~15℃
   （D）回风口设在吊顶上

26. 某地大型计算机房设计空调系统，下列设计中不合理的是哪一项？
   （A）对机柜进行送风冷却
   （B）当计算机房相关数据不全时，按照换气次数 $50h^{-1}$ 进行估算
   （C）根据项目可靠性要求的高低程度，冗余设置 1 台或 2 台，甚至 2 倍的备用空调机组
   （D）设计风冷热泵空调系统，保证冬季 COP 不低于 1.8

27. 有关民用建筑空调系统冷水参数，下列不符合规定的是哪一项？
    (A) 采用冷水机组直接供冷时，空调冷水供水温度不宜低于 5℃
    (B) 冰蓄冷空调系统采用冰盘管外融冰方式，直接进入空调末端的冷水供水温度不宜高于 5℃
    (C) 采用辐射供冷末端设备时，供回水温差不应小于 2℃
    (D) 采用冰蓄冷系统进行区域供冷时，供回水温差不应小于 6℃

28. 下列有关工业建筑自动控制与监测，说法错误的是哪一项？
    (A) 冷源侧定流量运行时，冷水泵运行台数应与冷水机组相对应
    (B) 变流量运行的水系统，水泵变速宜根据流量进行控制
    (C) 可通过调节冷却塔供回水总管间的旁通阀控制冷水机组进口的冷却水温度
    (D) 通过冷却水旁通管控制冷水机组进口水温前，通常会先减少冷却塔风机风量或停止风机运行

29. 某建筑通风空调系统施工完毕进行系统调试，下列各项说法符合规定的是哪一项？
    (A) 恒温恒湿空调工程的检测和调整，应在系统正常运行 12h 且达到稳定后进行
    (B) 冷却塔与冷却水系统试运行不应小于 3h
    (C) 制冷机组的试运转，正常运转时间不应少于 8h
    (D) 系统总风量调试与设计风量的允许偏差应为 10%～15%

30. 下列有关传感器的类型与要求的说法错误的是哪一项？
    (A) 室内型温度传感器距离外窗≥2m
    (B) 湿度传感器的量程按测点可出现范围的 1.2～1.5 倍选择
    (C) 流量传感器安装位置应离泵 30DN
    (D) 水流开关安装在垂直管段上

31. 如下图所示，某空调工程采用 AHU 机组集中送风、吊顶回风，空调房间的回风经各自的吊顶回风口回至吊顶内，再从吊顶内集中回到空调机房，运行时发现远处的房间空调效果不佳，靠近机房的房间噪声太大，房间之间有相互串声现象。问：下列改善措施合理的是哪一项？

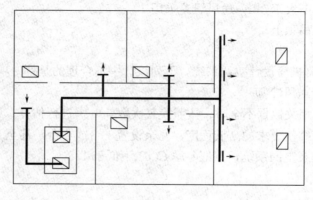

(A) 加大空调机组表冷器冷量,改善空调效果
(B) 降低风机转速,以此降低风机噪声
(C) 增加空调回风管,并设置各支路调节阀门调节回风平衡
(D) 所有送回风管上增加风管消声器

32. 上海市一综合商场,系统采用两台制冷量为1000kW的变频螺杆式机组白天制冷夜间蓄冰,其空调工况性能系数限值应为下列哪一项?
(A) 4.4   (B) 4.94   (C) 5.2   (D) 5.6

33. 风机盘管机组出厂前应按相关规范要求进行性能试验,下列说法符合相关规定的是哪一项?
(A) 机组盘管应采用气压浸水方法进行耐压试验,试验时保压不应少于1min,环境温度不应低于5℃
(B) 热水盘管水温为50~60℃,测量盘管进出口水压降,即为水阻值
(C) 计算机组供冷能效系数时,水泵能效限值取 0.75
(D) 机组做凝露试验时,机组应处于高速运行状态

34. 下列有关各类机组性能参数的描述正确的是哪一项?
(A) 制冷量为750kW的水冷式机组,其 COP 为6.5可判断其能效等级为3级
(B) 制冷量为750kW的地下水式水源热泵机组,其 $ACOP$ 为5.4可判断其为节能型
(C) 制冷量为5000W的单冷型房间空调器 $SEER$ 为4.0可判断其能效等级为2级
(D) 严寒地区制冷量为500kW的水冷多联式空调(热泵)机组,$IPLV$ 为5.2,可判断其满足最低能效

35. 下列有关蒸汽压缩式制冷循环的改善措施错误的是哪一项?
(A) 增加系统的再冷度可以提高系统的制冷系数
(B) 带膨胀机的高能效离心式冷水机组较常规机组节能率提高25%~40%
(C) 空调工况带节能器后制冷系数的节能率较蓄冰工况提高的幅度低
(D) 带节能器的三级离心式制冷机组部分负荷下的性能系数提高30%

36. 长春市一办公建筑空调冷源采用水冷变频螺杆式制冷机组,制冷量为800kW,则其性能系数的最低值为多少?
(A) 4.70   (B) 4.75   (C) 5.00   (D) 5.10

37. 北京市某办公楼在其屋面安装空气源热泵机组作为冷热源,运行时发现压缩机在热气除霜及重启后产生液击现象,则产生上述现象的原因不可能为下列哪一项?
(A) 没有合理设置气液分离器,使过量气液体进入气缸
(B) 没有装设润滑油加热器,产生了制冷剂迁移的现象
(C) 没有采用封闭式压缩机

(D) 压缩机的余隙容积过大

38. 下列有关各类溴化锂机组的特点，说法正确的是哪一项？
(A) 饱和蒸汽压力为 0.6MPa 的蒸汽型溴化锂吸收式冷水机组，其性能系数为 1.11 时，可判断能效等级为 2 级
(B) 双效型溴化锂吸收式机组其发生器的溶液压力取决于冷凝器内冷却水的温度
(C) 第二类溴化锂吸收是升温型热泵，其热水回路仅为吸收器
(D) 第二类溴化锂的供热性能系数不足 1，故第二类溴化锂不节能

39. 下列与节能评价有关的说法正确的是哪一项？
(A) 冷水机组节能评价值是指在额定制冷工况和规定条件下，性能系数的最小允许值
(B) 冷水机组额定能源效率等级标示产品能源效率高低差别的分级方法，依次分为 5 个等级，5 级最高
(C) 多联式空调（热泵）机组能效限定值是指在额定工况下，制冷综合性能系数 $IPLV(C)$ 的最小允许值
(D) 在多联式空调（热泵）机组能源效率等级测试中，$IPLV(C)$ 测试的实测值保留两位小数

40. 下列关于热水供应系统选择错误的是哪一项？
(A) 平均日热水用水定额专供太阳能热水系统和节水用水量计算
(B) 天气炎热、卫生设备完善、热水 24h 供应的地区热水用水定额应选取区间的低值
(C) 缺水地区的热水用水定额应选取区间的低值
(D) 学生宿舍使用 IC 卡计费用热水时，每人每日最高日用水定额可取 25～30L

（二）多项选择题（共 30 题，每题 2 分，每题的各选项中有两个或两个以上符合题意，错选、少选、多选均不得分）

41. 对于采用加热电缆的住宅辐射供暖系统，其房间热负荷计算应考虑下列哪些因素？
(A) 间歇供暖附加值   (B) 户间传热负荷
(C) 供暖地面类型   (D) 加热电缆型号

42. 进行供暖系统水力计算时，关于系统的总压力损失，下列说法错误的是哪几项？
(A) 热水供暖系统的循环压力，一般宜保持在 10～40kPa
(B) 蒸汽系统最不利环路供气管的压力损失，不应大于起始压力的 25%
(C) 低压蒸汽的总压力损失宜保持在 20～30Pa
(D) 机械循环热水供暖系统中，由于管道内水冷却产生的自然循环压力必须计算

43. 分户热计量热水供暖系统采用水平单管跨越管时，散热器上一般应安装下列哪些装置？
(A) 排空气装置   (B) 热分配表

(C) 热量表　　　　　　　　　　(D) 自动温控阀

44. 下列关于供暖管道刷漆的做法，正确的是哪几项？
(A) 暗装非保温管道表面刷两遍红丹防锈漆
(B) 保温管道表面刷一遍红丹防锈漆
(C) 明装非保温管道刷一遍快干瓷漆
(D) 浴室安装的明装非保温管道表面刷一遍耐酸漆及两遍快干瓷漆

45. 预制轻薄供暖板地面构造包括下列哪几项？
(A) 加热管　　　　　　　　　　(B) 二次分水器
(C) EPE 垫层　　　　　　　　　(D) 混凝土填充层

46. 关于某居住小区换热站内供暖系统补水泵选择和设置的规定，下列说法正确的是哪几项？
(A) 换热站的设计补水量可按系统水容量的 1% 计算
(B) 补水泵宜设置 2 台，补水泵的总小时流量宜为系统水流量的 5%～10%
(C) 当仅设置 1 台补水泵时，严寒及寒冷地区的供暖补水泵，宜设置备用泵
(D) 补水泵的扬程，应保证补水压力比补水点的工作压力高 30～50kPa

47. 下列有关小区供热管网水力计算方法合理的是哪几项？
(A) 确定主干线管径时，比摩阻可采用 60～100Pa/m
(B) 支干线允许比摩阻不应大于 300Pa/m
(C) 主干线总阻力损失按经济比摩阻确定
(D) 在主干线各管段管径及阻力损失确定后，方可进行分支管路水力计算

48. 北京市某写字楼坐北朝南，共 20 层，层高为 3.6m，其南立面每层设置 6 条宽为 2.5m 的落地窗，基底尺寸为 10m×20m，则下列哪几项不需权衡判断？
(A) 屋面传热系数为 $0.35W/(m^2·K)$
(B) 外墙传热系数为 $0.50W/(m^2·K)$
(C) 南外窗传热系数为 $1.4W/(m^2·K)$
(D) 南外窗太阳得热系数为 0.30

49. 某电焊机车间，在进行通风系统设计时，除尘净化后，下列哪几项排风含有电焊烟尘总尘浓度（mg/m^3）不应采用循环空气？
(A) 1　　　　(B) 4　　　　(C) 12　　　　(D) 30

50. 下列关于自然通风设计要求正确的是哪几项？
(A) 室内散热量大于 $35W/m^3$ 时，应采用避风天窗
(B) 散发热量的工业建筑的自然通风量应根据热压和风压综合作用进行计算

(C) 自然通风的建筑，自然间的通风开口的有效面积应不小于房间地板面积的 1/20
(D) 采用通风屋顶隔热时，通风层长度不宜大于 10m，空气层高度不宜大于 20cm

51. 下列有关局部排风罩设计的表述，哪几项是正确的？
(A) 高悬罩的罩口尺寸应比热源尺寸大 0.8 倍罩口高度
(B) 采用顶吸式排风罩时，为了避免横向气流影响，罩口高度尽可能不大于 0.3 倍的罩口长边尺寸
(C) 采用外部吸气罩排除快速装袋过程散发的污染物时，最小控制点风速可取 0.5～1.0m/s
(D) 通风柜发热量大，采用自然排风时，最小排风量按中和面高度不低于排风柜上的工作孔上缘确定

52. 某除尘系统带有一个吸尘口，风机的全压为 2800Pa，系统调试时，发现在吸尘口处无空气流动。可能形成该问题的原因，应是下列选项中的哪几项？
(A) 除尘系统管路风速过高
(B) 风机的电机电源相线接反
(C) 风机的叶轮装反
(D) 除尘系统管路上的斜插板阀处于关闭状态

53. 在通风管线验收过程中，下列系统安装情况不满足国家相关标准的是哪几项？
(A) 利用室外风系统的拉锁等金属固定件接入避雷导通系统
(B) 风管穿越防火墙时，设置厚度 2mm 的钢制防护套管，风管与套管之间采用不燃柔性材料封堵严密
(C) 水平安装的金属风管，按间距 4m 设置支吊架
(D) 易燃易爆环境中输送非易燃易爆物质的风管设置防静电装置

54. 某 32 层、层高 3m 的住宅，每个单元只有 1 个户门，设置合用前室和 1 个防烟楼梯间，在进行此合用前室和防烟楼梯间防烟系统设计时，下列措施错误的是哪几项？
(A) 若合用前室设有 2 个不同朝向的可开启外窗，楼梯间可不设防烟系统
(B) 防烟楼梯间及其合用前室分别设置机械加压送风系统
(C) 因前室仅有一个门与房间相通，仅在楼梯间设置机械加压送风系统
(D) 防烟楼梯间每层有 1m^2 可开启外窗，楼梯间可采用自然通风系统

55. 下列有关送排风口的设置不合理的是哪几项？
(A) 机械送风进风口下缘设在绿化地带时，不宜小于 800mm
(B) 排出氢气与空气混合物时，吸风口上缘至顶棚平面或屋顶的距离不大于 100mm
(C) CO_2 气体灭火房间的气体灭火后的排风口上缘至房间棚顶的距离不大于 300mm
(D) 事故通风排风口与同高度上的机械送风系统进风口的水平距离不应小于 20m

56. 有关净化空调系统空气过滤器的相关表述，正确的是哪几项？
（A）全空气空调系统的过滤器额定风量应大于或等于全新风运行的风量
（B）空气过滤器设计的实际运行工况通常低于额定风量
（C）计重法或比色法仅用于粗效过滤器，计数法通常用于中、高效过滤器测试
（D）中效或高中效空气过滤器宜集中设置在空调箱的正压段

57. 有关变风量全空气系统与定风量全空气系统的对比，下列说法正确的是哪几项？
（A）新风比不变时，变风量系统的送入室内新风量会改变，而定风量系统不变
（B）室内气流分布情况，变风量系统不如定风量系统稳定
（C）变风量系统的湿度控制能力强于定风量系统
（D）变风量系统能耗优于定风量系统

58. 下列有关空调系统设计，说法正确的是哪几项？
（A）空调区设计微正压，有利于保持室内热湿参数稳定
（B）办公楼项目的电梯厅，其压力设计应小于办公室，高于卫生间
（C）室温允许波动范围为±0.5℃的房间，宜布置在波动范围较大的空调区之间
（D）空调房间设置工艺性空调，与相邻房间温差为2℃，其内墙最大传热系数限值为0.7W/（m²·K）

59. 有关净化空调系统的过滤器性能，下列说法正确的是哪几项？
（A）超高效过滤器采用钠焰法进行检测
（B）2级耐火等级的过滤器，其滤料和框架的耐火等级采用A2级
（C）过滤器的迎面风速不是指净迎风面积下的风速
（D）高效过滤器的阻力达到初阻力的1.5～2倍时，应更换高效空气过滤器

60. 下列各项中，属于针对全空气空调系统的节能控制方式的是哪几项？
（A）应能进行风机、风阀和水阀的启停连锁控制
（B）采用变风量系统时，风机应采用变速控制方式
（C）过渡季宜采用加大新风比的控制方式
（D）采用电动水阀和风速相结合的控制方式

61. 下列各项中，关于冷却塔的要求说法正确的是哪几项？
（A）闭式冷区塔内设置冷却盘管，冷却水通过盘管与塔内循环水喷淋形成蒸发式热交换
（B）逆流式冷却塔换热段处于负压段，换热效率优于横流塔
（C）多台冷却塔并联时，提高冷却塔安装高度或者加深存水盘，可以防止抽空
（D）计算冷库用冷却塔的最高冷却水温的气象条件，宜采用按湿球温度频率统计方法计算的频率10%的日平均气象条件

62. 下列有关组合式空调机组断面风速均匀度，表述正确的是哪几项？
（A）机组断面上任一点的风速与平均风速之差的绝对值不超过20%
（B）测量段面风速均匀度，在距盘管或过滤器迎风断面200mm处，均布风速测点
（C）测量断面风速均匀度，在选项B的基础上，用风速仪测量各点风速，统计所测风速与平均风速之差不超过20%的点数占总点数的百分比
（D）在选项C的基础上，不应小于20%

63. 下列关于制冷剂与载冷剂的相关描述，错误的是哪几项？
（A）R32的制冷效率低于R22，故其单位质量制冷量低于R22
（B）应尽量选择与水不相溶的制冷剂，避免低温时发生冰塞现象
（C）一般规定，R22饱和液在0℃时其焓值为200kJ/kg
（D）采用高性能蒸发器降低了冷剂的充注量的同时，制冷机的制冷能力也有一定的衰减

64. 某空气源热泵型冷热水机组位于天津市，其夏季室外空调干球温度为33.9℃，冬季室外空调干球温度为−9.6℃，下列说法正确的是哪几项？
（A）夏季设计条件时，机组的供冷量高于其额定供冷量
（B）夏季设计条件时，机组的供冷量低于其额定供冷量
（C）冬季设计条件时，机组的供热量高于其额定供热量
（D）冬季设计条件时，机组的供热量低于其额定供热量

65. 上海市一办公建筑采用风冷热泵作为冷热源，实际运行中下列相关说法错误的是哪几项？
（A）冬季室外气温降低，系统耗功增加
（B）冬季室外温度降低，热泵制热量增加
（C）冬季运行，可以采用喷气增焓的方法降低压缩机的排气温度
（D）夏季室外温度增加，系统性能系数增加

66. 下列关于直燃型溴化锂吸收式冷（温）水机组的排烟系统设计，正确的是下列哪一项？
（A）烟囱高度应按批准的环境影响报告书的要求确定
（B）烟囱的出口宜距冷却塔6m以上或高于塔顶2m以上
（C）在烟囱的最低点应设置水封式冷凝水排水管，排水管管径应通过计算确定
（D）水平烟道宜有1%的坡度坡向机组或排水点

67. 下列有关单效型溴化锂吸收式制冷机与双效型溴化锂吸收式制冷机的比较错误的是哪几项？
（A）双效溴化锂吸收制冷机发生器内溶液温度较高，更容易发生结晶
（B）双效型溴化锂吸收式制冷机中冷凝器中冷却水排走的是高低压发生器冷剂水蒸气

的凝结热

(C) 双效型溴化锂吸收式制冷机的高压发生器中，溶液的最高温度仅与热源温度有关

(D) 双效型溴化锂吸收式制冷机的低压发生器的溶液压力取决于冷凝器内冷却水的温度

68．下列关于燃气直燃溴化锂冷水机组机房设置措施正确的是哪几项？
(A) 常压燃气直燃机可设置在二层
(B) 机房应设置独立的送排风系统，且通风装置应防爆
(C) 一般可按不小于 0.15m²/(1163kW 名义冷量) 确定烟道面积
(D) 机房的外墙、楼地面或屋面应有防爆措施，泄压面积不小于地面面积的 10%

69．某酒店进行绿色建筑评价，为证明建筑供暖空调负荷降低 10%，预评价阶段需要提供以下哪些文件？
(A) 相关设计文件　　　　　　　(B) 节能计算书
(C) 相关竣工图　　　　　　　　(D) 建筑围护结构节能率分析报告

70．某小区设置预留燃气管线，若市政燃气为高压燃气管道，下列关于调压装置设置措施不合理的有哪几项？
(A) 该小区宜设置专用调压站
(B) 调压站内调压器计算流量应按调压器所承担的管网小时最大输送量的 1.2 倍确定
(C) 设置地上落地式单独调压柜，调压柜出口压力不宜大于 0.6MPa
(D) 该小区入口调压站应该设置切断阀门

专业知识（下）

（一）单项选择题（共 **40** 题，每题 1 分，每题的备选项中只有一个符合题意）

1. 下列关于严寒、寒冷地区居住建筑权衡判断的计算，不符合相关标准规定的是哪一项？
   (A) 建筑围护结构热工性能的权衡判断采用对比评定法
   (B) 公共建筑和居住建筑判断指标为总耗电量，工业建筑判断指标为总耗煤量
   (C) 参照建筑与设计建筑的能耗计算应采用相同的软件和典型气象年数据
   (D) 居住建筑只计入日平均温度低于 5℃ 时的能耗，供冷能耗只计入日平均温度高于 26℃ 时的能耗

2. 下列有关工业建筑围护结构最小传热阻计算的说法错误的是哪一项？
   (A) 砖石墙体的传热阻需考虑 0.95 的修正系数
   (B) 相邻房间温差大于 10℃ 时，内围护结构的最小传热阻亦应通过计算确定
   (C) 围护结构最小传热阻是根据围护结构内表面不结露、卫生要求以及人体舒适性原则确定的
   (D) 除外窗、外门和天窗外，设置全面供暖的建筑围护结构最小传热阻不应小于公式计算值

3. 某 3 层办公楼的散热器重力循环供暖系统，供暖热源高度低于底层散热器 1m，该供暖系统宜采用下列哪种系统形式？
   (A) 单管上供下回式   (B) 单管下供上回式
   (C) 双管上供下回式   (D) 双管下供上回式

4. 关于某厂房设置热空气幕的说法，错误的是哪一项？
   (A) 大门宽度小于 3m 时，宜采用单侧送风
   (B) 大门宽度为 3～18m 时，可采用单侧、双侧或顶部送风
   (C) 热空气幕的送风温度应根据计算确定，不宜高于 70℃
   (D) 热空气幕的出口风速应通过计算确定，不宜大于 8m/s

5. 当建筑采用散热器供暖时，下列说法正确的是哪一项？
   (A) 幼儿园设置的散热器可以暗装或加防护罩
   (B) 楼梯间散热器应按每层计算热负荷各自设置
   (C) 有冻结危险的区域内设置的散热器应单独设置供暖立管
   (D) 单管串联散热器每组平均温度均相同

6. 采用燃气红外线辐射单点岗位供暖需要辐射强度的高低与下列哪一项因素呈正比？
   (A) 环境空气温度
   (B) 环境空气流速
   (C) 工作人员的人体新陈代谢率
   (D) 工作人员服装的保温性能

7. 供气压力稳定且能利用二次蒸汽的高压蒸汽系统，凝结水回收系统宜采用下列哪种形式？
   (A) 开式水箱自流回水
   (B) 开式水箱机械回水
   (C) 闭式满管回水
   (D) 余压回水

8. 采用变温降法热水供暖系统水力计算是依据下列哪项原理？
   (A) 水力等比一致失调
   (B) 水力不一致失调
   (C) 热力等比一致失调
   (D) 热力不一致失调

9. 某多层住宅采用垂直双管供暖系统，若设计时未加装温度控制阀，则下列有关运行调节造成的室内温度变化说法错误的是哪一项？
   (A) 室外温度降低，总供水干管流量增大，系统总供热量增大，顶层供热量增大比底层多
   (B) 室外温度升高，总供水干管流量减小，系统总供热量减小，底层供热量减小比顶层多
   (C) 室外温度降低，供水温度升高，系统总供热量增大，顶层供热量增大比底层多
   (D) 室外温度升高，供水温度降低，系统总供热量较小，顶层供热量减小比底层多

10. 关于户式燃气炉供暖系统的设计要求，下列说法错误的是哪一项？
    (A) 应选用全封闭式燃烧、平衡强制排烟的系统
    (B) 燃气壁挂炉宜直接服务于低温热水地板辐射供暖
    (C) 应选用节能环保的壁挂冷凝式燃气锅炉
    (D) 应通过水力计算，合理选择配套循环水泵

11. 某厂房高16m，迎风面一侧长20m，若在屋面排放有害气体，则排气筒至少应高出屋面多少？
    (A) 2.9m
    (B) 5.4m
    (C) 6m
    (D) 无法确定

12. 下列关于避风风帽的说法错误的是哪一项？
    (A) 避风风帽是利用风力造成的负压，加强排风能力的装置
    (B) 风帽可以安装在屋顶上，进行全面排风
    (C) 筒形风帽可以安装在没有热压作用的房间
    (D) 风帽排风量的计算与室内外压差无关

13. 有关除尘器的压力损失，下列说法错误的是哪一项？

(A) 机械振打类袋式除尘器压力损失不得超过 2000Pa
(B) 静电除尘器本体阻力为 100～200Pa
(C) 冲激式除尘器的压力损失为 1500Pa
(D) 水膜除尘器的压力损失一般为 600～900Pa

14. 下列关于采用液体吸收法的吸收装置的选用，错误的是哪一项？
(A) 对于有悬浮固体颗粒或有淤渣的宜用筛板板式塔
(B) 喷淋塔不适合处理溶解度小的有害气体净化
(C) 文氏洗涤塔不适合对 $1\mu m$ 以下烟尘的吸收
(D) 喷淋塔对 $19\mu m$ 以上液滴的吸收效率低于其他吸收装置

15. 某靠墙设置的炉灶排风罩，长 1.5m，进深 800mm，罩口到灶面 600mm。试计算此排风罩的排风量为下列哪一项？
(A) 1380m^3/h   (B) 1860m^3/h   (C) 2160m^3/h   (D) 2760m^3/h

16. 关于通风空调系统选用变频风机的说法，符合现行国家标准表述的是哪一项？
(A) 采用变频风机时，通风机的压力应以系统计算的总压力损失作为额定风压，但风机的电机功率应在计算值上再附加 5%～10%
(B) 采用变频风机时，通风机的压力应以系统计算的总压力损失作为额定风压，但风机的电动机功率应在计算值上再附加 15%～20%
(C) 采用变频风机时，通风机的压力应在系统计算的压力损失上附加 10%～15%
(D) 采用变频风机时，通风机的风量应在系统计算的风量上附加 20%

17. 排除有爆炸危险气体的排风管道，下列说法不符合规定的是哪一项？
(A) 排风系统应设置导除静电的接地装置
(B) 排风系统不应布置在地下或半地下室内
(C) 排风管应可采用非金属材料风管
(D) 排风管应直接通向室外安全地点，不应暗设

18. 下列通风空调系统的设备及材料可采用难燃材料的是哪一项？
(A) 办公楼新风系统的风管
(B) 酒店宴会厅排风系统排风机与风管连接处的柔性接头
(C) 与防火阀连接的风管
(D) 酸洗槽局部排风系统的排风管

19. 某防空地下室食品站，战时隔绝防护 CO_2 容许体积浓度为下列何值？
(A) ≤1.5   (B) ≤2.0%   (C) ≤2.5%   (D) ≤3.0%

20. 下列有关暖通空调系统抗震设计，说法错误的是哪一项？

(A) 位于抗震设防烈度为 6 度地区的建筑机电工程，按《建筑机电工程抗震设计规范》GB 50981 采取抗震措施，但可不进行地震作用计算
(B) 矩形截面面积的大于或等于 $0.38m^2$ 的风道可采用抗震支吊架
(C) 防排烟风道、事故通风风道及相关设备应采用抗震支吊架
(D) 重力大于 1.8kN 的空调机组不宜吊挂安装

21. 某厨房排油烟系统采用进口有进气箱的 NO.12 号离心风机，若风机压力系数为 0.7，比转数为 30，试问风机效率最低为多少可以满足节能要求？
(A) 72%   (B) 73%   (C) 75%   (D) 76%

22. 某酒店客房层新风系统，设计新风量 $12000m^3/h$，新风机组余压 480Pa，主干管（1250mm×400mm）设在设备层内，分支干管（250mm×800mm）经竖向管井送至各层客房，每个分支干管送风量 $4000m^3/h$，下列做法不满足系统验收要求的是哪一项？
(A) 主干管风管接缝及接管连接处应密封，密封面宜设在风管的正压侧
(B) 主干管风管在进行强度试验时，试验压力应为 1.2 倍的工作压力，且不低于 750Pa
(C) 分支干管的风管法兰角钢采用 L 30mm×30mm×3mm
(D) 主风管采用 1.0mm 的镀锌钢板制作

23. 下列有关管道穿越人防围护结构及设备用房设置的要求错误的是哪一项？
(A) 专供上部建筑使用的空调机房、通风机房宜设置在防护密闭区之外
(B) 穿过防空地下室顶板、临空墙和门框墙的管道，其公称直径不宜大于 150mm
(C) 引入防空地下室的供暖管道，在穿过人防围护结构处应采取可靠的防护密闭措施
(D) 凡进入防空地下室的管道及其穿过的人防围护结构，均应采取防护密闭措施

24. 下列各项中，对建筑围护结构热惰性指标说法错误的是哪一项？
(A) 属于常用的围护结构的热工特性
(B) 是表征围护结构对温度波衰减快慢程度的无量纲指标
(C) 热惰性指标越大，温度波在围护结构中的衰减越慢
(D) 多层围护结构的总热惰性等于各层材料热惰性值之和

25. 下列有关全空气空调系统的表述，哪一项是正确的？
(A) 根据卫生要求和保持房间正压要求确定系统最小新风量
(B) 若空调机组的电机效率提高，则空气通过风机后的温升将降低
(C) 二次回风系统中，冷热盘管处理的风量等于房间送风量
(D) 二次回风系统相比一次回风系统（含再热）而言，由于多了二次回风，因此更耗能

26. 下列有关风机盘管机组额定供冷量、供热量试验工况参数的说法错误的是哪一项？
(A) 供冷工况进口空气干球温度为 27℃，湿球温度为 24℃

(B) 供冷工况供/回水温度为 7℃/12℃
(C) 两管制系统供热工况供水量与供冷工况相同
(D) 四管制系统供热工况供水量按水温差得出

27. 下列关于全空气空调系统控制的表述，不符合要求的是哪一项？
(A) 需要控制混风温度时风阀宜采用模拟量调节阀
(B) 采用变风量空调系统时，风机应采用变速控制方式
(C) 当室内散湿量不大时，宜采用机器露点不恒定的方式控制室内相对湿度
(D) 过渡期宜采用加大新风比的方式运行

28. 下列有关变风量空调系统压力无关型末端装置的控制，说法错误的是哪一项？
(A) 通过室内空气温度为被控参数，调节送风量
(B) 通过室内空气温度为被控参数，调节加热盘管热水供水量
(C) 温度控制器发出的控制指令直接送往控制风阀
(D) 增加控制风阀开度传感器后，可用于变静压系统中

29. 下列有关空调水系统附件，说法错误的是哪一项？
(A) 并联水泵出口均需设置止回阀
(B) 空调工程中宜采用旋启式止回阀
(C) Y形过滤器和T形导流过滤器均可以安装在垂直管路上
(D) 空调机组进口宜采用 1.5～2.5mm 网孔的过滤器

30. 有关围护结构保温设计，不符合国家相关规范的是哪一项？
(A) 可以采用带有封闭空气间层的复合墙体构造设计来提高墙体热阻值
(B) 屋面保温材料应严格控制吸水率
(C) 严寒地区采光顶的冬季综合遮阳系数不宜小于 0.4
(D) 地面层热阻的计算只计入结构层、保温层和面层

31. 已知一台清水离心泵的流量为 12000 m³/h，扬程为 40m，则满足相关规定的水泵效率节能评价值为下列何项？
(A) 87%　　　(B) 88%　　　(C) 89%　　　(D) 90%

32. 某商业会所空调面积为 2000 m²，其中 600 m² 采用全空气系统，1400 m² 为风机盘管加新风系统，则全年累计工况下，该建筑空调末端能效比高于下列何值才能满足相关规范要求的经济运行标准？
(A) 6.0　　　(B) 7.5　　　(C) 8.1　　　(D) 9.0

33. 某蒸汽压缩式热泵机组，夏季制冷，冬季制热，其名义工况下的制冷系数为 4.1，若该机组的压缩功为 50kW，则其冬季制热量为多少？

(A) 155kW　　　　(B) 205kW　　　　(C) 225kW　　　　(D) 无法计算

34. 下列有关制冷剂的冷凝温度及蒸发温度的选择说法正确的是哪一项？
(A) 水冷式冷凝器的冷凝温度宜比冷却水的进水温度高5～7℃
(B) 风冷式冷凝器冷凝温度应比夏季空气调节室外计算干球温度高10℃
(C) 卧式壳管式蒸发器的蒸发温度宜比冷水出口温度低2～4℃，但不应低于2℃
(D) 直立管式蒸发器宜比冷水温度低5～7℃

35. 下列设备满足节能要求的是哪一项？
(A) 用于北京市的800kW水冷式螺杆机组，机组功耗为160kW
(B) 某用于上海的多联式空调系统，制冷综合性能系数为4.2
(C) 用于天津地区的风冷（不接风管）热泵型的单元式空调机，制冷量为10kW，能效比为2.69
(D) 10kW分体式转速可控型单冷型房间空气调节器，制冷季节能源消耗率为4.2，其能源效率等级为2级

36. 下列有关余热利用设备的选型做法错误的是哪一项？
(A) 烟气制冷量大于50%且具有供暖功能时，宜选用余热型+直燃型
(B) 受机房面积、初投资限制时，宜选用余热补燃型
(C) 单台机组容量大于4600kW时，宜选用余热型+直燃型
(D) 补燃制冷量以总制冷量70%为宜

37. 地埋管式冷热水型机组，名义制冷运行时热源侧的试验工况为下列哪一项？
(A) 进水温度7℃，单位制冷量水流量为0.172m³/(h·kW)
(B) 进水温度18℃，单位制冷量水流量为0.103m³/(h·kW)
(C) 进水温度25℃，单位制冷量水流量为0.215m³/(h·kW)
(D) 进水温度30℃，单位制冷量水流量为0.215m³/(h·kW)

38. 小型冷库地面防止冻胀的措施，下列哪一项是正确的？
(A) 加厚防潮层　　　　　　　　　(B) 加大地坪含沙量
(C) 地坪做膨胀缝　　　　　　　　(D) 自然通风或机械通风

39. 在进行绿色工业建筑评价时，下列何项可以获得二星级？
(A) 必达分9分，总得分45分　　　(B) 必达分10分，总得分62分
(C) 必达分11分，总得分67分　　(D) 必达分12分，总得分70分

40. 某单位有自备水井，水质标准符合《生活饮用水卫生标准》GB 5749-2022，但水量不能满足高峰时使用要求，需要有城市给水管道补充，以下哪种连接方式是正确的？
(A) 两种管道连接处，在城市给水管道上设置倒流防止器

(B) 两种管道连接处，均设置倒流防止器
(C) 如果自备水源水质符合《生活饮用水卫生标准》GB 5749-2022，可以直接连接，但应设置止回阀
(D) 将城市给水管道的水放入自备水源的储水池内，经自备水源系统加压后为同一用水系统供水

(二) 多项选择题（共 30 题，每题 2 分，每题的各选项中有两个或两个以上符合题意，错选、少选、多选均不得分）

41. 限制低温热水地面辐射供暖系统的热水供水温度，主要原因有下列哪几项？
    (A) 有利于保证地面温度的均匀
    (B) 满足舒适要求
    (C) 有利于延长塑料加热管的使用寿命
    (D) 有利于保持较大的热媒流速，方便排除管内空气

42. 下列关于低压蒸汽供暖的说法正确的是哪几项？
    (A) 双管下供下回式系统，运行时有时会产生汽水撞击声
    (B) 单管下供下回式系统，其立、支管管径较双管式系统大
    (C) 低压蒸汽供暖系统中，锅炉必须安装在底层散热器下，防止散热器内部被凝结水淹没
    (D) 低压蒸汽供暖系统采用重力回水时，需要考虑蒸汽压力对凝结水总立管中水位的影响

43. 关于散热器恒温控制阀的设置，下列说法正确的是哪几项？
    (A) 散热器恒温控制阀的规格应根据通过恒温控制阀的流量和温差选择确定
    (B) 散热器恒温控制阀的规格一般可按接管公称直径直接选择恒温控制阀口径，然后校核计算通过恒温控制阀的压力降
    (C) 在水平双管系统中的每组散热器的供水支管上，安装高阻恒温控制阀
    (D) 在跨越式垂直单管系统中，采用高阻力两通恒温控制阀

44. 关于集中送风供暖系统的说法，下列哪几项是正确的？
    (A) 集中送风供暖时，应尽量避免在车间的下部工作区内形成与周围空气显著不同的流速和温度，应该使回流尽可能处于工作区内，射流的开始扩散区应处于房间的下部
    (B) 射流正前方不应有高大的设备或实心的建筑结构，最好将射流正对着通道
    (C) 工作区射流末端最大平均风速，一般取 0.15m/s
    (D) 房间高度或集中送风温度较高时，送风口处宜设置向下倾斜的导流板

45. 下列关于供热计量方法的说法，正确的是哪几项？
    (A) 户用热量表法适用分户独立式室内供暖系统及分户地面辐射供暖系统
    (B) 散热器热分配计法适用于地面辐射供暖系统

（C）流量温度法适用于垂直单管跨越式供暖系统
（D）通断时间面积法适用于按户分环、室内阻力不变的供暖系统，可实现分户和分室温控

46. 下列有关除污器（或过滤器）的设计选用正确的是哪几项？
（A）锅炉循环水泵吸入口前应设置除污器
（B）除污器的型号应按接管管径确定
（C）除污器横断面中水的流速宜取 0.05m/s
（D）过滤器在额定流量下阻力小于 8kPa

47. 当热力网管道管沟敷设时，下列做法正确的是哪几项？
（A）半通行地沟净高 1.4m，人行通道宽 0.6m
（B）管沟坡度为 0.003
（C）管沟盖板覆土深度为 0.1m
（D）热力管网管道进入建筑物时，管道穿墙处应封堵严密

48. 下列关于工业车间环境通风方式合理的是哪几项？
（A）同时散发热、蒸汽和有害气体的生产建筑（房间高度不大于 6m），除设局部排风外，宜在上部区域设置不小于 $1h^{-1}$ 的全面排风
（B）当有害气体和蒸汽的密度比空气小，但建筑物散发的显热全年均能形成稳定上升气流时，宜从房间上部区域排出
（C）送入通风房间的清洁空气应先经过污染区净化环境，再由操作区排至室外
（D）位于房间下部区域的排风口，其下缘至地板的间距不大于 0.4m

49. 某工业厂房进行通风设计，初始设计 $20m^2$ 进风窗和 $30m^2$ 排风天窗，核算中和面距离地面 2m，但是工艺要求中和面距地 3m 以上。下列哪些措施可以有效实现工艺要求？
（A）增大排风天窗的面积　　　　（B）减小进风窗的面积
（C）增加机械排风　　　　　　　（D）增加机械送风

50. 下列关于通风柜设计的说法正确的是哪几项？
（A）冷过程通风柜应把排风口设在通风柜下部
（B）通风柜排风量由柜内污染气体发生量及考虑安全系数的工作孔上所需风量组成
（C）某水处理水质测定实验室采用通风柜控制有毒有害物的散逸，控制风速为 0.5～0.7m/s
（D）送风式通风柜通风量 70% 的排风量由上部排风口排出，30% 通风量由室内补入

51. 下列哪些材料作为袋式除尘器的滤料时，可用于 200℃ 的空气过滤？
（A）聚酰胺（尼龙）PA　　　　　（B）聚苯硫醚 PPS

(C) 聚四氟乙烯 PTFE　　　　　　　　(D) 聚亚酰胺 P84

52. 下列关于吸附法净化有害气体的说法中，错误的是哪几项？
(A) 通过蜂窝轮浓缩净化装置的蜂窝轮面风速宜为 0.7～1.2m/s
(B) 蜂窝轮浓缩净化装置脱附用的热空气温度宜控制在 120℃ 以下
(C) 对于吸附剂中吸附气体分压极低的气体，可用热空气再生法进行脱附再生
(D) 吸附剂热力再生法运行费用较低

53. 下列关于除尘系统设计的规定，哪几项是错误的？
(A) 除尘系统的排风量，应按其全部同时工作的吸风点计算
(B) 风管的支管宜从主管的下面接出
(C) 风系统的漏风率宜采用 10%～15%
(D) 各并联环路压力损失的相对差额不宜超过 15%

54. 下列关于通风管道及通风系统强度和严密性试验的做法不合理的是哪几项？
(A) 工作压力为 100Pa 矩形金属风管进行严密性实验时，其允许漏风量不应超过 $2.1m^3/(h·m^2)$
(B) 漏风量测试装置的风机，风压和风量宜为被测定系统或设备的规定试验压力及最大允许漏风量的 1.1 倍及以上
(C) 漏风量测试装置的压差测定应采用微压计，分辨率应为 1.0Pa
(D) 砖、混凝土风道的允许漏风量不应大于矩形金属风管规定值的 1.5 倍

55. 关于防空地下室防护通风的设计，下列哪一项是正确的？
(A) 穿墙通风管，应采取可靠的防护密闭措施
(B) 战时为物资库的防空地下室的滤毒通风，应在防化通信值班室设置测压装置
(C) 防爆波活门的额定风量不应小于战时隔绝式通风量
(D) 过滤吸收器的额定风量必须大于滤毒通风时的进风量

56. 下列有关袋式除尘器的选用说法正确的是哪几项？
(A) 袋式除尘器的运行阻力宜为 1200～2000Pa
(B) 采用回转反吹型袋式除尘器，过滤风速不宜大于 1.2m/min
(C) 净化爆炸性粉尘的袋式除尘器，可采用氮气作为清灰气体
(D) 袋式除尘器的漏风率应小于 3%，且应满足除尘工艺要求

57. 下列有关风机盘管的特点及能效，说法正确的是哪几项？
(A) 卧式安装机组风管接管不合理时，会产生风量不足、冷热量下降的问题
(B) FCCOP 是指机组额定供热量与相应试验工况下的风机电功率的比值
(C) 在条件许可时，立式风机盘管在冬季停开风机，做散热器用
(D) 立式明装风机盘管用于旧建筑改造时，可以节省投资，具有施工快的特点

58. 下列关于空气射流规律的说法正确的是哪几项？
（A）紊流系数越大，射流横向脉动越大，扩散角越大，射程越短
（B）在空调系统设计中，可采用等温射流的速度变化规律计算非等温自由射流
（C）贴附射流与 Ar 有关，Ar 越小则贴附长度越长
（D）一般认为，送风射流的断面积与房间横断面积之比大于 1∶5 为贴附射流

59. 某工业洁净厂房设计洁净空调系统，下列设计原则正确的是哪几项？
（A）在满足生产工艺和噪声要求的前提下，洁净度要求严格的洁净室宜靠近空调机房
（B）洁净度要求严格的工序应布置在上风侧
（C）单向流洁净室的空态噪声不应大于 60dB（A）
（D）根据室内噪声级要求，净化空调总风管风速宜为 5～7m/s

60. 某空调水系统设计水泵为两用一备，并联运行。已知每台水泵流量均为 140m³/h，扬程 32m，水泵曲线及管网曲线如下图所示，初始状态时，两台水泵并联运行，管路系统阀门全开，管网曲线为 0a，则对水泵和系统运行状态分析，下列说法正确的是哪几项？（忽略关闭一台水泵支路阀门引起的管网曲线变化）

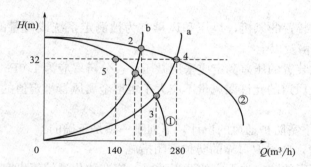

（A）两台水泵并联运行，系统运行工况点为 4
（B）关闭一台水泵及对应支路的阀门，则系统运行工况点由 4 变为 5
（C）两台水泵变频后转速降低，则系统运行工况点由 4 变为 3
（D）系统干管阀门关小后，则系统运行工况点由 4 变为 2

61. 有关空调水系统的水泵控制调节方式，下列不正确的是哪几项？
（A）采用换热器冷却的二次空调水系统的循环水泵宜采用变速调节
（B）变流量一级泵系统水泵变速宜采用系统流量控制
（C）变流量一级泵系统水泵运行台数宜采用压差控制
（D）变流量一级泵系统机组定流量运行时，旁通调节阀应采用流量控制

62. 某大厦一高 15m 的入口中庭设置空调，中庭人员活动区夏季设计温度 24℃，相对湿度 50%，冬季设计温度 22℃。下列有关该中庭区域空调设计合理的是哪几项？
（A）夏季采用地板送风，保证人员活动区环境参数
（B）在一定高度设水平射流层阻挡上下空气串通，下部活动区采用上侧送下侧回空调

（C）冬季采用地面辐射＋底部区域送风
（D）采用定角度球形喷口由中间高度将冷风送入，人员活动区处在夏季回流区

63. 有关空调水系统的安装与验收，下列说法错误的是哪几项？
（A）并联水泵的出口管道进入总管采用顺水流斜向插接，夹角不应大于45°
（B）管道与水泵、制冷机组的接口应为柔性接管，且不得强行对口连接
（C）空调水系统管路冲洗排污2h，目测出口水色和透明度与入口相近，且无可见杂物，可与设备相贯通
（D）对空调凝结水管通水试验进行抽查20％，不渗漏，排水畅通为合格

64. 长春市一办公建筑，在初期冷源选择时对离心式冷水机组及直燃式溴化锂吸收式制冷机组进行方案对比，冷水机组的性能系数为5.2，一次能源的电能转化率为35％，溴化锂吸收式制冷机组的性能系数为1.3，下列相关说法正确的是哪几项？
（A）冷水机组的性能系数比直燃式溴化锂吸收式制冷机组性能系数大，故其节能
（B）用电负荷较大的区域，可考虑直燃式溴化锂吸收式制冷机组
（C）二者的驱动能源均为电能
（D）二者使用的工质不同

65. 某冷水机组蒸发器侧和冷凝器侧的水侧污垢系数为0.03m²·℃/kW，该机组与名义工况进行比较，下列说法正确的是哪几项？
（A）蒸发温度下降
（B）冷凝温度下降
（C）机组制冷量增加
（D）机组性能系数下降

66. 关于各类型压缩机的特点描述，错误的是哪几项？
（A）活塞式压缩机可实现带节能器运行
（B）滚动转子式制冷压缩机流动阻力小，没有阀门阻力损失
（C）涡旋式压缩机由于没有进、排气阀，所以不存在余隙容积
（D）离心式压缩机名义工况下的性能系数比螺杆式压缩机大

67. 天津市一办公建筑采用多联机进行制冷，在实际安装过程中末端较远，高压液管及气管均需加长，假设压缩机的吸气压力和排气压力不变，下列相关描述错误的哪几项？
（A）蒸发压力增加，室内蒸发器的换热能力降低
（B）制冷剂流经膨胀阀容易出现闪发气体
（C）进入冷凝器的冷剂溶液出现小液滴
（D）该运行过程中，室外侧的膨胀阀处于运行状态

68. 太阳能是一种洁净的可再生能源，具有极大的利用潜力。下列有关太阳能用于民用建筑的说法正确是哪几项？
（A）主动式太阳能建筑需要一定的动力进行热循环，利用效率高，但前期投资偏高

(B) 被动式太阳能分为直接收益、间接收益、单独收益三类
(C) 年极端温度不低于－45℃的地区，宜优先采用太阳能作为热水供应热源
(D) 相同照度的条件下，太阳光带入室内的热量比大多数人工光源的发热量都少

69. 某休闲会所考虑全日热水供应，屋顶设置太阳能系统，则相关设计方法错误的是哪几项？
(A) 该热水供应系统的设备机房可采用薄壁铜管、塑料热水管或金属复合热水管
(B) 该系统的热水循环管管径应比供水管管径小两号
(C) 该系统的热水循环管流量按照每小时 2～4 次计算
(D) 热水管道系统应有补偿管道热胀冷缩的措施

70. 下列关于燃气管道的描述错误的是哪几项？
(A) 燃气管道的设计使用年限不应小于 50 年
(B) 暗埋的用户燃气管道设计工作年限不应小于 50 年
(C) 商业用户建筑内，其燃气管道的运行压力不应大于 0.4MPa
(D) 暗设的燃气管道可采用机械接头

专业案例（上）

1. 某住宅楼采用分户计量低温热水地板辐射供暖系统，系统供/回水温度为40℃/30℃，设计温度20℃。其中一中间层起居室设计围护结构热负荷为1590W，面积为30m²。若采用聚苯乙烯塑料板绝热层，木地板面层，加热管采用PE-X管，试选择合理的供热管间距，并校验辐射供暖表面平均温度。（间歇附加系数1.0，不考虑家具遮挡的安全系数）

  （A）采用间距200mm的供暖管，供暖表面平均温度25.1℃，满足规范要求
  （B）采用间距300mm的供暖管，供暖表面平均温度24.8℃，满足规范要求
  （C）采用间距400mm的供暖管，供暖表面平均温度24.4℃，满足规范要求
  （D）采用间距500mm的供暖管，供暖表面平均温度24.1℃，满足规范要求

2. 右图所示为垂直单管跨越式热水供暖机械循环系统，室内设计温度18℃，采用钢制柱型散热器，若各层散热器分支环路阻力数均为 $0.02Pa/(kg \cdot s)^2$，各层跨越管阻力数均为 $0.007Pa/(kg \cdot s)^2$，散热器采用明装，同侧上进下出，试求底层散热器的片数。（单片散热器面积0.205m²，散热器传热系数 $K=2.442\Delta t^{0.321}$）

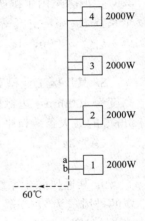

  （A）24   （B）29
  （C）32   （D）34

3. 某用户为散热器供暖系统，设计供/回水温度为75℃/50℃，用户设计热负荷为3kW，该用户欲改造为低温热水辐射供暖系统，户内设计供/回水温度为45℃/35℃，在进户供回水支管上设置混水装置，混水装置的流量应下列何项？[水的比热容为4.187kJ/(kg·K)]

  （A）146.5kg/h   （B）166.8kg/h
  （C）182.6kg/h   （D）194.4kg/h

4. 某热水网路设计供/回水温度为110℃/70℃，网路上连接5个供暖热用户，散热器设备为普通铸铁散热器，用户底层地面和热源内循环水泵中心线等高，用户1、2、3、4、5的楼高分别为21m、15m、24m、45m和24m，则热网静水压曲线高度、用户与热力网合理的连接方式为下列何项？（铸铁散热器按承压 $40mH_2O$ 计）

  （A）静水压曲线高度为27m，用户4与热力网分层式连接，高区（25~45m）间接连接，低区（0~24）直接连接，其他用户与热力网直接连接
  （B）静水压曲线高度为32m，用户4与热力网分层式连接，高区（25~45m）间接连接，低区（0~24）直接连接，其他用户与热力网直接连接
  （C）静水压曲线高度为32m，用户4与热力网分层式连接，高区（31~45m）间接连接，低区（0~30）直接连接，其他用户与热力网直接连接

(D) 静水压曲线高度为53m，所有用户与热力网直接连接

5. 某办公楼改造后需进行节能评估计算，若基准能耗为 8×10^8 kJ，当前能耗为 5×10^8 kJ，能耗调整量为 1×10^8 kJ，求节能措施的节能量为下列哪一项？
   (A) 2×10^8 kJ (B) 3×10^8 kJ
   (C) 4×10^8 kJ (D) 5×10^8 kJ

6. 北京某住宅区设置燃气锅炉给小区供暖，供暖设计热负荷为6.7MW，管网热损失及锅炉房自用系数为1.2，锅炉房容量和台数设计合理的是下列何项？
   (A) 选2台额定热功率为4.2MW的热水锅炉
   (B) 选3台额定热功率为2.8MW的热水锅炉
   (C) 选1台额定热功率为8.4MW的热水锅炉
   (D) 选2台额定热功率为5.6MW的热水锅炉

7. 天津某工业厂房生产过程散发苯30g/h，室内余热20kW，工作地点最高允许温度为32℃，消除室内余湿所需通风量为15000m³/h，试确定该厂房的通风量为下列哪一项？（安全系数 $K=6$，空气密度为1.2kg/m³）
   (A) 5000m³/h (B) 15000m³/h (C) 27000m³/h (D) 30000m³/h

8. 某厂区工业槽宽0.5m，槽长2m，拟采用单侧排风的等高条缝式槽边排风罩，吸风高度为400mm，边缘控制点的控制风速 $v_x=0.5$m/s，试计算可使条缝口吸入速度不低于8m/s的最大条缝口平均高度（mm）。
   (A) 34 (B) 47 (C) 61 (D) 71

9. 某通风除尘系统连接3个排风罩，其中两个排风罩的排风量为2200m³/h，一个排风罩的排风量为2800m³/h。除尘器与风机间连接的圆形风管直径450mm，长4m，该段风管有2个弯头，2个变径接头，总局部阻力系数0.47。采用图表法计算此段风管总阻力。（空气按标准状态考虑，空气密度1.205kg/m³）
   (A) 16Pa (B) 61Pa (C) 105Pa (D) 205Pa

10. 接上题。除尘器入口前最不利环路风管总阻力450Pa，除尘器阻力1200Pa，漏风率3%。风机出口空气经高8m的金属风管送至伞形风帽排入大气，此段风管阻力90Pa，风帽排放余压不低于10Pa。该系统通风机参数选用下列何项？（空气按标准状态考虑，风管漏风率3%，风压附加10%，空气密度1.205kg/m³）
    (A) 风机风量7200m³/h，风机风压1850Pa
    (B) 风机风量7650m³/h，风机风压1900Pa
    (C) 风机风量7200m³/h，风机风压1950Pa
    (D) 风机风量7650m³/h，风机风压2000Pa

11. 某圆形送风管道总送风量为 8000m³/h，采用 8 个等面积的侧孔送风，为了实现均匀送风，采用增大出流角的方式设计风管，若拟定孔口平均流速 4.5m/s（孔口流量系数 0.60），试计算第一个孔口断面的最大全压及最小断面直径。（空气密度 1.2kg/m³）

(A) 最大全压 45.1Pa，最小断面直径 1050mm
(B) 最大全压 45.1Pa，最小断面直径 810mm
(C) 最大全压 16.2Pa，最小断面直径 810mm
(D) 最大全压 16.2Pa，最小断面直径 1050mm

12. 某 1500m² 设有喷淋的篮球馆，净高 9m，设计采用机械排烟，设计烟层厚度 2m，房间环境温度 20℃，排烟口于风管上侧设置（距离顶棚 1m）。经计算，烟羽流质量流量为 20kg/m³，试问该房间至少设计几个排烟口？

(A) 3 个　　　　(B) 7 个　　　　(C) 9 个　　　　(D) 14 个

13. 某多功能厅空调采用一次回风全空气系统，系统送风量为 20000m³/h，已知冬季室外空调计算干球温度为 -3.5℃，相对湿度为 70%，室内设计温度为 22℃，相对湿度为 50%，新回风比例为 1:3，房间热负荷为 67.4kW，热湿比为 -10000kJ/kg，组合式空调机组功能段依次为混合段、过滤段、表冷器、风机段，不考虑风机及送风管道温升，试问经过空气处理，达到室内温度时，室内相对湿度接近下列何项？绘制焓湿图空气处理过程。

(A) 35%　　　　(B) 40%　　　　(C) 45%　　　　(D) 50%

14. 某商业会所采用风冷热泵空调系统，冬季供/回水温度为 45℃/40℃，末端为风机盘管加新风，新风风量为 3000m³/h，房间空调总热负荷为 70kW，室内设计温度为 18℃，对室内相对湿度没有要求，若新风加热至 24℃后送入室内，则供给风机盘管的热水量至少为下列何项？[水比热容 4.18kJ/(kg·K)，空气比热容 1.01kJ/(kg·K)]

(A) 11m³/h　　　(B) 12m³/h　　　(C) 13m³/h　　　(D) 14m³/h

15. 某洁净室空调系统设置粗、中高、高效过滤器，粗效过滤器过滤效率为 65%，中高效过滤器过滤效率为 90%，若粗效过滤器入口空气含尘浓度为 50mg/m³，为保证送风口空气含尘浓度不超过 1μg/m³，则高效过滤器的过滤效率至少为下列哪一项？

(A) 过滤效率 99.9%
(B) 过滤效率 99.99%
(C) 过滤效率 99.999%
(D) 过滤效率 99.9999%

16. 某房间设计温湿度独立控制系统，房间设计温度为 26℃，显热负荷为 40kW，湿负荷为 7.2kg/h，采用新风冷冻除湿控制室内湿度，新风量为 2500m³/h，95% 机器露点送风，温度控制系统采用置换通风方式，地面送风房间高位回风，送风量为 10000m³/h，系统正常运转，房间能够维持设计温湿度不变，则新风送风含湿量不能超过下列何项？

(A) 9.7g/kg　　　(B) 10.2g/kg　　　(C) 11.2g/kg　　　(D) 12.1g/kg

17. 某空调水系统采用膨胀水箱定压，其膨胀管接入冷水泵的入口处，膨胀水箱水位高度2m，水泵扬程为15mH$_2$O（见下图），则该空调水系统的水压试验压力应为下列何项？

  (A) 0.75MPa   (B) 0.60MPa   (C) 0.54MPa   (D) 0.36MPa

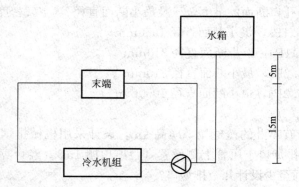

18. 某酒店项目，裙房2层，层高5.4m，塔楼客房18层，分别是三～二十层，其中一、二层层高3.6m，现有3台通风设备布置于裙房屋面，设备位置及噪声如下图所示。已知声源随距离增加产生的衰减符合公式 $\Delta L = 10\lg\left(\dfrac{1}{4\pi r^2}\right)$，试问二十层边套客房，标高为1.5m处的窗外噪声接近下列何项？

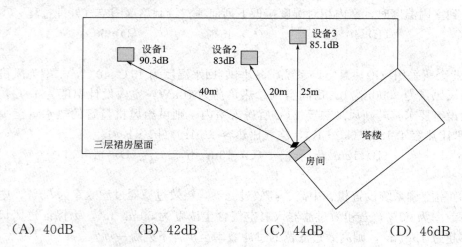

  (A) 40dB   (B) 42dB   (C) 44dB   (D) 46dB

19. 有一台制冷主机，工质为R717，采用4缸活塞式压缩机，缸径为100mm，活塞行程为80mm，压缩机转速为720r/min，若压缩机的实际输气量为0.0219m^3/s，则压缩机的压缩比接近下列哪一项？

  (A) 3   (B) 4   (C) 5   (D) 6

20. 接上题，若该活塞式制冷机组制冷剂流量单位容积制冷量为4600kJ/m^3，制冷性能系数为4.8，压缩机理论耗功量为10kJ/kg，指示效率为0.75，摩擦效率为0.85，电动机效率为0.8，试计算该制冷压缩机的电机输入功率。

  (A) 13～13.5kW   (B) 16.5～17kW   (C) 23～23.5kW   (D) 26～26.5kW

21. 某吸收式溴化锂制冷机组的制冷量为 1200kW，环境温度为 35℃，发生器中热媒温度为 120℃，蒸发器中冷水平均温度为 12℃。若溴化锂机组热力完善度为 0.45，冷却塔的供/回水温度为 32℃/37℃，则冷却水泵的选用流量应为下列哪一项？[水比热容 4.18kJ/(kg·K)，水泵流量安全余量考虑 10%]

    (A) 171 t/h　　　(B) 212 t/h　　　(C) 378 t/h　　　(D) 416 t/h

22. 某直燃型溴化锂吸收式冷水机组，蒸发器侧换热量为 1300kW，冷凝器侧换热量为 1000kW，吸收器侧换热量为 1200kW，电力耗量为 50kW，一次能源电能转换率为 40%，则该机组的性能系数为多少，为几级能效等级？

    (A) 1.27，2 级　　(B) 1.33，2 级　　(C) 1.44，1 级　　(D) 1.33，1 级

23. 一 R717 蒸汽压缩式制冷系统为冷库提供冷量，采用液泵供液，氨液流过蒸发器为下进上出形式，蒸发温度为 −28℃，蒸发量为 $2m^3/h$，蒸发温度制冷剂饱和液体的比体积为 $0.623m^3/kg$，若该冷库负荷较为稳定，应选择氨泵的流量为多少？

    (A) $4\sim6m^3/h$　　(B) $6\sim8m^3/h$　　(C) $10\sim12m^3/h$　　(D) $14\sim16m^3/h$

24. 某燃气三联供项目的发电量和余热全部用于冷水机组供冷，全年不间断运行，设天然气消耗量为 $116m^3/h$，燃气低位热值为 $350MJ/m^3$，发电机的发电效率为 40%，燃气余热利用率为 67%，若离心冷水机组的 COP 为 5.6，余热溴化锂吸收式冷水机组的热力系数为 1.1，则该三联供系统年平均能源综合利用率为下列哪一项？

    (A) 77%～79%　　(B) 80%～82%　　(C) 83%～85%　　(D) 86%～88%

25. 沈阳某一健身场所其体育馆建筑内有淋浴器共 88 个，商业公寓淋浴器有 42 个，则该建筑热水设计小时耗热量为多少？（冷水温度取 6℃）

    (A) 2000～2200MJ
    (B) 6700～6800MJ
    (C) 7000～7200MJ
    (D) 9800～10000MJ

专业案例（下）

1. 某车间采用低压蒸汽供暖系统冬季供暖，系统入口蒸汽压力为 40kPa，在凝水干管始端用三级水封代替疏水阀，已知水封连接点处的蒸汽压力为 20kPa，凝水管内的压力为 2kPa，求最大单级水封高度。（凝水密度取 $1000kg/m^3$）

   (A) 0.6m   (B) 0.8m   (C) 1.0m   (D) 1.2m

2. 某多层厂房高度为 20m，冬季供暖采用蒸汽供暖系统，系统的顶点工作压力为 0.1MPa，若在该建筑物一层地面试压，则一层进行系统水压试验时，地面打压应为多少？（g 取 $9.81m/s^2$）

   (A) 0.2MPa   (B) 0.3MPa   (C) 0.4MPa   (D) 0.5MPa

3. 某 4 层办公楼供暖系统设计，热水供热管网的供、回水许用压差为 120kPa，系统各层内用设备及管路阻力如右图所示。供暖立管 ab 段阻力 15kPa，a′b′段 5kPa，其他立管每段 2kPa。忽略 bb′管路损失。试问供热管网与热用户采用混水泵的直接连接方式时，混水泵的合理扬程是下列何值？（不考虑水泵安全系数，$10kPa=1mH_2O$）

   (A) 6m   (B) 8m
   (C) 10m   (D) 12m

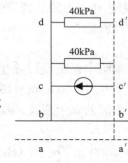

4. 某室内蒸汽供暖系统，蒸汽入口处表压力为 200kPa，最不利环路供汽管道长 300m，系统摩擦压力损失占总压力损失的 0.6，最不利环路局部阻力当量长度为 50m，求最不利环路总压力损失。

   (A) 25kPa   (B) 35kPa
   (C) 45kPa   (D) 50kPa

5. 某小区热水供暖系统，供回水主干管总长 500m，平均比摩阻为 60Pa/m，局部阻力与沿程阻力的估算比值为 0.5，若最不利热用户的水力稳定性系数不得低于 0.5，试问用户最小的作用压差为下列哪一项？

   (A) 10kPa   (B) 15kPa   (C) 18kPa   (D) 20kPa

6. 某燃煤锅炉房有下列负荷：
   （1）散热器供暖系统（95℃/70℃热水）4MW；
   （2）地板辐射供暖系统（50℃/40℃热水）4MW；

(3) 空调系统（60℃/50℃热水）10MW，同时使用率80%；
(4) 集中生活热水系统加热（0.5MPa 蒸汽）9MW，同时使用率75%；
(5) 空调加湿（0.2MPa 蒸汽）2500kg/h，同时使用率80%；
(6) 游泳池水加热（0.2MPa 蒸汽）4300 kg/h，同时使用率80%。
如果统一采用蒸汽锅炉，该锅炉房的蒸汽锅炉蒸发量应该不小于下列何值？（输送效率95%）

(A) 38t/h　　　　(B) 40t/h　　　　(C) 45t/h　　　　(D) 48t/h

7. 某厂房建筑面积2000m²，高12m，厂房工作地点设计温度32℃，室内无强热源，厂房余热量为360kW，在进行自然通风设计时，进风窗中心距地1m。若排风窗面积与进风窗面积相等，试计算仅考虑热压作用下的排风天窗的余压（Pa）。[夏季室外通风计算温度为28℃，空气比热容为1.01kJ/（kg·K），进风窗与排风天窗流量系数均为0.6，g 取 9.8m/s²]

(A) 0.8~0.9　　　(B) 1.0~1.1　　　(C) 1.2~1.3　　　(D) 1.4~1.5

8. 接上题，若排风天窗的余压为1.3Pa，采用横向下沉式天窗（无窗扇有挡雨片），厂房跨度24m，天窗垂直口高4m，试计算满足自然通风要求的天窗窗孔面积（m²）。

(A) 56　　　　　(B) 60　　　　　(C) 65　　　　　(D) 70

9. 某垃圾房排风系统设置循环使用的活性炭吸附装置，若垃圾房建筑面积20m²，净高3.5m，排风换气次数不小于 15h^{-1}，排风中有害及有异味成分的浓度为800ppm（分子量17）。用活性炭吸附，碳层平均动活性为30%，装置吸附效率95%，垃圾房全天运行，每周五白天脱附4h，脱附后残留吸附量为5%，求此垃圾房吸附装置装碳量。

(A) 280kg　　　(B) 300kg　　　(C) 330kg　　　(D) 400kg

10. 某除尘系统设计除尘量2000m³/h，排风风管设计压力—300Pa，已知排风风管长80m，风管尺寸1000mm×450mm，若采用旋风除尘器（漏风率2%）和静电除尘器（漏风率3%）串联的除尘系统，若风管漏风刚刚满足严密性检验要求，试计算确定所需通风机的通风量。

(A) 2000 m³/h　(B) 2155 m³/h　(C) 2340 m³/h　(D) 2450 m³/h

11. 某氨冷冻站建筑面积150m²，净高4.5m，试问事故排风量是平时通风量的几倍？
(A) 4 倍　　　　(B) 8 倍　　　　(C) 14 倍　　　（D) 17 倍

12. 某商业建筑的地下车库建筑面积1800m²，层高3.5m，设置CO浓度监测系统联动控制风机启停。室外大气CO浓度为2mg/m³，车库内汽车的CO散发量为400g/h，若设定CO浓度超过30mg/m³时开启车库通风系统，假设送风量与排风量相等，汽车库通风量按换气次数法计算，试计算多长时间（min）后CO浓度降低至20mg/m³？

(A) 18　　　　　(B) 19　　　　　(C) 21　　　　　(D) 23

13. 上海某办公建筑内一轻型空调房间，设计室内温度为24℃，南外窗面积为4m²，内遮阳修正系数为0.5，无外遮阳，玻璃修正系数为1.0，传热系数 $K_窗$＝3.0W/(m²·K)，南外墙面积为36m²，墙体结构为20mm水泥砂浆＋25mm挤塑聚苯保温板＋200mm加气混凝土块＋20mm水泥砂浆，传热系数 $K_墙$＝0.56W/(m²·K)，采用非稳态传热方法计算14：00时外围护结构形成的冷负荷接近下列何项？

　　（A）113W　　　　（B）163W　　　　（C）276W　　　　（D）570W

14. 某建筑设置变风量空调系统，采用内区单风道＋外区串联风机动力再热型末端装置，并由核心筒内设置的空气处理机组集中进行空气处理。一个外区房间室内设计温度为20℃，热负荷为4kW。已知：末端装置内置风机风量为1200m³/h，一次风风量调节范围为400～1000m³/h，室内新风需求为150m³/h，空气处理机组的新风比为25％，送风温度为14℃，则串联风机动力型末端装置的加热量至少应为下列何项？

　　（A）4.3kW　　　　（B）4.8kW　　　　（C）5.2kW　　　　（D）6.0kW

15. 某二级泵空调系统如下图所示，某一时刻，末端用户冷负荷为1161kW，冷水供/回水温度为7℃/12℃，盈亏管用户侧管路总阻力数为0.55kPa/(m³·h)²，系统定压点A的定压压力为300kPa，水泵扬程为20m，A点距离B点管路总长度为40m，B点比A点高4m，BC点等高，若AB管段平均管路损失为350Pa/m（含局部阻力），冷水机组阻力损失为6m，则C点工作压力接近下列何项？（g取9.8m/s²）

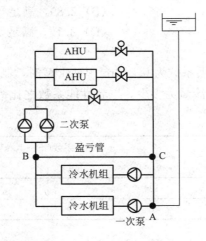

　　（A）340kW　　　　（B）362kW　　　　（C）384kPa　　　　（D）401kPa

16. 一个7级洁净车间，面积为800m²，高度为3.5m，车间内共计100人参与生产，室内设计温度为24℃，相对湿度为55％，焓值为50.1kJ/kg，采用一次回风空调系统，送风温度为15℃，焓值为39.1kJ/kg，已知室内冷负荷为220kW，工艺排风量为8000m³/h，维持室内正压需求新风量为14000m³/h，为达到洁净要求，换气次数至少需要达到15h⁻¹，则该空调系统设计送风量应为下列何项？

　　（A）22000m³/h　　（B）26000m³/h　　（C）42000m³/h　　（D）60000m³/h

17. 重庆某商业建筑，设计总热负荷为1700kW，采用空气源热泵为热源，空调水系统采用二管制一级泵系统，选用2台流量为100m³/h，扬程为26mH₂O的热水循环泵并联运行，锅炉房至系统最远用户的供回水管道总输送长度为400m，那么热水循环泵的设计工作点效率应不小于多少？

(A) 67.2% (B) 81.6% (C) 83.2% (D) 85.7%

18. 某空调机组运行重量为368kg，风机转速为900r/min，设置4个弹簧减振器，某品牌减振器参数如下表所示，设计选择哪个型号的弹簧减振器最为合理？

型号	额定荷载(kg)	最大荷载(kg)	额定荷载下的自振频率(Hz)
Ⅰ型	210	280	2.74
Ⅱ型	160	360	3.12
Ⅲ型	90	120	3.49
Ⅳ型	80	100	3.91

(A) Ⅰ型 (B) Ⅱ型 (C) Ⅲ型 (D) Ⅳ型

19. 上海市一风冷热泵机组采用全封闭螺杆压缩机，标准工况下制冷量为800kW，压缩机功率为252kW，冷却风机的电功率为25kW，冷水循环水泵为30kW，则该机组的性能系数为多少，是否满足要求？

(A) 2.89，不满足要求
(B) 2.89，满足要求
(C) 2.62，不满足要求
(D) 3.17，满足要求

20. 某冷水机组，已知污垢系数为0.044m²·K/kW时，制冷量为350kW，则其污垢系数为0.086m²·K/kW时，其冷量为多少，二者性能系数之比为多少？（污垢系数对冷水机组的影响因素见下表）

参数	污垢系数(m²·K/kW)	
	0.044	0.086
制冷量(%)	104	100
功耗(%)	97	100

(A) 330～340kW，0.97
(B) 360～370kW，0.93
(C) 360～370kW，0.97
(D) 330～340kW，0.93

21. 某地源热泵机组系统的冷负荷为380kW，该热泵机组供冷时的 EER 为6.2，热负荷为300kW，供热时的 COP 为4.8。试问该机组供热时，下列机组选型正确的是哪一项？

(A) 应以释热量441.3kW进行选型，设置辅助冷源
(B) 应以释热量319kW进行选型，不设置辅助冷源
(C) 应以吸热量237.5kW进行选型，设置辅助冷源

（D）应以吸热量459.2kW进行选型，不设置辅助冷源

22. 北京市某商业综合体空调冷源采用一台螺杆式冷水机组（1408kW）和三台离心式冷水机组（3164kW），空调冷水泵、冷却水系统的冷却水泵与冷却塔与制冷机组一一对应，具体参数如下表所示。试计算该综合体空调系统的电冷源综合制冷性能系数为下列何项，并判断该空调系统是否满足相关节能标准要求？（电机效率与传动效率为0.88）

冷水机组				空调水泵			
压缩机类型	额定制冷量(kW)	性能系数COP	台数	设计流量(m^3/h)	设计扬程(mH_2O)	水泵效率(%)	台数
螺杆式	1408	5.71	1	245	35	75%	1
离心式	3164	5.93	3	545	35	75%	3

冷水机组		冷却水泵				冷却水塔		
压缩机类型	台数	设计流量(m^3/h)	设计扬程(mH_2O)	水泵效率(%)	台数	名义工况下冷却水量(m^3/h)	样本风机配置功率(kW)	台数
螺杆式	1	285	30	75	1	350	15	1
离心式	3	636	32	75	3	800	30	3

（A）4.87，不满足要求　　　　　　（B）4.49，不满足要求
（C）4.49，满足要求　　　　　　　（D）4.87，满足要求

23. 某溴化锂吸收式冷水机组稀溶液浓度为60%，浓溶液浓度为64%，该机组的制冷量为1000kW，制冷剂在蒸发器进出口的比焓差为2300kJ/kg，则浓溶液的循环质量为多少？
（A）0.435kg/s　　（B）6.525kg/s　　（C）6.96kg/s　　（D）7.36kg/s

24. 北方某冷库设置地面通风防冻系统，该冷库所处城市室外年平均气温约为6℃，已知地面加热层传入冷间的热量为12kW，土壤传给地面加热层的热量为3kW，若该通风加热装置每日运行时间为12h，则地面防冻加热负荷为下列哪一项？
（A）18.0kW　　（B）20.7kW　　（C）30.0kW　　（D）34.5kW

25. 某32层住宅楼有2个单元，每单元2户。每户厨房燃气双眼灶和热水器各一个，若共设有4根立管，每个单元设一个入口，试确定每根立管根部和单元入口管段的计算流量。（双眼灶额定流量0.6m^3/h，热水器额定流量1.1m^3/h）
（A）单根立管流量9.53m^3/h，单元入口管段计算流量19.06m^3/h
（B）单根立管流量10.23m^3/h，单元入口管段计算流量19.06m^3/h
（C）单根立管流量10.45m^3/h，单元入口管段计算流量19.23m^3/h
（D）单根立管流量10.23m^3/h，单元入口管段计算流量30.9m^3/h

全国注册公用设备工程师
（暖通空调）执业资格考试
考前第3套卷

专业知识（上）

（一）单项选择题（共 40 题，每题 1 分，每题的备选项中只有一个符合题意）

1. 下列哪一项不属于制定建筑围护结构最小传热阻计算公式的原则？
  （A）对围护结构的耗热量加以限制
  （B）对围护结构的投资加以限制
  （C）防止围护结构的内表面结露
  （D）防止人体产生不适感

2. 在工业建筑内位于顶层、层高为 6m 的厂房，室内设计供暖温度 18℃，屋顶耗热量的室内计算温度应采用哪一项？
  （A）18℃
  （B）18℃加温度梯度影响
  （C）18℃，但屋顶的耗热量增加 4%
  （D）18℃，但各项围护结构耗热量均增加 4%

3. 下列关于供暖热负荷计算的说法正确的是哪一项？
  （A）公共建筑内部照明、电脑的散热量，不计入系统热负荷
  （B）住宅中，照明、家电的散热量，应计入系统热负荷
  （C）衣服加工车间室内间歇供暖，应对房间供暖热负荷进行间歇附加
  （D）办公室南外墙（包含窗）面积 1500m^2，其中外窗面积 800m^2，需要对窗的基本耗热量附加 15%

4. 设置集中供暖的民用建筑物，其室内空气与围护结构内表面之间的允许温差与下列何项无关？
  （A）围护结构的最小传热阻
  （B）室内空气温度
  （C）围护结构内表面换热阻
  （D）围护结构外表面换热阻

5. 在哈尔滨的 4 幢大楼，其中有一栋因未进行权衡判断而未通过审图，请判断为哪一栋？
  （A）第一栋宾馆，体形系数为 0.3，北立面窗墙面积比 0.7，外窗传热系数 2.3W/m^2
  （B）第二栋商场，体形系数为 0.3，西外墙传热系数 0.35W/m^2
  （C）第三栋办公，体形系数为 0.35，屋面传热系数 0.35W/m^2
  （D）第四栋洗脚城，体形系数为 0.35，南侧外墙传热系数 0.30W/m^2

6. 关于工业建筑集中供暖系统热媒及系统的选择，以下说法错误的是哪一项？
  （A）厂区只有供暖用热或以供暖用热为主时，应采用热水作热媒
  （B）厂区供热以工艺用蒸汽为主时，生活、行政辅助建筑物应采用热水作为热媒
  （C）利用余热或可再生能源供暖时，热媒及其参数可根据具体情况确定

(D) 严寒及寒冷地区的工业厂房宜采用热风系统进行冬季供暖

7. 在设计某办公楼机械循环热水散热器供暖系统时，下列哪一项措施不符合相关规范要求？
(A) 根据使用单位或区域分别设热量计量装置
(B) 对于有罩的散热器，采用温包外置式恒温控制阀
(C) 各散热器设手动调节阀控制室温
(D) 散热器设自动温度控制阀

8. 为保证热水管网水力平衡，所用平衡阀的安装及使用要求，下列哪一项是错误的？
(A) 建议安装在建筑物入口的回水管道上
(B) 室内供暖系统环路间也可安装
(C) 不必再安装截止阀
(D) 可随意变动平衡阀的开度

9. 某6层建筑采用散热器供暖，各层房间热负荷相同，采用上供下回垂直单管系统，供/回水温度为75℃/50℃，初调节运行时，各楼层均能满足设计要求，运行中期发现系统流量降低，供回水温度不变，以下说法正确的是哪一项？
(A) 各楼层室温相对设计工况的变化呈同一比例
(B) 六层室温比一层的室温高
(C) 六层室温比一层的室温低
(D) 无法确定

10. 甲、乙类生产厂房下列哪一种空气循环方式是正确的？
(A) 允许20%空气量循环 (B) 允许40%空气量循环
(C) 允许100%空气量循环 (D) 不应采用循环空气

11. 住宅室内空气污染物游离甲醛的浓度限值是下列何项？
(A) ≤0.5mg/m³ (B) ≤0.12mg/m³
(C) ≤0.08mg/m³ (D) ≤0.05mg/m³

12. 对右图所示的通风系统在风管上设置测量孔测量风量时，正确的位置应是下列哪一项？
(A) A点
(B) B点
(C) C点
(D) D点

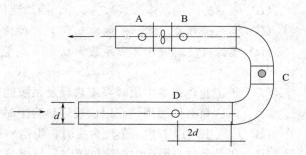

13. 关于全面通风的说法，下列哪一项是错误的？
    (A) 当采用全面排风消除余热时，应从建筑物内温度最高的区域排风
    (B) 复合通风系统应优先使用自然通风，且自然通风量不宜低于联合运行风量的30%
    (C) 全面通风时，进出房间的体积风量相等
    (D) 气流组织不好的全面通风，即使风量足够大也不可能达到需要的通风效果

14. 按规范要求，供暖、通风和空气调节系统在一定条件下应采用防爆型设备。下列何项叙述是错误的？
    (A) 直接布置在有甲、乙类物质场所中的通风、空气调节和热风供暖设备
    (B) 排除有甲类物质的通风设备，其浓度为爆炸下限10%及以上时
    (C) 排除有乙类物质的通风设备，其浓度为爆炸下限10%及以上时
    (D) 排除含有燃烧或爆炸危险的粉尘、纤维等丙类物质，其含尘浓度高于或等于其爆炸下限的50%时的设备

15. 下列有关通风系统抗震设计说法错误的是哪一项？
    (A) 抗震设防烈度为6度及6度以上地区的通风系统必须进行抗震设计
    (B) 180kg风机吊装时，应采用抗震支吊架
    (C) 防排烟风道、事故通风风道及相关设备应采用抗震支吊架
    (D) 燃气管道与构筑物或固定设备连接时，应采用柔性连接构造

16. 下列防排烟系统和风口设置不合理的是哪一项？
    (A) 排烟口应与排烟风机联锁，当任意排烟口开启时，排烟风机应能自动启动
    (B) 老年人照料设施内的非消防电梯应采取防烟措施
    (C) 地下汽车库所有排烟口距该防烟分区内最远点的水平距离不应大于30m
    (D) 地下建筑面积40m² 的歌舞娱乐放映场所排烟口设置在房间内

17. 下列有关事故通风的说法错误的是哪项？
    (A) 在可能突然散发大量粉尘的建筑物内，应设置事故通风装置及与事故排风系统相连锁的泄漏报警装置
    (B) 具有自然通风的单层建筑物，所散发的可燃气体密度小于室内的空气密度时，宜设置事故送风系统
    (C) 事故通风系统宜由经常使用的通风系统和事故通风系统共同保证
    (D) 事故排风量宜根据工艺设计条件，通过计算确定

18. 下列作业设备所采用、配置的除尘设备，哪一项是正确的？
    (A) 电焊机产生的焊接烟尘采用旋风除尘器除尘
    (B) 炼钢电炉高温（800℃）烟气采用旋风除尘器＋布袋除尘器净化
    (C) 炼钢电炉高温（800℃）烟气采用旋风除尘器＋干式静电除尘器净化（不掺入系统外的空气）

(D) 当要求除尘设备阻力低，且除尘效率高时，优先考虑采用静电除尘器

19. 对风管系统安装验收，下列符合规定的是哪一项？
(A) 风管穿越封闭的防火墙时设置厚度不小于1.6mm的钢制防护套管，按Ⅰ方案尺量、观察检查
(B) 输送空气温度高于80℃的风管，应按设计规定采取防烫伤措施，按Ⅰ方案观察检查
(C) 防火阀距防火分区隔墙表面不应大于200mm，按Ⅰ方案吊坠、手扳、尺量、观察检查
(D) 净化空调系统进行风管严密性检验时，根据其工作压力按不同压力系统风管的规定执行

20. 某夏季设空调的外区办公室房间，每天空调系统及人员办公使用时间为8：00～18：00，对于同一天来说，以下哪一项正确？
(A) 照明得热量与其对室内形成的同时刻冷负荷总是相等
(B) 围护结构的得热量总是大于与其对室内形成的同时刻冷负荷
(C) 人员潜热得热量总是大于与其对室内形成的同时刻冷负荷
(D) 房间得热量的峰值总是大于房间冷负荷峰值

21. 评价人体热舒适的国际标准ISO7730中，"预期不满意百分率PPD和预测平均评价指标PMV"的推荐值为下列哪一项？
(A) PPD<10%，-0.5≤PMV≤0.5
(B) PPD=0，PMV=0
(C) PPD=5%，PMV=0
(D) PPD<10%，-1≤PMV≤1

22. 下列关于空气处理过程的说法错误的是哪一项？
(A) 空气处理过程在 h-d 图上一定是一条连接初始状态和终止状态的直线
(B) 表面式空气换热器处理空气时，只能实现等湿加热、等湿冷却和减湿冷却三种空气状态变化过程
(C) 溶液除湿器冬季可以实现加热加湿
(D) 干式减湿、固体吸湿、液体吸湿都需要考虑吸湿剂的再生

23. 以下热回收装置送排风机的设置位置示意中，特点为新风进入热回收器的气流较均匀，排风气流均匀性较差，由于新风侧压力总小于排风侧，排风泄漏风量大的是哪一项？

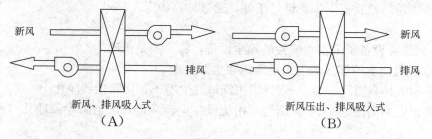

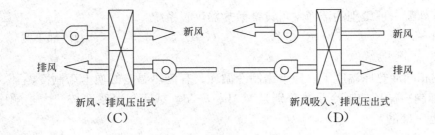

新风、排风压出式 新风吸入、排风压出式
(C) (D)

24. 自动加药装置是一种较为先进的化学水处理加药设备，它包括溶液箱、自动加药泵、控制器、单向阀等。下列有关自动加药装置的说法正确的是哪一项？
(A) 在自动加药装置加药泵出口压力可以满足的前提下，可设置在系统管路的任意位置
(B) 自动加药装置出口应设泄压阀
(C) 采用自动加药装置系统可使得系统中药剂浓度始终保持均匀，水质稳定
(D) 根据相关国家标准，自动加药装置应保证空调冷却水 pH 保持在 7.5～10

25. 无论选择弹簧隔振器还是选择橡胶隔振器，下列哪一项要求是错误的？
(A) 隔振器与基础之间宜设置一定厚度的弹性隔振垫
(B) 隔振器承受的荷载，不应超过容许工作荷载
(C) 应计入环境温度对隔振器压缩变形量的影响
(D) 设备的运转频率与隔振器垂直方向的固有频率之比，宜为 4～5

26. 采用二级泵变流量系统，机房内设 3 台冷水机组，采用共集管连接 3 台水泵。设计冷水工况 7℃/12℃，运行时发现末端房间温度偏高。下列哪一项可能导致这一问题？
(A) 平衡管管径小于总供回水管径
(B) 平衡管管径大于总供回水管径
(C) 压差旁通阀设计流量小于单台冷水机组额定流量
(D) 压差旁通阀设计流量大于单台冷水机组额定流量

27. 新风机组实行集中监控，其中送风温度、冷却盘管水量调节、送风机运行状态和送风机启停控制的信号类型，依次为下列哪一项？
(A) AI、AO、DI、DO   (B) DI、DO、AI、AO
(C) AI、DO、DI、AO   (D) AI、DI、AO、DO

28. 下列有关空气洁净度等级的说法正确的是哪一项？
(A) 每立方米空气中包含超细粒子的实测或规定浓度采用 M 描述符
(B) 每立方米空气中包含悬浮粒子的实测或规定浓度采用 U 描述符
(C) 空气洁净度等级是由单位体积空气中不大于某粒径粒子的数量进行区分
(D) 空气洁净度等级的粒径范围应为 0.1～5μm，超出粒径范围时可采用 U 描述符或 M 描述符补充说明

29. 下列哪一项级别的洁净室可设计散热器供暖系统？
    (A) 1~7级   (B) 8~9级   (C) 9级   (D) 都不是

30. 在相同冷热原温度下，逆卡诺制冷循环、有传热温差的逆卡诺制冷循环、理论制冷循环和实际制冷循环的制冷系数分别是 a、b、c、d，试问制冷系数按照大小顺序排列，下列哪一项是正确的？
    (A) c、b、a、d   (B) a、b、c、d
    (C) b、c、a、d   (D) a、c、d、b

31. 关于空气源热泵机组冬季制热量的描述，下列说法正确的是？
    (A) 室外空气越潮湿，机组融霜时间越长
    (B) 机组名义工况时的蒸发器水侧的污垢系数均为 $0.086m^2 \cdot ℃/kW$
    (C) 空气源热泵的制冷量随冷水出水温度的升高而增大，随环境温度的升高而减少
    (D) 空气源热泵的耗功，随出水温度的升高而增加，随环境温度的降低而减小

32. 武汉某项目选用的地源热泵机组，额定制冷工况和额定制热工况下满负荷运行时的能效比 EER 和 COP 分别为 4.8 和 4.4，则该机组的全年能效系数 $ACOP$ 计算值为下列哪一项？
    (A) 4.4   (B) 4.6   (C) 4.624   (D) 4.8

33. 空调设备的保冷做法，隔汽层的位置下列哪一项是正确的？
    (A) 内侧   (B) 外侧
    (C) 中间层   (D) 内侧、外侧均可

34. 冷藏库建筑墙体围护结构组成的设置，由室外到库内的排列顺序，下列哪一项是正确的？
    (A) 面层，墙体，隔热层，隔汽层，面层
    (B) 面层，墙体，隔热层，防潮层，面层
    (C) 面层，墙体，隔汽层，隔热层，面层
    (D) 面层，隔热层，墙体，隔汽层，面层

35. 对于相同蓄冷负荷条件下，冰蓄冷系统与水蓄冷系统的特性有以下比较，哪一项表述是错误的？
    (A) 冰蓄冷系统蓄冷槽的冷损耗小于水蓄冷系统蓄冷槽的冷损耗
    (B) 冰蓄冷系统制冷机的性能系数高于水蓄冷系统制冷机的性能系数
    (C) 冰蓄冷系统可以实现低温送风
    (D) 水蓄冷系统属于显热蓄冷方式

36. 河北某考生考前两周深夜加班时，发现办公楼空调系统螺杆机组在运行时，突然出现如下图所示故障引起停机，分析以下原因中最可能的选项是哪一项？

(A) 管路中冷却水冷冻水混水阀门故障
(B) 系统中设备相关过滤器故障
(C) 冷却水管路未设置进水旁通调节阀
(D) 冷水管路未设置压差旁通管

37. 某16层建筑，屋面高度64m，原设计空调冷却水系统的逆流式冷却塔放置在室外地面，现要求放置在屋面，冷却水管沿程阻力为76Pa/m，局部阻力为沿程阻力的50%，试问所选用的冷却水泵所增加的扬程应为下列哪一项？
(A) 增加约 640kPa
(B) 增加约 320kPa
(C) 增加约 15kPa
(D) 扬程维持不变

38. 在对冷藏库制冷及相关系统的多项安全保护措施中，下列哪一项做法是错误的？
(A) 集油器的放油口配置截止阀和快速关闭阀
(B) 事故排风机的过载保护应作用于信号报警而不是直接停止排风机
(C) 氨制冷系统安全阀的泄压管出口应高于周围50m内最高建筑物的屋脊5m，且应防雷、防雨水，防杂物进入
(D) 制冷剂循环泵排液管上应配置压力表、止回阀

39. 房屋排水系统设置通气管的作用，下列表述哪一项是错误的？
(A) 保障排水系统内空气流通
(B) 保障排水系统内压力稳定
(C) 防止排水系统内水封破坏
(D) 排除排水系统内产生的异味

40. 敷设于某高层建筑竖井中的燃气立管，做法符合要求的应为下列何项？
(A) 竖井内燃气管道的最高工作压力可为0.4MPa
(B) 与热力管道、卫生间排气管道共用竖井
(C) 竖井每隔4层设置防火分隔
(D) 竖井每隔4层设置一燃气浓度检测报警器

（二）多项选择题（共30题，每题2分，每题的各选项中有两个或两个以上符合题意，错选、少选、多选均不得分）

41. 关于供暖热媒的叙述正确的是哪几项？
(A) 热水地面辐射供暖系统供水温度宜采用35～45℃

（B）散热器集中供暖热水系统热媒宜采用 75～50℃
（C）毛细管网顶棚辐射供暖系统供水温度宜采用 30～40℃
（D）吊顶辐射供暖、铝制散热器供暖均应满足水质要求且在非供暖期应充水保养

42. 下列哪些建筑内的散热器必须暗装或装防护罩？
（A）养老院　　　　　　　　（B）幼儿园
（C）精神病院　　　　　　　（D）法院审查室

43. 关于热泵供暖的说法，哪几项是错误的？
（A）土壤源热泵采用双 U 管布置方式时所需管井数量是单 U 管布管方式的一半
（B）对于寒冷地区的高密度建筑区域，采用地下井水的水源热泵可以大量安全使用
（C）供暖时，空气源热泵系统的性能一定比土壤源热泵系统的性能差
（D）采用垂直埋管的土壤源热泵须保证全年从土壤中取用与排放的热量基本平衡

44. 当热网静水压线小于建筑供暖系统高度时，以下处理方式错误的是哪几项？
（A）设换热器间接连接
（B）采用供水管设止回阀，回水管设阀前压力调节阀的直接连接
（C）回水管设加压泵的直接连接
（D）装混合水泵直接连接

45. 寒冷地区的供暖系统设计，下列哪几项说法是正确的？
（A）区域供冷系统宜采用较大的供回水温差，设计供/回水温度宜为 5℃/11℃
（B）利用燃气区域供暖的相应技术时，燃气压缩式热泵供暖方案的一次能源利用率 PER 值最高
（C）人参果温室中采用燃气红外线辐射供暖时，燃气燃烧后的尾气排至温室内
（D）对于采取三步节能措施的综合居住区，可按 40～50W/m² 估算截取的综合供暖热指标值

46. 小区集中供热锅炉房的位置，正确的是下列哪几项？
（A）应靠近热负荷比较集中的地区
（B）应有利于自然通风和采光
（C）季节性运行的锅炉房应设置在小区主导风向的下风侧
（D）新建锅炉房原则上规定宜设置在独立的建筑内，确有困难时，可设置在住宅建筑内

47. 供暖系统的阀门强度和严密性试验，正确的做法应是下列哪几项？
（A）安装在主干管上的阀门，应逐个进行试验
（B）阀门的强度试验压力为公称压力的 1.2 倍
（C）阀门的严密性试验压力为公称压力的 1.1 倍

(D) 最短试验持续时间，随阀门公称直径增大而延长

48. 办公楼、商店、旅馆等Ⅱ类民用建筑室内空气污染物浓度限值正确的是下列哪几项？
(A) 游离甲醛不大于 0.10mg/m³
(B) TVOC 不大于 0.50mg/m³
(C) 苯不大于 0.090mg/m³
(D) 氨不大于 0.40mg/m³

49. 下列情况中，哪几项需要单独设置排风系统？
(A) 散发铅蒸汽的房间
(B) 药品库
(C) 洁净手术室
(D) 放映室

50. 下列说法错误的是哪几项？
(A) 微波辐射职业接触限值指居民所受环境辐射及接触微波辐射各类作业的限值要求
(B) 南京地区从事锻造工作的工人，当接触时间率为 50% 时，其 WBGT 限值为 30℃
(C) 制定 PC-TWA 所依据的关键效应为致敏作用
(D) 测得己内酰胺短时间（15min）接触浓度为 12mg/m³，符合超限倍数要求

51. 下列房间的排风量计算满足规范要求的是哪几项？
(A) 某住宅厨房，5m×2m×2.8m（长×宽×高），排气量为 100m³/h
(B) 某公共浴室的淋浴小间，1.5m×2m×4m（长×宽×高），通风量为 100m³/h
(C) 氨制冷站，15m×12m×5m（长×宽×高），事故通风量为 32940m³/h
(D) 某高温酸镀车间，20m×15m×8m（长×宽×高），排风量为 2000m³/h

52. 下列有关地下车库通风设计合理的是哪几项？
(A) 组合建筑内的汽车库和地下汽车库的通风系统独立设置，不和其他建筑的通风系统混设
(B) 当采用诱导式通风系统时，CO 气体浓度传感器应采用多点分散设置
(C) 当车库内 CO 最高允许浓度大于 30mg/m³ 时，可通过自然通风或机械通风系统将其稀释到允许浓度
(D) 汽车库设置送风系统时，送风量宜为排风量的 80%～90%

53. 关于滤筒式除尘器的特点，以下哪几项说法是正确的？
(A) 除尘效率高，一般在 99% 以上
(B) 滤筒易于更换
(C) 适宜处理粒径小，低浓度的含尘气体
(D) 与其他除尘器相比，更适合于净化粘结性颗粒物

54. 下列应在外墙或顶部设置固定窗的部位有哪几项？
(A) 设置机械加压送风的地下一层防烟楼梯间

(B) 建筑高度为 60m 的实验楼，靠外墙的防烟楼梯间，每 5 层可开 2.0m² 外窗
(C) 某办公建筑设置机械加压送风系统的避难 1 层
(D) 某商场长度大于 60m 的内走道

55. 根据现行消防设计规范的规定，下列从《15K606〈建筑防烟排烟系统技术标准〉图示》中选取的消防设计图示中，错误的是哪几项？

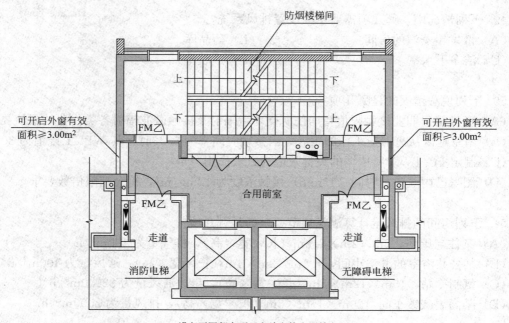

设有不同朝向可开启外窗的合用前室
（A）

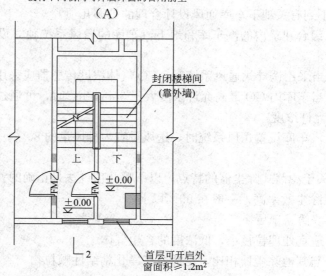

地下封闭楼梯间首层设可开启外窗
（B）

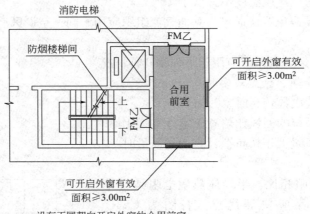

设有不同朝向开启外窗的合用前室

(C)

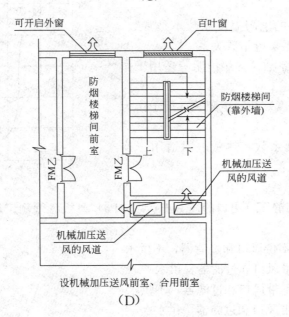

设机械加压送风前室、合用前室

(D)

56. 对于进深较大（超过10m）的办公室空调设计时，关于内、外区的说法，下列哪几项是错误的？
(A) 采用变风量全空气系统时，应考虑空调内、外区分区
(B) 采用定风量全空气系统时，不应考虑空调内、外区分区
(C) 采用风机盘管加新风系统时，不应考虑空调内、外区分区
(D) 内、外区是否考虑分区，与上述系统形式无关

57. 下列关于置换通风的说法正确的是哪几项？
(A) 置换通风不适用在冬季有大量热负荷需要的建筑物外区
(B) 置换通风计算，只针对主要影响室内热舒适的温度进行计算

(C) 夏季置换通风送风温度不宜低于 16℃

(D) 设计中，要避免置换通风与其他气流组织应用于同一空调区

58. 直流式全新风空调系统应用于下列哪几种情况？

(A) 室内散发余热、余湿较多时

(B) 空调区换气次数较高时

(C) 夏季空调系统的回风比焓高于室外空气比焓时

(D) 空调区排风量大于按负荷计算的送风量时

59. 与金属热电阻相比，半导体热敏电阻具有灵敏度高、体积小、反应快等优点。右图为 CTR、PTC、NTC 三种半导体热敏电阻的特性，下列哪几项叙述是正确的？

(A) 半导体热敏电阻的电阻温度系数不是常数，它的电阻与温度之间的关系接近指数关系

(B) PTC 型（正温度系数）热敏电阻只适用于作为双位调节的温度传感器

(C) CTR 型（临界温度）热敏电阻只适用于作为双位调节的温度传感器

(D) NTC 型（负温度系数）热敏电阻适用于连续作用的温度传感器

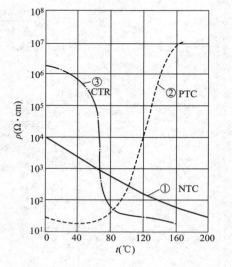

60. 对照国家标准，高静压（出口静压 30Pa 或 50Pa）风机盘管额定风量试验工况，下列哪几项是错误的？

(A) 风机转速高挡，不带风口和过滤器，不供水

(B) 风机转速高挡，带风口和过滤器，供水

(C) 风机转速中挡，不带风口和过滤器，不供水

(D) 风机转速中挡，带风口和过滤器，供水

61. 对于自动控制用的两通电动调节阀，以下哪几项是正确的？

(A) 控制空气湿度时，表冷器通常应配置理想特性为等百分比的阀门

(B) 蒸汽换热器控制阀宜采用直线型阀门

(C) 表冷器所配置的阀门口径与表冷器的设计阻力及设计流量有关

(D) 理想的为等百分比特性的阀门含义是：阀门流量与阀门开度成正比

62. 某工艺洁净室，已知人员需求新风量为 400m³/h，维持室内正压所需新风量为 240m³/h，室内排风量为 300m³/h，则该洁净室的新风量哪几项是错误的？

(A) 240m³/h　　　　　　　　(B) 300m³/h

(C) 400m³/h　　　　　　　　(D) 540m³/h

63. 关于蓄冷系统的说法正确的是下列哪几项？
(A) 冰蓄冷系统通常能够节约运行费用但不能节约电耗
(B) 蓄冷系统不适合于有夜间负荷的建筑
(C) 水蓄冷系统的投资回收期通常比冰蓄冷系统短
(D) 冰蓄冷系统采用冷机优先策略可最大幅度节约运行费用

64. 2022年北京冬奥会国家速滑馆、首都体育馆、五棵松体育中心等场馆采用二氧化碳直冷制冰技术，冰面温差不超过±0.5℃。以下关于二氧化碳直冷制冰系统表述正确的是哪几项？
(A) 二氧化碳超临界直冷制冰技术具有温度控制准、冰面质量优、制冰效率高的优点
(B) 二氧化碳作为载冷剂在冰场地下管道中直接蒸发，原则上能够将温度控制在一个固定值
(C) 二氧化碳直冷制冰冰场的冷热综合利用能效比较高，制冷过程中排出的余热还可以回收
(D) 二氧化碳作为制冷剂时，临界压力为7.38MPa，作为属于A1型制冷剂

65. 选择离心式制冷压缩机的供电方式时，下列哪几项表述是正确的？
(A) 额定电压可为380V、6kV、10kV
(B) 采用高压供电会增加投资
(C) 采用高压供电会减少维护费用
(D) 在供电可靠和能保证安全的前提下，大型离心机制冷站宜采用高压供电方式

66. 关于溴化锂吸收式冷水机组的性能改善问题，下列说法哪几项是错误的？
(A) 在溴化锂溶液（LiBr）中加入0.1%～0.3%的乙醇作为表面活化剂，可提高吸收器的换热性能
(B) 在溶液中加入缓蚀剂0.1~0.3%的铬酸锂（Li_2CrO_4）和0.02%的氢氧化锂后，对机组的防腐蚀不利
(C) 在机组中需设置抽气装置，可提高机组真空度，有利于机组性能改善
(D) 在发生器和吸收器之间设置融晶管和电磁阀，电磁阀平时关闭，需要融晶时打开

67. 离心式压缩机运行过程发生"喘振"现象的原因，可能是下列哪几项？
(A) 气体流量过大 (B) 冷凝器结垢
(C) 制冷系统中有空气 (D) 冷却水温过低

68. 绿色建筑鼓励结合项目特征进行创新设计，有条件时，优先采用被动措施实现设计目标，下列属于被动措施的是哪几项？
(A) 自然通风 (B) 围护结构保温
(C) 新排风热回收技术 (D) 二氧化碳直冷制冰技术

69. 下列设计的项目中，哪几项描述是错误的？
（A）某办公项目，如果希望获得三星级绿色建筑标识，则必须采用地源热泵系统
（B）某公寓项目，如果希望获得绿色建筑标识，则应该采用地板供暖
（C）某住宅项目，如果希望获得三星级绿色建筑标识，必须设计顶棚辐射＋地板置换通风的供暖、空调系统
（D）某机场项目，如果希望获得绿色建筑标识，必须100％设计太阳能热水系统

70. 排水管道的以下连接方式，哪几项是错误的？
（A）空调器的冷凝水，可以就近接入建筑物的雨水管道中
（B）居住小区应采用生活排水和雨水分流排水系统
（C）医院的所有污水应单独排出进行消毒处理
（D）住宅厨房和卫生间的排水管道应分别独立设置

专业知识(下)

（一）单项选择题（共40题，每题1分，每题的备选项中只有一个符合题意）

1. 为防止可燃粉尘、纤维与供暖散热器接触引起自燃，应控制热媒温度，下列哪一项是正确的？
（A）0.2MPa 蒸汽
（B）供/回水温度 95℃/70℃
（C）0.3MPa 蒸汽
（D）供/回水温度 130℃/70℃

2. 某公共建筑 $500m^2$ 大堂采用地面辐射，计算热负荷为 40kW，但其中 $200m^2$ 的地面被固定式家具及其他摆设物所覆盖，辐射地面单位面积的有效散热量应为多少？
（A）$180W/m^2$
（B）$133W/m^2$
（C）$120W/m^2$
（D）$102W/m^2$

3. 长春市某建筑设计集团有限公司，晚上 23：59 下班后，办公楼还必须保持的温度为下列哪一项？
（A）必须为 5℃
（B）必须保持在 0℃以上
（C）10℃
（D）冬季室内供暖温度

4. 关于工业建筑围护结构附加耗热量的各种修正，下列哪一项是错误的？
（A）朝向修正：考虑日射影响，针对垂直外围护结构基本耗热量的修正率
（B）风力附加：考虑风速变化，针对垂直外围护结构基本耗热量的修正率
（C）高度附加：考虑房屋高度影响，针对垂直外围护结构基本耗热量的修正率
（D）间歇附加：考虑只要求在使用时间保持室内温度时，针对房间供暖热负荷进行附加

5. 下列室内供暖系统主干管中，哪一项是可不需要保温的？
（A）不通行地沟内的供水、回水管道
（B）高低压蒸汽管道
（C）车间内蒸汽凝结水管道
（D）通过非供暖房间的管道

6. 热水供暖系统设计中有关水的自然作用压力的表述，下列哪一项是错误的？
（A）分层布置的水平单管系统，可忽略水在管道中的冷却而产生的自然作用压力影响
（B）机械循环双管系统，对水在散热器中冷却而产生的自然作用压力的影响，应采取相应的技术措施
（C）机械循环双管系统，对水在管道中冷却而产生的自然作用压力的影响，应采取相应的技术措施
（D）机械循环单管系统，如建筑物各部分层数不同，则各立管产生的自然作用压力应计算

7. 根据《公共建筑节能设计规范》GB 50189-2015 和《建筑节能与可再生能源利用通用规范》GB 55015-2021 的有关要求，下列哪一项是正确的？
   (A) 建筑窗（不包含透明幕墙）墙面积比小于 0.4 时，玻璃或其他透明材料的可见光透射比不应小于 0.4
   (B) 屋顶透明部分的面积不应大于屋顶总面积的 20%
   (C) 夏热冬冷地区屋面传热系数 $K=0.7W/(m^2·K)$，应进行围护结构热工权衡计算
   (D) 寒冷地区建筑体形系数不应大于 0.4，不能满足要求时，必须进行围护结构热工性能的权衡判断

8. 室外高压过热蒸汽管道同一坡向的直线管段上，在顺坡情况下设疏水装置的间距(m)，应为下列哪一项？
   (A) $200<L≤300$
   (B) $300<L≤400$
   (C) $400<L≤500$
   (D) $500<L≤1000$

9. 某居住建筑采用集中热源分户热计量的预制沟槽保温板的热水辐射供暖方式，其中一使用面积为 $120m^2$ 用户的房间热负荷为 3000W，若该居住建筑采用间歇调节运行方式，则实际房间热负荷计算值正确的是下列何项？
   (A) 4440～4740W
   (B) 5040～5340W
   (C) 3600～3900W
   (D) 4200～4500W

10. 关于住宅小区锅炉房设置方法，表述正确的是下列何项？
    (A) 锅炉房属于丙类明火生产厂房
    (B) 燃气锅炉房应有相当于锅炉间占地面积 8% 的泄压面积
    (C) 锅炉房应置于全年最小频率风向的下风侧
    (D) 燃油锅炉房柴油日用油箱应不大于 $1m^3$

11. 某热水供暖系统的供暖管道施工说明，下列哪一项是错误的？
    (A) 汽、水在水平管道内逆向流动时，管道坡度是 5‰
    (B) 汽、水在水平管道内同向流动时，管道坡度是 3‰
    (C) 连接散热器的支管管道坡度是 1%
    (D) 公称管径为 80mm 的镀锌钢管应采用焊接连接

12. 一通风系统从室外吸风，向零压房间送风，该通风系统安装一离心式通风机定转速运行，系统的风量为 $4800m^3/h$，系统压力损失为 420Pa，该通风系统的综合阻力数（综合阻抗）为多少（kg/m^7）？
    (A) $1.83×10^{-5}$
    (B) $4.23×10^{-3}$
    (C) 236
    (D) 548

13. 对每一种有害物设计排风量为：尘，$5m^3/s$；SO_2，$3m^3/s$；HCl，$3m^3/s$；CO，

$4m^3/s$。最小全面排风量为下列哪一项?
(A) $15m^3/s$ (B) $9m^3/s$ (C) $6m^3/s$ (D) $5m^3/s$

14. 平时为汽车库，战时为人员掩蔽所的防空地下室，其通风系统做法，下列何项是错误的？
(A) 应设置清洁通风、滤毒通风和隔绝通风
(B) 应设置清洁通风和隔绝防护
(C) 战时应按防护单元设置独立的通风空调系统
(D) 穿过防护单元隔墙的通风管道，必须在规定的临战转换时限内形成隔断

15. 下列场所应设排烟设施的是哪一项？
(A) 层高10m物流厂房内长度为35m的疏散走道
(B) 铝粉厂房内$400m^2$地上铝粉生产用房
(C) 办公建筑内总长度大于60m的避难走道
(D) 设置在四层建筑面积为$10m^2$的台球社

16. 根据现行防烟排烟设计规范，以下说法正确的是哪一项？
(A) 机械加压送风系统应设有测压装置及风压调节措施
(B) 当吊顶内有可燃物时，吊顶内的排烟管道应采用不燃材料隔热，或与可燃物保持不小于150mm的距离
(C) 设置机械加压送风系统的避难层，在外墙设置有效面积1%避难层地面面积的可开启乙级防火窗
(D) 当采用合用前室时，楼梯间、合用前室应分别独立设置机械加压送风系统

17. 下列有关离心式除尘器性能要求的表述错误的是哪一项？
(A) 在大于15m/s含尘气流流速接触面的部位应采用耐磨措施
(B) 对腐蚀性强的含尘气体除尘应采用防腐措施
(C) 冷态试验粉尘应采用325目医用滑石粉，质量中位径应低于$15\mu m$
(D) 冷态试验粉尘进口浓度为$3\sim 5g/m^3$

18. 下列有关工作场所基本卫生要求的说法正确的是哪一项？
(A) 原材料选择应遵循低毒物质代替有毒物质的原则
(B) 对于逸散粉尘的生产过程，宜对产尘设备采取密闭措施
(C) 贮存酸、碱及高危液体物质贮罐区周围应设置排水沟
(D) 工作场所粉尘、毒性的发生源应布置在工作地点的自然通风或进风口的下风侧

19. 以下关于活性炭吸附的叙述，何项是错误的？
(A) 活性炭适用于吸附有机溶剂蒸气
(B) 活性炭不适用于对高温、高湿和含尘量高的气体吸附

(C) 一般活性炭的吸附性随摩尔容积下降而减小
(D) 对于亲水性（水溶性）溶剂的活性炭吸附装置，宜采用水蒸气脱附的再生方法

20. 计算空气通过风机时引起的温升和下列哪种参数无关？
(A) 通过风机的风量　　　　　(B) 风机的全压
(C) 电动机安装的位置　　　　(C) 电动机效率

21. 相同的表面式空气冷却器，在风量不变的情况下，湿工况的空气阻力与干工况空气阻力相比，下列哪一项是正确的？
(A) 湿工况空气阻力大于干工况空气阻力
(B) 湿工况空气阻力等于干工况空气阻力
(C) 湿工况空气阻力小于干工况空气阻力
(D) 湿工况空气阻力大于或小于干工况空气阻力均有可能

22. 采用表冷器对空气进行冷却减湿，空气的初状态参数为：$h_1=50.9$kJ/s，$t_1=25℃$；空气的终状态参数为：$h_2=30.7$kJ/s，$t_2=11℃$。则该处理过程的析湿系数为多少？
(A) 1.31　　　(B) 1.68　　　(C) 1.43　　　(D) 1.12

23. 一个办公楼采用风机盘管＋新风空调方案，风机盘管采用两通阀控制，循环水泵采用变频定压差控制，为了保持空调水系统的平衡，下列措施和说法中正确的是何项？
(A) 每个风机盘管的供水管均设置动态流量平衡阀
(B) 每个风机盘管的供水管均设置动态压差平衡阀
(C) 每个风机盘管的回水管均设置动态流量平衡阀
(D) 没有必要在每个风机盘管上设置动态平衡阀

24. 公共建筑节能设计时，以下哪一项不是进行"节能设计权衡判断"的准入条件？
(A) 严寒A区屋面传热系数不应大于0.35W/（m²·K）
(B) 夏热冬冷地区外窗的太阳得热系数不大于0.44
(C) 寒冷地区外墙（包括非透光幕墙）的传热系数不应大于0.6W/（m²·K）
(D) 夏热冬冷地区屋面透明部分传热系数不应大于3.0 W/（m²·K）

25. 某冷水机组冷却水系统管路沿程阻力50kPa，局部阻力150kPa，冷却塔置于86m处的屋顶，冷却塔底部基础高1.5m，从冷却塔底部水面到喷淋器出口的高差为2m，冷却塔喷淋室的布水器喷水压力为100kPa，则设计选择冷却水泵的扬程应为何项？
(A) 30.2m　　　(B) 35.2m　　　(C) 38.4m　　　(D) 41.4m

26. 某空调系统的末端装置设计的供/回水温度为7℃/12℃，末端装置的回水支管上均设有电动两通调节阀。冷水系统为一次泵定流量系统（在总供回水管之间设有旁通管及压差控制的旁通阀）。当压差旁通阀开启进行旁通时，与旁通阀关闭时相比较，正确的变化应为

何项？
(A) 冷水机组冷水的进出水温差不变
(B) 冷水机组冷水的进出水温差加大
(C) 冷水机组冷水的进出水温差减小
(D) 冷水机组冷水的进水温度升高

27. 某新风处理机组的额定参数满足国家标准的要求。现将该机组用于成都市某建筑空调系统。该市的冬季和夏季室外空气计算温度分别为1℃和31.6℃，当机组风量、冬季空调热水和夏季空调冷水的供水温度和流量都符合该机组额定值时，下列哪一项说法是错误的？
(A) 机组的供冷量小于额定供冷量
(B) 机组的供热量小于额定供热量
(C) 机组的夏季出风温度低于额定参数时的出风温度
(D) 机组的冬季出风温度低于额定参数时的出风温度

28. 关于制冷设备及系统的自动控制，下列哪一项说法是错误的？
(A) 制冷机组的能量调节由自身的控制系统完成
(B) 制冷机组运行时，需对一些主要参数进行定时监测
(C) 水泵变频控制可利用最不利环路末端的支路两端压差作为信号
(D) 多台机组运行的系统，其能量调节除每台机组自身调节外，还需要对台数进行控制

29. 某车间空调系统满足的室内环境要求是：夏季 $t=22\pm1℃$，$\varphi=60\%\pm10\%$；冬季 $t=20\pm1℃$，$\varphi=60\%\pm10\%$；空气的洁净度为：ISO7（即10000级），车间长10m，宽8m，层高4m，吊顶净高3m，为保证车间的洁净度要求，风量计算时，其送风量宜选下列何项？
(A) $1900\sim2400m^3/h$
(B) $2800\sim2260m^3/h$
(C) $3600\sim6000m^3/h$
(D) $12000\sim14400m^3/h$

30. 有三种容积型单级制冷压缩机，当实际工况压缩比≥4时，压缩机的等熵效率由低到高的排序应是下列选项中的哪一项？
(A) 活塞式压缩机、滚动转子式压缩机、涡旋式压缩机
(B) 滚动转子式压缩机、涡旋式压缩机、活塞式压缩机
(C) 涡旋式压缩机、滚动转子式压缩机、活塞式压缩机
(D) 活塞式压缩机、涡旋式压缩机、滚动转子式压缩机

31. 关于冷水机组的说法，下列何项是错误的？
(A) 我国标准规定的蒸发冷却冷水机组额定工况的湿球温度为24℃，干球温度不限制
(B) 根据《冷水机组能效限定值及能效等级》GB 19577-2015 的规定，容量为1500kW的水冷式冷水机组 $COP=6$，此产品能源效率为1级
(C) 选冷水机组时不仅要考虑额定工况下的性能，更要考虑使用频率高的时段内机组的性能

(D) COP 完全相同的冷水机组，当蒸发器和冷凝器的阻力不同时，供冷期系统的运行能耗也会不同

32. 使用制冷剂 R134a 的制冷机组，采用的润滑油应是下列哪一项？
   (A) 矿物性润滑油
   (B) 醇类（PAG）润滑油
   (C) 酯类（POE）润滑油
   (D) 醇类（PAG）润滑油或酯类（POE）润滑油

33. 压缩式制冷机组膨胀阀的感温包安装位置，何项是正确的？
   (A) 冷凝器进口的制冷剂管路上　　(B) 冷凝器出口的制冷剂管路上
   (C) 蒸发器进口的制冷剂管路上　　(D) 蒸发器出口的制冷剂管路上

34. 在冰蓄冷空调系统中，对于同一建筑而言，以下哪一种说法是正确的？
   (A) 如果要降低空调冷水的供水温度，应优先采用并联系统
   (B) 全负荷蓄冷系统的年用电量高于部分负荷蓄冷系统的年用电量
   (C) 夜间不使用的建筑应设置基载制冷机
   (D) 为重复利用建筑资源，水蓄能系统的蓄热蓄冷水池与消防水池合用

35. 下列有关第一类和第二类溴化锂吸收式热泵机组特点比较，错误的是哪一项？
   (A) 两者均是由驱动热源和发生器构成驱动热源回路，由低温热源和蒸发器构成低温热源回路
   (B) 第一类吸收式热泵产生中温有用热能的同时可以实现制冷
   (C) 第二类吸收式热泵的性能系数较高
   (D) 第二类吸收式热泵的节能效果显著

36. 下列对于电机驱动制冷压缩机的冷凝器和蒸发器的相关温度的表述中哪一项是正确的？
   (A) 蒸发式冷凝器的冷凝温度宜比夏季空调室外计算湿球温度高 8～10℃
   (B) 直立管式蒸发器的蒸发温度宜比冷水出口温度低 4～6℃
   (C) 水冷卧式壳管式冷凝器的冷却水进出口温差宜为 4～8℃
   (D) 风冷式冷凝器的空气进出口温差不应小于 8℃

37. 某冷库采用上进下出式氨泵供液制冷系统，氨液的蒸发量为 838kg/h，蒸发温度为 $-24℃$，饱和氨液的比容为 $1.49×10^{-3}m^3/kg$，试问所需氨泵的体积流量为下列哪一项？
   (A) 4～5m^3/h　　　　　　　　(B) 8～10m^3/h
   (C) 6～7.5m^3/h　　　　　　　(D) 1.25m^3/h

38. 下列关于绿色工业建筑运用的暖通空调技术，错误的是何项？

（A）风机、水泵等输送流体的公用设备应合理采用流量调节措施
（B）工艺性空调系统的设计以保证工艺要求和人员健康为主，室内人员的舒适感处于次要位置
（C）工业厂房的通风设计必须合理确定建筑朝向和进、排风口位置
（D）建筑的供暖和空调应优先采用地源（利用土壤、江河湖水、污水、海水等）热泵

39. 系统设置灭菌消毒设施时，医院、疗养所等建筑加热设备出水温度应为下列哪一项？
（A）50～55℃　　（B）55～60℃　　（C）60～65℃　　（D）65～70℃

40. 某商场餐饮区位于地下一层，下列有关其燃气管道及设备的设置做法不满足规范要求的是哪一项？
（A）放置燃气灶的灶台采用难燃材料，同时加防火隔热板
（B）用气房间设置燃气浓度检测报警器
（C）设置独立的机械送排风系统
（D）有外墙的卫生间，安装半密闭式热水器

（二）多项选择题（共30题，每题2分，每题的各选项中有两个或两个以上符合题意，错选、少选、多选均不得分）

41. 以下关于供暖设备及附件的说法正确的是哪几项？
（A）当系统水的pH为8时，铝制散热器与铜制散热器可共同设置在一个热水供暖系统中
（B）减压阀、安全阀均应垂直安装
（C）热动力式疏水阀安装在蒸汽管道的末端
（D）热水供暖系统的膨胀水箱宜设置在回水管上

42. 下列描述正确的有哪几项？
（A）平衡阀能够平衡空调或供暖负荷，可用平衡阀取代电动三通阀或两通阀
（B）可按照管径选择同等公称管径规格的平衡阀
（C）当要求同时实现水力平衡与负荷调节时，可选用带电动自动控制功能的动态平衡阀
（D）集中供暖系统的建筑物热力入口，应安装静态水力平衡装置

43. 下列有关锅炉及锅炉房的描述错误的是哪几项？
（A）锅炉引风机的实验测试条件为：大气压力$B=101.3kPa$，温度为20℃
（B）对于常压、真空热水锅炉，额定出口水温小于或等于90℃
（C）燃气锅炉，烟尘的最高允许排放浓度为$35mg/m^3$，且烟囱高度不得低于8m
（D）民用建筑中，燃油、燃气锅炉房的设计容量应按照各项热负荷最大值叠加确定

44. 如右图所示一热水网路示意图，当关闭用户 3 的阀门时，则系统将发生的流量变化状况为下列哪几项？

（A）用户 1、2 流量增大，用户 1 流量增加得更多

（B）用户 1、2 流量增大，用户 2 流量增加得更多

（C）用户 4、5 流量增大，用户 4 流量增加得更多

（D）用户 4、5 流量等比一致增大

45. 根据《供热工程项目规范》GB 55010-2021，布置锅炉间及燃烧设备间时，下列要求哪几项是正确的？

（A）非独立设置的锅炉间及燃烧设备间，出入口不应少于 2 个

（B）燃油或燃气锅炉间、冷热电联供的燃烧设备间应设置固定式可燃气体浓度或粉尘浓度报警装置

（C）锅炉安全阀的整定和校验每年不得少于 1 次

（D）室内油箱应采用玻璃管式油位表

46. 某 9 层住宅楼设计分户热计量热水供暖系统，下列哪几项做法是错误的？

（A）供暖系统的总热负荷计入向邻户传热引起的耗热量

（B）计算系统供、回水干管时计入向邻户传热引起的耗热量

（C）户内散热器片数计算时计入向邻户传热引起的耗热量

（D）户内系统为双管系统，户内入口设置流量调节阀

47. 关于空气源热泵机组的选择，下列说法正确的是哪几项？

（A）空气源热泵的冬季设计工况下的机组性能系数应为冬季室外空调计算温度下的性能系数

（B）对于夏热冬冷和夏热冬暖地区，应根据冬季热负荷选型，不足的冷量可由冷水却水机组提供

（C）融霜时间总和不应超过运行周期时间的 20%

（D）户用及类似用途低环境温度空气源热泵（冷水）机组时，地板辐射型和散热器型机组的水流量按照机组的名义制热量确定，风机盘管型机组的水流量按照机组的名义制冷量确定

48. 下列设备和管道安装和验收时，正确的哪几项？

（A）热量表安装时，上游侧直管段长度不应小于 $5D$，下游侧直管段长度不应小于 $2D$

（B）风管系统安装后，必须进行严密性检验，低压风管系统可采用漏光法检测

（C）矩形风管平面边长大于 $500mm$，且曲率半径小于 1 倍的平面边长时，应设置弯管导流叶片

（D）制冷剂管道弯管的弯曲半径不应小于 $3.5D$

49. 某厂房高 10m，当排出的有害物质需经大气扩散稀释时，通风系统的排风口高出屋面的距离下列哪几项满足要求？
    (A) 0.5m   (B) 2m   (C) 3m   (D) 4m

50. 关于局部排风罩的设计，下列说法正确的是哪几项？
    (A) 对散发粉尘或有害气体的工艺流程与设备，宜采用密闭罩
    (B) 多点产尘和阵发性产尘的设备，宜采用大容积密闭罩
    (C) 密闭罩的吸气口位置，应尽量布置在含尘气流高的部位
    (D) 密闭罩的吸风口速度不宜大于 2m/s

51. 有关除尘设备的设计选用原则和相关规定，哪几项是错误的？
    (A) 处理有爆炸危险粉尘的除尘器、排风机应与其他普通型的风机、除尘器分开设置
    (B) 含有燃烧和爆炸危险粉尘的空气，在进入排风机前采用干式或湿式除尘器进行处理
    (C) 净化有爆炸危险粉尘的干式除尘器，应布置在除尘系统的正压段
    (D) 根据《除尘器能效限定值及能效等级》GB 37484-2019，除尘器能效等级分成 5 级，判据是除尘器比电耗

52. 下列描述正确的有哪几项？
    (A) 当变配电室采用冷风降温时，最小新风量应≥$3h^{-1}$，或≥5%的送风量
    (B) 无论制冷机采用何种组分的制冷剂，制冷机房内必须设置事故通风系统
    (C) 寒冷及严寒地区，汽车库的送风应加热
    (D) 汽车库送排风量宜按稀释浓度法计算，对于单层停放的汽车库可采用换气次数法计算，并应取两者较大值

53. 下列表述错误的是哪几项？
    (A) 通风空调系统消声设计时，应通过控制设备和消声器中的气流速度降低气流再生噪声
    (B) 封闭楼梯间不能自然通风或自然通风不能满足要求时，应采用防烟楼梯间，同时设置机械加压送风系统
    (C) 工艺设计无相关计算资料时，事故通风量应按照房间实际体积不小于 $12h^{-1}$ 计算
    (D) 厨房区域排油烟系统不应采用土建风道

54. 关于服务于医疗设施的暖通空调设计和运行，以下说法正确的是哪几项？
    (A) 当疫情区域场所内出现相关患者时，应停止使用空调通风系统
    (B) 医院建筑配药室的最小新风量换气次数按 $5h^{-1}$ 计算
    (C) 医院内清洁区、半污染区、污染区的机械送、排风系统应按区域独立设置
    (D) 应在空调机组内安装臭氧等消毒装置，便于系统运行前全面消毒和运行后的定期消毒

55. 采用二次泵的空调冷水系统主要特点，下列哪几项是正确的？
   (A) 可实现变流量运行，二级泵采用台数控制即可、初投资高、运行能耗低
   (B) 可实现变流量运行，冷源侧需设旁通管、初投资高、运行能耗较低
   (C) 可实现变流量运行，冷源侧需设旁通管、初投资高、各支路阻力差异大可实现运行节能
   (D) 可实现变流量运行，一级泵可采用台数控制，末端装置需采用两通阀，一些情况下并不能实现运行节能

56. 在公共建筑中，对于人员密度相对较大且变化较大的房间，空调系统宜采用新风需求控制实现节能，下列哪些做法是正确的？
   (A) 根据人员同时在室系数减少总新风量
   (B) 在室内布置CO_2传感器，根据CO_2浓度检测值增加或减少新风量
   (C) 在室内布置人体传感器，根据室内人员密度的变化增加或减少新风量
   (D) 仅考虑并设定新风系统新风量控制措施

57. 地处北京某大厦的空调为风机盘管＋新风系统（水系统两管制），因冬季发生新风机组表冷器冻裂，管理人员将表冷器拆除，系统其余设置维持不变，夏季供冷运行时，下列哪几项会是拆除表冷器可能带来的问题？
   (A) 部分房间的室内温度可能偏高
   (B) 室外空气闷热时段，风机盘管处凝结水可能外漏
   (C) 新风系统服务的房间中，仅有少数房间得到的新风量最大
   (D) 新风机组内的风机可能超载运行

58. 下列关于风机盘管加新风系统的表述中，哪几项是正确的？
   (A) 新风处理到室内等温线，风机盘管要承担部分新风湿负荷
   (B) 新风处理到小于室内等湿线，风机盘管要承担全部室内显热冷负荷
   (C) 新风处理到室内等焓线，风机盘管要承担全部室内冷负荷
   (D) 新风处理到小于室内等温线，风机盘管要承担部分室内显热冷负荷

59. 有关地板送风系统，下列说法正确的是哪几项？
   (A) 地板送风的送风温度较置换通风低，系统所负担的冷负荷也大于置换通风
   (B) 分层空调无论用于冬季还是夏季均有较好的节能效果
   (C) 地板送风应避免与其他气流组织形式应用于统一空调区
   (D) 地板送风设计时应将热分层高度维持在室内人员活动区

60. 下图所示二级泵变流量系统，无论是设计状态还是运行的任何调节过程中，都应该绝对避免出现系统用户侧的回水通过盈亏管进入供水管的情况，即防止盈亏管"倒流"，以下选项中属于防止盈亏管"倒流"途径的是哪几项？

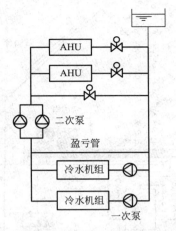

(A) 合理配置一次泵和二次泵台数，保证系统在负荷变化情况下，一次泵水流量不小于二次泵水流量

(B) 二次泵水系统采用压差旁通控制

(C) 加大二次泵扬程

(D) 在平衡管上设置水流指示传感装置和在二次泵供回水主管上设置温度传感器

61. 某安装柜式空调机组（配带变频调速装置）的空调系统，在供电频率为50Hz时，测得机组出口风量为20000m³/h、余压500Pa，当供电频率调至40Hz时，下列哪几项是正确的？

(A) 出口风量约16000m³/h

(B) 出口余压约320Pa

(C) 系统的阻力约下降了36%

(D) 机组风机的轴功率约下降了48.8%

62. 下列关于过滤器的性能说法哪几项是错误的？

(A) 过滤器按国家标准效率分类为两个等级

(B) 20%额定风量下B类高效过滤过滤效率不低于99.99%

(C) 高效CDEF类过滤器额定风量下的初阻力应≤250Pa

(D) 所有类别的过滤器都应在额定风量下检查过滤器的泄漏

63. 有关洁净室送、回风量的确定，下列表述中哪几项是错误的？

(A) 回风量为送风量减去排风量和渗出量之和

(B) 送风量为根据热湿负荷确定的送风量

(C) 送风量为保证洁净度等级的送风量

(D) 送风量取（B）和（C）中的大值

64. 针对下图的系统描述，错误的选项为哪几项？

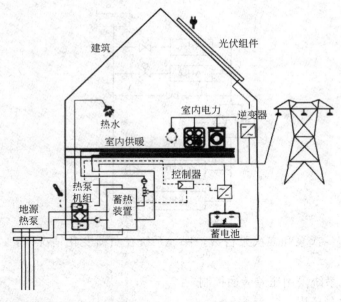

(A) 热泵蓄能耦合供冷供热系统
(B) 采用 CO_2 的复叠式制冷系统
(C) 小型地源热泵、热能存储、电力存储和光伏耦合的系统
(D) 冰蓄冷与地下环路式水源热泵机组耦合系统

65. 保冷（保温）材料应具备下列哪几项特性？
(A) 导热系数小 (B) 材料中的气孔应为开孔
(C) 氧指数大于 30 (D) 密度较小

66. 《公共建筑节能设计规范》GB 50189-2015 修订了电机驱动的蒸汽压缩冷水（热泵）机组的综合部分负荷性能系数（IPLV）计算公式，下列有关 IPLV 计算公式的说法错误的是哪几项？
(A) IPLV 公式中 4 个部分负荷工况权重是对应 4 个部分负荷的运行时间百分比
(B) 通过 IPLV 计算，可以明显判断实际工程项目中冷水机组的能耗情况
(C) IPLV 可用于评价多台冷水机组系统中单台或者冷水机组系统的实际运行能效水平
(D) IPLV 应按下式计算，IPLV＝2.3％×A＋41.5％×B＋46.1％×C＋10.1％×D

67. 直燃式溴化锂吸收式制冷机机房设计的核心问题是保证满足消防与安全要求，下列哪几项是正确的？
(A) 多台机组不应共用烟道
(B) 机房应设置可靠的通风装置和事故排风装置
(C) 机房不宜布置在地下室
(D) 保证燃气管道严密，与电气设备和其他管道必要的净距，以及放散管管径≥20mm

68. 关于蓄冷空调冷水供水温度，下列哪几项说法是正确的？
（A）水蓄冷空调供水温度采用 4～8℃
（B）共晶盐蓄冷空调供水温度采用 7～10℃
（C）内融冰盘管蓄冷空调供水温度采用 2～5℃
（D）封装式冰蓄冷空调供水温度采用 3～6℃

69. 关于建筑碳排放计算相关的表述，正确的是哪几项？
（A）新建的居住和公共建筑需要进行碳排放计算
（B）有关碳排放量的具体计算内容分三个阶段进行
（C）建筑拆除阶段的碳排放不应包括人工拆除产生的碳排放
（D）我国尚未出台关于碳排放计算的国家标准

70. 设计建筑室内排水系统时，可选用的管材是下列哪几项？
（A）硬聚氯乙烯塑料排水管 （B）聚乙烯塑料排水管
（C）砂模铸造铸铁排水管   （D）柔性接口机制铸铁排水管

专业案例（上）

1. 某小区低温热水供暖用户的建筑标高如下图所示，以热力站内循环水泵的中心线为基准面，供暖用户系统采用补水泵定压，用户2顶点工作压力为0.3MPa，若在用户3底层地面处进行用户室内供暖系统的水压试验，则试验压力为多少？

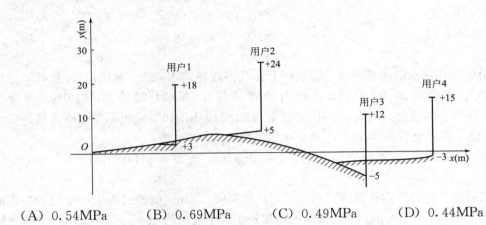

(A) 0.54MPa　　　(B) 0.69MPa　　　(C) 0.49MPa　　　(D) 0.44MPa

2. 沈阳某小区总建筑面积126000m²，设计供暖热负荷指标为48.1W/m²（已含管网损失），室内设计温度为18℃，供暖期的室外平均温度为-5.1℃，供暖期为152d，该小区供暖的全年耗热量应下列何项？

(A) 58500～59000GJ
(B) 55500～56000GJ
(C) 52000～53200GJ
(D) 50000～50500GJ

3. 某热水网路，已知总流量为200m³/h，各用户的流量：用户1和用户3均为60m³/h，用户2为80m³/h，热网示意图如下图所示，压力测点的压力数值见下表，若管网供回水的压差保持不变，试求关闭用户2后，用户1和用户3的流量应是下列哪一项？（测点数值为关闭用户2之前工况）

压力测点	A	B	C	F	G	H
压力数值(Pa)	25000	23000	21000	14000	12000	10000

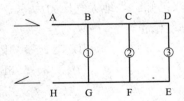

(A) 用户1为90m³/h，用户3为60m³/h
(B) 用户1为68~71.5m³/h，用户3为75~79m³/h
(C) 用户1为64~67.5m³/h，用户3为75~79m³/h
(D) 用户1为60~63.5m³/h，用户3为75~79m³/h

4. 已知：换热量 $Q=15\times10^5$ W；传热系数 $K=2000$ W/($m^2\cdot℃$)；水垢系数 $\beta=0.9$；一次热媒为 0.4MPa 的蒸汽（$t=143.6℃$）；二次热媒为 95℃/70℃ 的热水。计算汽—水换热器的传热面积 F（m^2）为下列何值？
(A) $12<F\leqslant13$ (B) $13<F\leqslant14$
(C) $14<F\leqslant15$ (D) $15<F\leqslant16$

5. 某机械循环热水供暖系统包括南北两个并联循环环路 1 和 2，系统设计供/回水温度为 95℃/70℃，总热负荷为 74800W，水力计算环路 1 的压力损失为 4513Pa，流量为 1196kg/h，环路 2 的压力损失为 4100Pa，流量为 1180kg/h，如果采用不等温降方法进行水力计算，环路 1 最远立管温降 30℃，则实际温降为多少？
(A) 28.4℃   (B) 30℃   C. 25℃   (D) 31.7℃

6. 某面粉加工生产厂房建筑面积 500m^2，厂房高度 5.5m。研磨过程中产生面粉粉尘的爆炸浓度范围为 23.5~166mg/m^3，已知该面粉粉尘产生速率为 100mg/s，室内初始含有粉尘 0mg/m^3。下列哪一种通风方式满足规范要求？
(A) 循环风通风，通风量 15000m^3/h，机房内风机采用防爆型
(B) 循环风通风，通风量 31000m^3/h，机房内风机采用防爆型
(C) 全新风通风，通风量 51060m^3/h，机房内风机采用非防爆型
(D) 全新风通风，通风量 62000m^3/h，机房内风机采用非防爆型

7. 山西太原一栋层高 6m 的散发低毒性物质的热熔厂房，室内供暖计算温度 16℃，车间围护结构耗热量 250kW，室内有 10 台发热量为 15kW 的热熔炉。室内为稀释低毒性物质的全面机械排风量 10kg/s，机械送风量 9kg/s。则车间送风温度应为下列何项？[当地室外供暖计算温度-10.1℃，空气比热容为 1.01kJ/(kg·K)]
(A) 28.6~29.5℃ (B) 29.6~31.0℃ (C) 33.5~34.6℃ (D) 44.0~45.5℃

8. 某工厂通风系统，采用矩形薄钢板风管（管壁粗糙度为 0.15mm），尺寸 $a\times b=$ 210mm×190mm，在夏季测得管内空气流速 $v=12$m/s，温度 $t=100℃$，计算该风管的单位长度摩擦压力损失为下列何值？（已知：当地大气压力为 80.80kPa，要求按流速查相关图表计算，不需要进行空气密度和黏度修正）
(A) 7.4~7.6Pa/m   (B) 7.1~7.3Pa/m
(C) 5.7~6.0Pa/m   (D) 5.3~5.6Pa/m

9. 某金属熔化炉，炉内金属温度为 650℃，环境温度为 30℃，炉口直径为 0.65m，散

热面为水平面，于炉口上方 1.1m 处设圆形接受罩，接受罩的直径为下列何项？
(A) 0.65～1.0m (B) 1.01～1.30m
(C) 1.31～1.60m (D) 1.61～1.95m

10. 在审核云南某住宅工程地下机动车库的暖通专业施工图图纸中（见下图），其中消防排烟系统的设计违反国家强制性标准《建筑防烟排烟系统技术标准》GB 51251-2017 的条文数量为以下哪一项？（其中阀门代号含义：F 消防，D 阀门，H280℃熔断，S 信号反馈，L 熔断后连锁风机关闭）

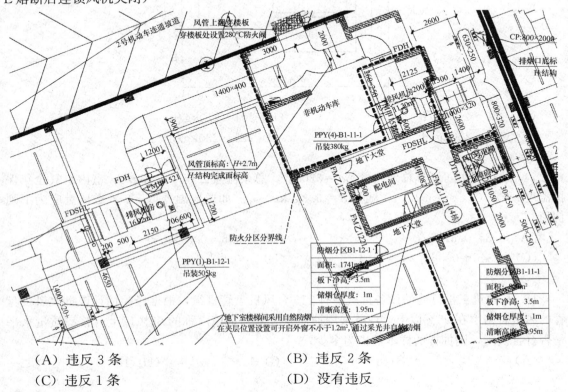

(A) 违反 3 条 (B) 违反 2 条
(C) 违反 1 条 (D) 没有违反

11. 已知 CO_2 的室内卫生标准为 1000ppm，新风中的 CO_2 浓度为 700mg/m³，室内 CO_2 的发生量为 30mg/s，最小新风量应为多少（m³/h）？（不考虑通风气流不均匀等因素）
(A) 86 (B) 126 (C) 36 (D) 66

12. 某建筑设计冷负荷为 2500kW，最小冷负荷为 400kW，假设选用小机组的允许最低负荷率 $r=80\%$，大机组的允许最低负荷率 $R=50\%$，则从满足最低负荷要求和减少机组数量上看，下列哪种组合最优？
(A) 一台 500kW 小机组＋一台 2000kW 大机组
(B) 一台 1000kW 小机组＋一台 1500kW 大机组
(C) 两台 500kW 小机组＋一台 1500kW 大机组
(D) 一台 500kW 小机组＋两台 1000kW 大机组

13. 某空调系统3个相同的机组，末端采用手动阀调节，如下图所示。设计状态为：每个空调箱的水流量均为100kg/h，每个末端支路的水阻力均为90kPa（含阀门、盘管及支管和附件等）；总供、回水管的水流阻力合计为$\triangle P_{AC}+\triangle P_{DB}=30$kPa。如果A、B两点的供、回水压差始终保持不变，问：当其中一个末端的阀门全关后，系统的水流量为多少？

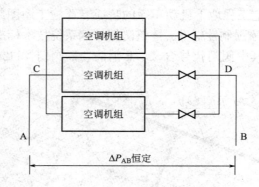

(A) 190～200kg/h (B) 201～210kg/h
(C) 211～220kg/h (D) 221～230kg/h

14. 某空调房间夏季总余热量$\Sigma q=3300$W，总余湿量$\Sigma W=0.25$g/s，室内空气全年保持温度$t=22$℃，$\varphi=55\%$，含湿量$d=9.3$g/kg$_{干空气}$。如送风温差取8℃，送风量应为下列何值？

(A) 0.3～0.32kg/s (B) 0.325～0.34kg/s
(C) 0.345～0.36kg/s (D) >0.36kg/s

15. 某建筑工程订购的设备批次中有115台风机盘管机组，根据经验估计该批次风机盘管的风量合格率在95%以上。现欲采用抽样方法来确定该声称的95%以上合格率质量水平是否符合实际，则抽样的样本数应为多少？

(A) 7 (B) 8 (C) 9 (D) 10

16. 表冷器处理空气过程，风量18000m³/h，空气$t_1=25$℃，$t_{s1}=20.2$℃，$t_2=10.5$℃，$t_{s2}=10.2$℃，水量为20t/h，冷水$t_{w1}=7$℃，水比热4.2，空气密度1.2。求冷水终温和表冷器热交换效率系数ξ_1应为下列何项？

(A) 11.7～12.8℃，0.80～0.81 (B) 12.9～13.9℃，0.82～0.83
(C) 14～14.8℃，0.80～0.81 (D) 14.9～15.5℃，0.78～0.79

17. 某大楼的中间楼层有两个功能相同的A、B两房间，冬季使用同一个组合空调器送风，A房间（仅有外墙）位于外区，B房间位于内区。已知：室外设计空气温度－12℃，室内设计温度18℃，A房间外围护结构计算热损失为9kW，A、B房间内均存在稳定发热量为2kW，两房间送风量为3000m³/h，，送风温度为30℃，求两房间的温度。（取整数）

(A) A房间22℃，B房间32℃ (B) A房间21℃，B房间30℃
(C) A房间19℃，B房间32℃ (D) A房间19℃，B房间33℃

18. 某车间的内区室内空气设计计算参数为：干球温度20℃，相对湿度60%，湿负荷为零。交付运行后，发热设备减少了，实际室内空调冷负荷比设计时减少了30%，在送风量和送风状态不变（送风相对湿度为90%）的情况下，室内空气状态应是下列何项？（工程所在地为标准大气压，计算时不考虑围护结构的传热）

(A) 16.5～17.5℃，相对湿度60%～70%

(B) 18.0～18.9℃，相对湿度65%～68%

(C) 37.5～38.5kJ/kg干空气，含湿量为8.9～9.1g/kg干空气

(D) 42.9～43.1kJ/kg干空气，含湿量为7.5～8.0g/kg干空气

19. 某办公变风量送风系统设计风量12000m³/h，风管长124m，通风系统单位长度平均风压损失为5Pa/m（包括摩擦阻力和局部阻力）。若设计风压为650Pa，则所选择的风机在设计工况下效率的最小值应接近以下哪项效率值才能满足节能要求？

(A) 65%　　　(B) 71%　　　(C) 73%　　　(D) 82%

20. 已知某非单向流洁室面积20m²，吊顶下净高度2.5m，采用上送下回的气流组织形式，有4名工作人员（3名静止，1名活动状态），设计新风比为20%，送风含尘浓度1pc/L，洁净室要求室内含尘浓度不大于80pc/L。问：按不均匀分布方法计算，需要的最少换气次数最接近下列何项？（注，不均匀系数按照插值法计算）

(A) 13　　　(B) 19　　　(C) 24　　　(D) 26

21. 某空气源热泵机组冬季室外换热器进风干球温度为7℃，焓值为18.09kJ/kg，出风干球温度为2℃，焓值为9.74kJ/kg。当室外进风干球温度为-5℃，焓值为-0.91kJ/kg，出风干球温度为-10℃，焓值为-7.43kJ/kg时，略去融霜因素，且设环境为标准大气压（0℃的空气密度1.293kg/m³），室外换热器空气体积流量保持不变，冷凝器放热变化比例与蒸发器吸热变化比例相同，试求机组制热量的降低比例接近下列何项？

(A) 10%　　　(B) 15%　　　(C) 18%　　　(D) 22%

22. 牛倪暖通组织观摩团到上海某游乐园区参观学习，该园区设冷源系统如下表配置，则该冷源系统的综合制冷性能系数是多少？并判断是否满足相关节能要求（机械传动效率取0.88）

制冷主机				冷却水泵			冷却水塔	
压缩机类型	额定制冷量	性能系数COP	台数	设计流量(m³/h)	设计扬程(mH₂O)	水泵效率(%)	名义工况下冷却水量(m³/h)	样本风机配置功率(kW)
螺杆式	1407	5.6	1	300	28	74	400	15
离心式	2813	6.0	3	600	29	75	800	30

(A) 设计冷源综合制冷性能系数为4.89，大于限定值4.57，满足节能要求

(B) 设计冷源综合制冷性能系数为4.57，小于限定值5.94，不满足节能要求

(C) 设计冷源综合制冷性能系数为 5.94，大于限定值 4.57，满足节能要求

(D) 设计冷源综合制冷性能系数为 4.35，小于限定值 4.55，不满足节能要求

23. 某办公楼空调制冷系统拟采用冰蓄冷方式，制冷系统白天运行 10h，当地谷价电时间为 23：00～7：00，计算日总冷负荷 $Q=53000$kWh，采用部分负荷蓄冷方式（制冷机制冰时制冷能力变化率 $C_f=0.7$），则蓄冷装置有效容量为下列何项？

(A) 5300～5400kWh　　　　　　(B) 7500～7600kWh

(C) 19000～19100kWh　　　　　(D) 23700～23800kWh

24. 下图为某带经济器的制冷循环，已知：$h_1=390$kJ/kg，$h_3=410$kJ/kg，$h_4=430$kJ/kg，$h_5=250$kJ/kg，$h_7=220$kJ/kg。蒸发器制冷量为 50kW，求冷凝器散热量（kW）最接近下列何项？（忽略管路等传热的影响）

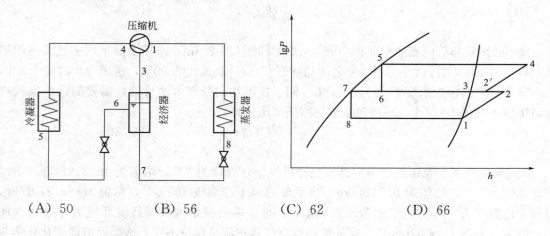

(A) 50　　　　(B) 56　　　　(C) 62　　　　(D) 66

25. 设燃气的密度为 0.518kg/m³，一座每层层高为 3m 的住宅，每上一层楼面，室内燃气立管中燃气的附加压头就增加多少？

(A) 18.25Pa　　(B) 20.25Pa　　(C) 21.25Pa　　(D) 22.79Pa

专业案例（下）

1. 天津某 8 层矩形住宅楼（正南北朝向，平屋顶），其外围护结构平面几何尺寸为 57.6m×14.4m，每层层高均为 3m，其中东向外窗为凸窗（凸窗平面几何尺寸为 2.5m× 1.5m，凸出 200mm，每层 4 个），该朝向外窗设置了展开后可以全部遮蔽窗户的活动式外遮阳，问该朝向的外窗的传热系数 [W/(m²·K)] 及太阳得热系数应为多少？

   (A) $K \leqslant 2.0$，$SC \leqslant 0.55$ 　　　　(B) $K \leqslant 1.7$，$SC \leqslant 0.55$
   (C) $K \leqslant 1.7$，SC 不作要求 　　　　(D) 应进行权衡判断

2. 严寒地区某展览馆采用天然气辐射供暖，气源为天然气，已知展览馆的内部空间尺寸为 60m×60m×18m（高），设计布置辐射器总辐射热量为 450kW，按经验公式计算发生器工作时所需最小空气量（m³/h）接近下列何值，并判断是否设置室外空气供应系统？

   (A) 3140m³/h，不设置室外空气供应系统
   (B) 6480m³/h，设置室外空气供应系统
   (C) 9830m³/h，不设置室外空气供应系统
   (D) 11830m³/h，设置室外空气供应系统

3. 下图所示为由水平双管跨越式改造的单管散热器系统，每个散热器的散热量均为 1500W，散热器为铸铁 640 型，传热系数 $K = 3.663 \Delta t^{0.16}$，单片面积为 0.2m^2，散热器明装，计算第一组散热器与第五组散热器片数相差多少？

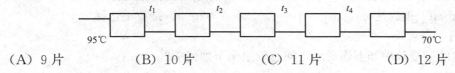

   (A) 9 片　　　(B) 10 片　　　(C) 11 片　　　(D) 12 片

4. 验算由分汽缸送出的供汽压力 P_0 能否使凝结水回到闭式水箱中，求最小供汽压力 P_0。

   已知（见下一页图）：(1) 蒸汽管道长度 $L=500\text{m}$，平均比摩阻 $\Delta P_m=200\text{Pa/m}$，局部阻力按沿程阻力的 20% 计。
   (2) 凝结水管道总阻力为 0.01MPa。
   (3) 疏水器背压 $P_2 = 0.5P_1$。
   (4) 闭式水箱内压力 $P_4 = 0.02$MPa。
   (A) 0.49～0.5MPa 　　　　(B) 0.45～0.47MPa
   (C) 0.37～0.4MPa 　　　　(D) 3.4～3.5MPa

5. 某卧室面积为 20m^2，其中 4m^2 被家具覆盖，按照辐射供冷的原则计算得出房间的供冷量为 800W，夏季室内计算温度取 26℃，关于供冷管的辐射方式正确的是下列何项？

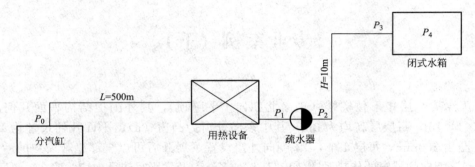

(A) 可以采用顶棚辐射供冷，不可以采用地面辐射供冷
(B) 不可以采用顶棚辐射供冷，可以采用地面辐射供冷
(C) 顶棚辐射供冷，地面辐射供冷均可以满足要求
(D) 顶棚辐射供冷，地面辐射供冷均不能满足要求

6. 某高度为 6m，面积为 1000m² 的机加工车间，室内设计温度 18℃，供暖计算总负荷 94kW，热媒为 95℃/70℃热水。设置暖风机供暖，并配以散热量为 30kW 的散热器。若采用每台标准热量为 6kW、风量为 500m³/h 的暖风机，应至少布置多少台？
(A) 16   (B) 17   (C) 18   (D) 19

7. 在一般工业区内（非特定工业区）新建某除尘系统，排气筒的高度为 20m，距其 190m 处有一高度为 18m 的建筑物。排放污染物为石英粉尘，排放浓度 $y=50\text{mg/m}^3$，标准工况下，排气量 $V=60000\text{m}^3/\text{h}$。试问，以下依次列出排气筒的排放速率值以及排放是否达标的结论，正确者应为何项？
(A) 3.7kg/h、排放达标   (B) 3.1kg/h、排放达标
(C) 3.0kg/h、排放达标   (D) 3.0kg/h、排放不达标

8. 除尘器的分级效率如下表所示，问总效率是下列何项？

粒径间隔(μm)	0～5	5～10	10～20	20～40	>40
粒径分布(%)	10	25	40	15	10
除尘器分级效率(%)	65	75	86	90	92

(A) 78.25%   (B) 79.96%   (C) 80.65%   (D) 82.35%

9. 某生产厂房全面通风量 20kg/s，采用自然通风，进风为厂房外墙 F 的侧窗（$\mu_j=0.56$，窗的面积 $F_j=260\text{m}^2$），排风为顶面的矩形通风天窗（$\mu_p=0.46$），通风天窗与进风窗之间的中心距离 $H=15\text{m}$。夏季室内工作地点空气计算温度 35℃，室内平均气温接近下列何项？（注：当地大气压为 101.3kPa，夏季通风室外空气计算温度为 32℃，厂房有效热量系数 $m=0.4$）
(A) 32.5℃   (B) 35.4℃   C. 37.5℃   (D) 39.5℃

10. 某房间采用机械通风与空调相结合的方式消除室内余热。已知：室内余热量为 10kW，设计室温为 28℃。空调机的 $COP=4-0.005\times(t_w-35)$ (kW/kW)，式中 t_w 为室外空气温度，单位为℃；机械通风系统可根据室外气温调节风量以保证室温，风机功率为 1.5kW/(m³·s)。问采用机械通风与空调的切换温度（室外为标准大气压，空气密度为 1.2kg/m³），应为下列何项？
   (A) 19.5～21.5℃   (B) 21.6～23.5℃
   (C) 23.6～25.5℃   (D) 25.6～27.5℃

11. 有某一等人员掩蔽部，工程内有效掩蔽空间 $V_0=5000$m³，战时掩蔽 800 人，其清洁通风标准 $q=10$m³/(人·h)。试问该工程由清洁通风转入隔绝通风后，是否达到规范要求的隔绝防护时间？工程所能掩蔽的人数为多少？
   (A) 能够达到设计要求的隔绝防护时间，938 人
   (B) 不能达到设计要求的隔绝防护时间，938 人
   (C) 能够达到设计要求的隔绝防护时间，729 人
   (D) 不能达到设计要求的隔绝防护时间，729 人

12. 某地下双层停车库面积 1800m²，车库层高 6.5m，设计 120 个停车位。若室外大气 CO 浓度为 2mg/m³，车库内汽车的运行时间按 4min 考虑，单台汽车单位时间排气量为 0.025m³/min，车位利用系数 1.0。若该车库设计采用平时排风兼排烟系统，平时送风兼消防补风系统。则该地下停车库所需计算排风兼排烟量为下列何项较合理？
   (A) 35600m³/h   (B) 42500m³/h
   (C) 63000m³/h   (D) 71000m³/h

13. 某医院病房区采用理想的温湿度独立控制空调系统，夏季室内设计参数 $t_n=27$℃，$\varphi_n=60\%$。室外设计参数：干球温度 36℃、湿球温度 28.9℃［标准大气压、空气定压比热容为 1.01kJ/(kg·K)，空气密度为 1.2kg/m³］。已知：室内总散湿量为 29.16kg/h，设计总送风量为 30000m³/h，新风量为 4500m³/h，新风处理后含湿量为 8.0g/kg干空气。问：新风空调机组的除湿量及系统的室内干式风机盘管承担的冷负荷应为多少？（盘管处理后空气相对湿度为 90%，新风空调机组的出风的相对湿度为 70%，查 h-d 图计算）
   (A) 25～35kg/h；39～49kW   (B) 40～50kg/h；50～60kW
   (C) 55～65kg/h；39～49kW   (D) 70～80kg/h；50～60kW

14. 杭州某办公楼采用温湿度独立控制空调系统，夏季室内设计参数为 $t=26$℃，$\varphi_n=60\%$，室内总显热冷负荷为 35kW。湿度控制系统（新风系统）的送风量为 2000m³/h，送风温度为 19℃；温度控制系统由若干台干式风机盘管构成，风机盘管的送风温度为 20℃。试求温度控制系统的总风量（m³/h）。［取空气密度为 1.2kg/m³，比热容为 1.01kJ/(kg·K)。不计风机、管道温升］
   (A) 14800～14900   (B) 14900～15000
   (C) 16500～16600   (D) 17300～17400

15. 某空调的独立新风系统，新风机组在冬季依次用热水盘管和清洁自来水湿膜加湿器来加热和加湿空气。已知：风量 $6000\text{m}^3/\text{h}$；室外空气参数：大气压力 101.3kPa，$t_1=-5℃$、$d_1=2\text{g/kg}_{干空气}$，机组出口送风参数：$t_2=20℃$、$d_2=8\text{g/kg}_{干空气}$，不查焓湿图，试计算热水盘管后的空气温度。

  (A) 25～28℃   (B) 29～32℃

  (C) 33～36℃   (D) 37～40℃

16. 某工艺用空调房间采用冷却降温除湿且二次回风的空调方式，室内设计状态：干球温度25℃，相对湿度55%，室温允许波动范围为±0.5℃。房间的计算负荷$\sum Q=21000\text{W}$，总余湿量$\sum W=3\text{g/s}$。问：满足空调要求的空调机组，其经表冷器后的空气温度（即"机器露点"）的最低允许值是下列哪一项？用 h-d 图求解，并写出过程。（当地为标准大气压，取"机器露点"的相对湿度为90%）

  (A) 9～10℃   (B) 11.5～13℃

  (C) 14～16.5℃   (D) 19～22℃

17. 某双速离心风机，转速由 $n_1=960\text{r/min}$ 转换为 $n_2=1450\text{r/min}$，试估算该风机声功率级的增加，为下列何值？

  (A) 8.5～9.5dB   (B) 9.6～10.5dB

  (C) 10.6～11.5dB   (D) 11.6～12.5dB

18. 某办公室内一个回风口，设计风量为 $3000\text{m}^3/\text{h}$，现测得距离风口 0.2m 处风速为 4m/s，则距离回风口 0.5m 处的风速约为多少？

  (A) 0.16m/s   (B) 0.32m/s   (C) 0.64m/s   (D) 1.6m/s

19. 某采用压差旁通控制的空调冷水系统见图(1)。两台冷水泵规格型号相同，水泵流量和扬程曲线见图(2)。两台冷水泵同时运行时，有关管段的流量和压力损失见下表。问：当1号泵单独运行时，测得AB管段，GH管段的压力损失分别为 4.27kPa，则水泵的流量和水泵扬程最接近下列何项？并列出判断计算过程。

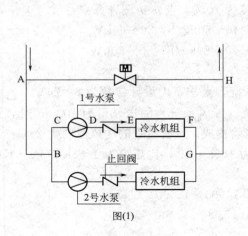

图(1)

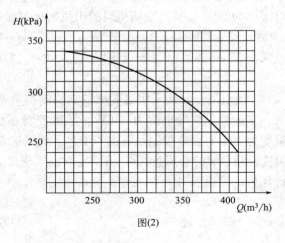

图(2)

管段	AB	BC	DE	冷水机组	FG	GH
流量(m³/h)	600	300	300	300	300	600
压力损失(kPa)	15	10	15	50	15	15

(A) 流量 300m³/h，扬程 320kPa　　(B) 流量 320m³/h，扬程 310kPa
(C) 流量 338m³/h，扬程 300kPa　　(D) 流量 350m³/h，扬程 293kPa

20. 某洁净室空气含尘浓度为 0.5μm 粒子 13715pc/m³，其空气洁净等级按国际标准 ISO14644-1 规定的是下列哪一项？
(A) 5 级　　(B) 5.5 级
(C) 5.6 级　　(D) 6 级

21. 重庆某商业建筑用冰片滑落式并联冰蓄冷系统，载冷剂采用 $-5℃$、30%体积浓度的乙烯乙二醇溶液。设计总冷负荷为 1700kW。设计供/回水温度为 5℃/10℃的一级泵系统，选用 2 台并联运行的设计流量 150m³/h、设计扬程 40mH₂O 的载冷剂循环泵。问所选载冷剂循环泵的蓄冷工况设计工作点效率应不小于多少？
(A) 84.2%　　(B) 68.1%　　(C) 56.5%　　(D) 48.4%

22. 某大楼安装一台额定冷量为 500kW 的冷水机组（$COP=5$），系统冷水泵功率为 25kW，冷却水泵功率为 20kW，冷却塔风机功率为 4kW，设水系统按定水量方式运行，且水泵和风机均处于额定工况运行，冷水机组的 COP 在部分负荷时维持不变。已知大楼整个供冷季 100%、75%、50%、25%负荷的时间份额依次为 0.1，0.2，0.4 和 0.3，该空调系统在整个供冷季的系统能效比（不考虑末端能耗）为多少？
(A) 4.5～5.0　　(B) 3.2～3.5　　(C) 2.4～2.7　　(D) 1.6～1.9

23. 某氨压缩式制冷机组，采用带辅助压缩机的过冷器以提高制冷系数。冷凝温度为 40℃、蒸发温度为 $-15℃$，过冷器蒸发温度为 $-5℃$。下图为系统组成和理论循环，点 2 为蒸发器出口状态，该循环的理论制冷系数应是下列何项？（注：各点比焓见下表）

比焓点号	2	3	5	6	7	8
比焓(kJ/kg)	1441	2040	686	616	1500	1900

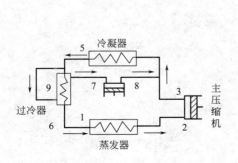
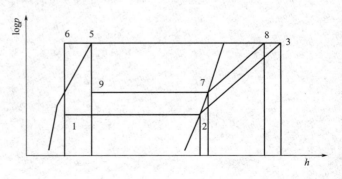

(A) 2.10～2.30　　　　　　　　(B) 1.75～1.95
(C) 1.36～1.46　　　　　　　　(D) 1.15～1.35

24. 大连市某办公楼设夏季空调系统，采用名义制冷量为 824kW 的水冷变频螺杆式蒸汽压缩循环冷水机组。若机组部分负荷性能如下表所示，该机组的综合部分负荷性能系数与下列何项最接近，是否满足现行相关节能规范要求？

参数	负荷率			
	25%	50%	75%	100%
制冷量(kW)	208	416	624	824
机组耗功率(kW)	38	66	102	154

(A) 机组部分负荷综合制冷系数为 6.01，满足节能要求
(B) 机组部分负荷综合制冷系数为 6.01，不满足节能要求
(C) 机组部分负荷综合制冷系数为 6.12，满足节能要求
(D) 机组部分负荷综合制冷系数为 5.81，不满足节能要求

25. 某小区建 5 栋普通住宅塔楼，均为 21 层，每层 8 户，每户平均 4 人。该小区生活给水总管最大平均秒流量应为下列何值？计算采用如下数据：用水定额 q_0=130L/(人·日)，用水时间 T=24h，小时变化系数 K_h=2.3。

(A) 7～8L/s　　　　　　　　　(B) 9～10L/s
(C) 11～12L/s　　　　　　　　(D) 13～14L/s

全国注册公用设备工程师
（暖通空调）执业资格考试
考前 3 套卷
答案及解析

全国注册公用设备工程师（暖通空调）执业资格考试
考前 3 套卷
答案及解析

第1套卷·专业知识（上）答案及解析

（一）单项选择题

1.【参考答案】D

【解析】根据《建筑节能与可再生能源利用通用规范》GB 55015-2021，外窗传热系数不满足表 3.1.10-1，满足表 C.0.1-1 的准入条件，故可以进行热工权衡判断，选项 A 正确；外墙传热系数满足表 3.1.10-1，选项 B 正确；哈尔滨属于严寒地区，根据《复习教材》表 1.1-1，选项 C 正确。根据《复习教材》第 1.1.5 节，选项 D 错误，体形系数为与"外表面积所包围的体积之比"。

2.【参考答案】D

【解析】根据《严寒和寒冷地区居住建筑节能设计标准》JGJ 26-2018 第 5.3.2 条，选项 ABC 正确，选项 D 错误。

3.【参考答案】B

【解析】根据《城镇供热管网设计标准》CJJ 34-2022 第 8.5.1 条，选项 A 正确；根据第 8.5.2 条，选项 B 错误，应采用双向密封阀门；根据第 8.5.2 条，选项 C 正确；根据第 8.5.3 条，选项 D 正确。

4.【参考答案】B

【解析】根据《建筑给水排水及采暖工程施工质量验收规范》GB 50242-2002 第 8.3.1 条，安装前试验压力为工作压力 1.5 倍，不小于 0.6MPa，选项 A 错误；根据第 8.5.2 条，试验压力为工作压力的 1.5 倍，不小于 0.6MPa，选项 B 正确；根据第 8.6.1 条，热水钢管系统顶点试验压力不小于 0.3MPa，选项 C 错误；根据第 13.6.1 条，还要保证蒸汽和热水部分的压力，选项 D 错误。

5.【参考答案】C

【解析】根据《民用建筑供暖通风与空气调节设计规范》GB 50736-2012 第 5.9.14 条，选项 ABD 均需考虑热水在散热器和管道中冷却而产生自然作用压力的影响。对于选项 C，每个立管层数相同，单个立管是一个重力循环作用压头，因此不必考虑散热器中水冷却而产生自然作用压力的影响。

6.【参考答案】B

【解析】根据《复习教材》图 1.3-18，选项 B 正确。

7.【参考答案】C

【解析】根据《复习教材》第 1.8.4 节"（2）膨胀水箱的设计要点"，选项 ABD 正确，选项 C 错误，当水箱没有冻结可能，用于空调系统时可不设循环管。

8. 【参考答案】D
【解析】根据《城镇供热管网设计标准》CJJ 34-2022 第 7.1.5 条第 1 款，选项 A 正确；根据第 7.1.6 条和第 5.0.7 条，选项 B 正确；根据第 7.1.5 条第 2 款，选项 C 正确；根据第 7.1.9 条，选项 D 错误，应根据管线确定的允许压力降选择管径。

9. 【参考答案】B
【解析】根据《复习教材》第 1.10.8 节"2. 管道热补偿"，选项 ACD 均正确。选项 B 还应保留不小于 50mm 的补偿余量。

10. 【参考答案】A
【解析】根据《民用建筑供暖通风与空气调节设计规范》GB 50736-2012 第 5.9.18 条，选项 A 正确；根据第 5.9.12 条，选项 B 错误；根据第 5.9.13 条表 5.9.13，选项 C 错误；根据第 5.9.6 条，选项 D 错误。

11. 【参考答案】B
【解析】根据《民用建筑供暖通风与空气调节设计规范》GB 50736-2012 第 6.6.3 条条文说明，选项 A 正确，根据第 10.1.5 条可知，室内允许噪声为 25~35dB（A）时，主风管风速为 3~4m/s，选项 B 错误；根据《复习教材》表 2.7-3，选项 C 正确。根据《复习教材》第 2.10.7 节，选项 D 正确。

12. 【参考答案】D
【解析】根据《复习教材》表 2.2-1 注 1，选项 A 正确；根据第 2.2.3 节第（3）条，选项 B 正确；根据第 2.2.1 节，选项 C 正确；根据第 2.2.2 节，选项 D 错误，排出有爆炸危险物质时，吸风口上缘至顶棚平面的距离不应大于 100mm。此处《复习教材》存在错误，只有排出氢气需要按上缘到顶棚不大于 100mm。

13. 【参考答案】C
【解析】根据《复习教材》第 2.4.4 节"2. 通风柜"，选项 AB 正确；送风量取排风量的 70%~75%，选项 C 错误；选项 D 正确，参见表 2.4-2。

14. 【参考答案】D
【解析】根据《复习教材》第 5.5.4 节"2. 旋风除尘器"，选项 AB 正确；根据有关影响除尘效率主要因素内容，选项 C 正确；当旋风除尘器绝对尺寸放大后，压力损失基本不变，选项 D 错误。

15. 【参考答案】C
【解析】根据《复习教材》第 2.6.5 节"3. 吸收剂的选择"，选项 A 原文是"对被吸收组分的溶解度",选项C应为黏度要低,比热不大,不起泡,故错误。

16.【参考答案】 A

【解析】 根据《复习教材》第2.9.1节,测点需要在局部阻力之后5D,局部阻力之前2D。回风管上,A点应位于弯头之后不小于10m,因此选项A不合理。B点应位于弯头之前不应小于2m,选项B合理。CD点位于送风管,C点应在防火阀后不小于10m,在弯头前不小于4m,选项C合理。D点应在弯头后不小于10m,选项D合理。

17.【参考答案】 C

【解析】 根据《复习教材》第2.8.1节"7)高温通风机"的内容可知,选项A正确;根据"8)射流通风机"可知,选项B正确;根据"1.通风机用途分类",对于防爆风机,只有在防爆等级高的通风机,其叶轮、机壳才需要均用铝板,选项C错误;根据"1)一般用途通风机"内容可知,选项D正确。

18.【参考答案】 B

【解析】 根据《复习教材》表2.10-23,带有喷淋的商店,自然排烟侧窗风速不小于0.78m/s,顶部排烟时按侧窗风速的1.4倍计算,可计算所需排烟窗不小于$23.2m^2$,因此选项A正确;根据第2.10.6节"自然排烟系统的排烟口面积法"第2款可知选项B错误,仅走道设自然排烟设施,其间距不小于走道长度的2/3;根据第1款,选项D正确。根据表2.10-21可知,选项C正确。

19.【参考答案】 B

【解析】 根据《建筑防烟排烟系统技术标准》GB 51251-2017第4.4.8条第4款,选项B正确。

20.【参考答案】 B

【解析】 根据《复习教材》第2.11.4节有关"通风防护标准",选项A正确,选项B错误,电站控制室温度不应超过30℃。根据"发电机房风量计算的规定",选项C正确。根据第2.11节,选项D正确。

21.【参考答案】 D

【解析】 根据《民用建筑供暖通风与空气调节设计规范》GB 50736-2012第7.2.6条第3款,选项A正确,屋顶天窗辐射得热会直接进入空调区,应予以计算;根据第7.2.14条,不管有无温控装置,空调系统冬季热负荷均按累计值确定,选项B正确;根据第7.2.13条条文说明,选项C正确;根据第5.2.2条条文说明,选项D错误,炊事、照明作为安全余量考虑。

22.【参考答案】 D

【解析】 根据《复习教材》第3.2.2节,室内散湿量不包括新风带入的湿负荷,为2.7+

1.1+1.5=5.3kg/h，热湿比为 10×3600/5.3=6792kJ/kg。

23.【参考答案】 D

【解析】 根据《民用建筑供暖通风与空气调节设计规范》GB 50736-2012 第 7.3.7 条条文说明，选项 A 正确，变风量末端无冷凝水，不会滋生细菌和微生物；根据第 7.3.7 条条文说明，选项 B 正确，因系统风量有一定变化范围，其湿度不易控制；根据第 7.3.8-3 条条文说明，选项 C 正确；根据第 7.3.8 条第 6 款及条文说明，选项 D 错误，风机应采用变速调节，不宜采用恒速风机通过风阀调节实现变风量。

24.【参考答案】 C

【解析】 根据《复习教材》第 3.4.6 节 "1.除湿溶液处理空气"，选项 ABD 正确，选项 C 错误，溶液的浓度越高，表面蒸汽压越低，除湿能力越强。

25.【参考答案】 C

【解析】 根据《通风与空调工程施工质量验收规范》GB50243-2016 第 D.5.1 条，选项 A 正确；根据第 D.5.2 条，选项 B 正确；根据第 D.5.3 条，选项 C 错误，培养皿最少为 14 个；根据第 D.5.5 条第 6 款，选项 D 正确。

26.【参考答案】 A

【解析】 根据《组合式空调机组》GB/T 14294-2008 表 4，选项 A 正确；选项 B 错误，测定风机风量时，不供水；选项 C 错误，实测风量不低于额定值，此处应注意《复习教材》第 3.4.7 节 "7.试验工况与设计工况"规定不低于额定值的 90%，与规范冲突，应以规范为准；选项 D 错误，应为 22.8～26.2℃。

27.【参考答案】 A

【解析】 根据《复习教材》第 3.5.4 节 "3.CFD 在暖通空调工程中的应用"，选项 A 错误，CFD 可以进行速度场、温度场、湿度场、空气龄以及污染物浓度场等进行模拟和预测，选项 BCD 正确。

28.【参考答案】 A

【解析】 根据《复习教材》第 3.11.3 节 "1.新风量及新风比的确定"中"（1）人员数量及设计新风量的确定"，选项 A 错误；根据"（2）CO_2 浓度控制"，选项 B 正确；根据"5.热回收与冷却塔供冷"中"（1）热回收"，选项 C 正确；根据"（2）冷却塔供冷技术"，选项 D 正确。

29.【参考答案】 B

【解析】 根据《公共建筑节能设计标准》GB 50189-2015 第 4.3.13 条，选项 A 正确，根据第 4.3.16 条，选项 B 错误，不宜经过风机盘管机组后再送出；根据第 4.3.18 条，选项 C 正确；根据第 4.3.22 条，选项 D 正确。

30.【参考答案】B

【解析】蒸发温度下降，冷剂比容增加，质量流量减小，即循环量减小，故选项A错误；根据《复习教材》式（4.1-5），选项B正确；根据图4.1-8，理论循环仅蒸发过程为等温过程，冷凝过程为等压变温过程，故选项C错误；根据式（4.1-5），选项D错误，且相同温差变化的情况下，蒸发温度对系统的影响大于冷凝温度对系统的影响。

31.【参考答案】D

【解析】根据《复习教材》第4.2.3节"4. HCFCs和HFCs类物质消费和全面淘汰"，选项AB正确；根据第4.2.4节"（2）R23"，选项C正确；根据"（6）R407C"，选项D错误，R407C为非共沸混合物，其相变滑移温度为7.1℃。

32.【参考答案】D

【解析】根据《复习教材》第4.1.5节，选项A正确，单级活塞式压缩机一般只能制取−25～−35℃以上的蒸发温度；根据表4.3-2，选项B正确；根据表4.9-10，选项C正确；活塞式压缩机吸气和排气为同一部分体积，故不可增设补气孔，选项D错误。

33.【参考答案】B

【解析】根据《复习教材》第4.3.2节，喘振为离心式压缩机特有的现象，选项A正确，当压缩机进口流量过小时，扩压器旋转失速，压缩机出口压力骤降，此时管网压力大于离心机，气体倒流会压缩机，直到二者压力接近相等时，压缩机再次工作。根据"（6）热泵用电动压缩机"，空气源热泵设置气液分离器是避免除霜反向运行时，过多液体进入气缸，引起液击。故需设置气液分离器，选项B错误。根据"2）变容量涡旋压缩机"，选项C正确；根据"5）离心式压缩机"，选项D正确。

34.【参考答案】B

【解析】根据《复习教材》第4.3.4节，选项B错误。水冷机组冷凝温度低于风冷机组，其性能系数更高。选项ACD为原文。

35.【参考答案】C

【解析】根据《复习教材》表4.3-20，选项AB错误，其给出的是性能系数，非全年综合性能系数，不具有可比性；选项D对于地下水式冷热风型机组3级指标为3.80W/W，因此没有达到三级。选项C正确。

36.【参考答案】C

【解析】根据《民用建筑供暖通风与空气调节设计规范》GB 50736-2012第8.7.4条第2款，选项A错误；根据第8.7.6条，选项B错误，选项C正确；消防水池与冰蓄冷合用，由于需要结冰，影响消防用水量，故选项D错误。

37.【参考答案】A

【解析】根据《复习教材》表 4.8-22，选项 A 错误、选项 B 正确，硬质聚氨酯泡沫塑料的隔热性好；根据表 4.8-23，选项 CD 正确。

38. 【参考答案】C

【解析】根据《制冷设备、空气分离设备安装工程施工及验收规范》GB 50274-2010 表 2.1.5，选项 C 正确。选项 A 需区分制冷剂的类型是氨还是氟利昂；选项 B，排气管应坡向油分离器，避免冷剂倒流；选项 D，应坡向油分离器，有利于未被分离的润滑油回到油分离器。

39. 【参考答案】B

【解析】根据《绿色建筑评价标准》GB/T 50378-2019 第 3.2.5 条：

$$Q = \frac{400+40+60+40+100+30}{10} = 67（分）$$

属于一星级得分。

40. 【参考答案】B

【解析】根据《建筑给水排水设计标准》GB 50015-2019 第 4.4.11 条，选项 A 错误，底层应单独排出；根据 4.6.2 条，选项 B 正确；根据第 4.5.8 条，选项 C 错误；根据第 4.4.2 条，选项 D 错误。

（二）多项选择题

41. 【参考答案】BCD

【解析】根据《辐射供暖供冷技术规程》JGJ 142-2012 第 5.4.10 条，选项 A 正确；根据第 5.4.13 条，集水器安装在下，分水器在上，选项 B 错误；根据第 5.7.6 条，混凝土填充层施工时，加热供冷管内水压不低于 0.6MPa，养护时不低于 0.4MPa，选项 C 错误；根据第 5.4.7 条，弯头两段宜设固定卡，非中间，选项 D 错误。

42. 【参考答案】BC

【解析】根据《建筑给水排水及采暖工程施工质量验收规范》GB 50242-2002 第 3.3.14 条，选项 BC 正确，选项 AD 错误。

43. 【参考答案】AB

【解析】根据《民用建筑供暖通风与空气调节设计规范》GB 50736-2012 第 5.3.4 条条文说明，选项 AB 正确，选项 CD 错误。

44. 【参考答案】ABC

【解析】根据《复习教材》图 1.4-7，选项 ABC 正确，选项 D 错误。

45. 【参考答案】BD

【解析】根据《既有居住建筑节能改造技术规程》JGJ/T 129-2012 第 6.1.9 条，选项 A 表述不完整；根据第 6.1.8 条，选项 B 需进行改造；根据第 6.1.6 条，选项 C 可以先进行调节，如满足要求可不必改造，故错误；根据第 6.1.5 条，选项 D 需改造。

46. 【参考答案】BCD

【解析】根据《公共建筑节能设计标准》GB 50189-2015 第 4.2.6 条，选项 A 正确，选项 BCD 错误。

47. 【参考答案】ABCD

【解析】根据《锅炉房设计标准》GB 50041-2020 第 13.3.1 条，选项 A 错误；根据第 13.3.3 条，选项 B 错误，宜架空敷设；根据第 13.3.4 条，选项 C 错误；根据第 13.3.5 条，选项 D 错误。

48. 【参考答案】BCD

【解析】根据《民用建筑供暖通风与空气调节设计规范》GB 50736-2012 第 5.3.1 条，选项 A 错误，宜为 95℃/70℃，根据第 5.10.4 条第 1 款，选项 B 正确；根据第 5.4.10 条第 3 款，选项 C 正确；根据《供热计量技术规程》JGJ 173-2009 第 8.11.12 条，选项 D 正确。

49. 【参考答案】CD

【解析】根据《工业场所有害因素职业接触限值 第 1 部分：化学有害因素》GBZ 2.1-2019 表 1，非高原地区，CO 的 PC-TWA 值为 20mg/m^3，PC-STEL 值为 30mg/m^3。根据《民用建筑供暖通风与空气调节设计规范》GB 50736-2012 第 6.3.8 条，CO 允许浓度超过 30mg/m^3 应设置机械通风，因此低于此值时可采用自然通风而不开启送排风机，因此设定值大于 30mg/m^3 的不合理。

50. 【参考答案】ABCD

【解析】根据《复习教材》第 2.2.4 节，选项 ABCD 均正确。

51. 【参考答案】ABCD

【解析】根据《复习教材》第 2.3.1 节，选项 ABD 正确；根据第 2.3.3 节，选项 C 正确。

52. 【参考答案】CD

【解析】根据《复习教材》第 2.5.4 节 "3. 袋式除尘器"，选项 A 错误，所述内容为脉冲喷吹类清灰；根据图 2.5-14，随着粒径减小，过滤效率还将升高，存在一个过滤效率最低的中间粒径，选项 B 错误；选项 C 正确；选项 D 正确。

53. 【参考答案】ABD

【解析】根据《复习教材》第2.7.6节，选项ABD正确。

54.【参考答案】ABC

【解析】根据《建筑设计防火规范》GB 50016-2014（2018年版）第9.3.14条，选项AB正确；根据第9.3.13条，选项C正确；根据第9.3.15条，选项D错误，确有困难时，可采用难燃材料。

55.【参考答案】ACD

【解析】根据《复习教材》第2.14节，选项A错误，需要保持排风系统正常运行；选项B正确；选项C错误，宜关闭空调通风系统的加湿功能；选项D错误，此时应停止使用空调通风系统。

56.【参考答案】ABD

【解析】根据《建筑防烟排烟系统技术标准》GB 51251-2017第4.4.12条，选项AD正确，根据第4.4.13条，选项B正确，根据表4.2.4注2，选项C错误，净空高度大于9m时可不设挡烟垂壁。

57.【参考答案】ABD

【解析】根据《复习教材》第3.1.1节"1.湿空气的性质"，选项A正确；根据式（3.1-2），选项B正确；选项C错误，2500kJ/kg是0℃的水变为水蒸气时的汽化潜热；根据式（3.1-5），选项D正确。

58.【参考答案】ABC

【解析】根据《复习教材》第3.4.3节"3.分区空调方式"中"(3)全空气分区空调系统"，选项A正确，分区系统分为冷热通道，为双风道系统；选项B正确，各个空调分区通过调节冷热风混合比例，可随意调节送风温度；选项C正确，冷热风混合造成冷热抵消，因此节能性差；选项D错误，通过冷热风道的送风温度调节冷热盘管的水阀，通过房间回风温度控制冷热风道的风阀。

59.【参考答案】ABC

【解析】根据《复习教材》第3.5.1节"(2)非等温自由射流"，选项A错误，应该是（轴心温度－周围温度）/（出口温度－周围温度）才约为0.73倍的速度衰减；根据"(5)平行射流"，选项B错误；根据图3.5-8，选项C错误，应为20%；根据"(6)旋转射流"，选项D正确。

60.【参考答案】ACD

【解析】根据《复习教材》第3.7.2节"4.定流量与变流量系统"，选项A正确，二者均为台数控制，无法实时降低能耗；选项B错误，一级泵压差旁通变流量系统可以较好地实现"按需供应"，多台机组的系统，但用户的总冷负荷降低时，可以关闭一台或数台主机和水泵，相比定流量系统而言，能够节省运行能耗；选项C正确，水泵降到最低运行频率以后，若用户需求进一步降低，压差旁通才会动作，40Hz既不是水泵可以达到的最小频率，也达不到主机的最小允许流量，因此旁通阀不会动作；选项D正确。

61. 【参考答案】ACD

【解析】根据《民用建筑供暖通风与空气调节设计规范》GB 50736-2012第8.5.10条条文说明，选项A正确、选项B错误，二级泵与三级泵之间没有保证蒸发器流量恒定的问题，当系统控制精度要求不高时如不设平衡管，近端用户三级泵可利用二级泵提供的资用压头，对节能有利；根据《复习教材》第3.7.2节"（3）集中空调冷水系统的设计原则与注意事项"，选项C正确；若盈亏管倒流，回水与供水混合后供向末端，导致供水温度不断升温，选项D正确。

62. 【参考答案】AC

【解析】根据《复习教材》第3.9.3节"2. 消声器"，选项A正确，选项B错误，应为声压级的差；根据"4. 消声器使用中应注意的问题"，选项C正确，选项D错误，该类消声器流动阻力小，无填料，不起尘，适合在高温、高速风管和洁净车间内使用。

63. 【参考答案】ACD

【解析】根据《公共建筑节能设计标准》GB 50189-2015第4.5.7条条文说明，选项ACD正确，选项B错误。

64. 【参考答案】ABD

【解析】根据《复习教材》表4.3-6，用户侧的进水温度，为机组制热工况的出水温度，其为45℃，选项A正确；热源侧的水流量为使用侧换热量为1kW时通入的水流量，故制冷工况下，应为蒸发器侧换热量1kW的情况，选项B错误；选项C正确；名义工况下蒸发器侧污垢系数为0.018m²·℃，冷凝器侧污垢系数为0.044m²·℃，故选项D错误。

65. 【参考答案】ACD

【解析】根据《复习教材》第4.7.1节，采用蓄冷系统，初投资增设了冷槽及盘管等设备，故其初投资较高，由于其在蓄冷工况，蒸发温度较低，制冷机存在冷量衰减，性能系数降低，其运行耗电量增加，选项A正确；对于机组用电负荷高峰率的影响主要为蓄冷量的大小，与蓄冷形式关系不大，故选项B错误；设置蓄冷系统，可用于高峰期提供冷量，减少了主机的装机容量，故选项C正确；同一机组，环境工况相同时，冰蓄冷的蒸发温度低于水蓄冷，故其冷量衰减较大，选项D正确。

66. 【参考答案】CD

【解析】根据《蓄能空调工程技术标准》JGJ 158-2018表3.3.4-1，选项A错误；制冰工况制冷量的变化率限值为65%，故最低限值为1300kW，选项B错误；制冰工况下蒸发温度低，系统性能系数低，故单位冷量下耗功变大，选项C正确；根据表3.3.4-2，选项D

正确。

67.【参考答案】ABD
【解析】根据《复习教材》第4.4.4节"1.制冷机的选择",选项A正确;根据表4.9-23,选项B正确;根据第4.9.6节"(4)制冷管道布置",应考虑从任何一个设备中抽走冷剂,并不是任何一处管道中,故选项C错误;根据第4.9.6节"(6)管道和设备的保冷、保温与防腐",选项D正确。

68.【参考答案】AB
【解析】根据《燃气冷热电联供工程技术规范》GB 51131-2016第6.2.6条及第6.2.7条,选项AB正确;根据《工业建筑供暖通风与空气调节设计规范》GB 50019-2015第9.6.1条条文说明表10,选项CD错误,余热形式为低温烟气,系统用途为空调及供暖系统。

69.【参考答案】CD
【解析】建筑工程竣工后申请绿色建筑评价所提交的资料,均为工程竣工验收资料,故选项A错误;根据《绿色建筑评价标准》GB/T 50378-2019第3.2.1条,由安全耐久、健康舒适、生活便利、资源节约、环境宜居五部分组成,选项B错误;根据第3.2.1条条文说明,选项C正确;根据第3.2.6条,选项D正确。

70.【参考答案】ABCD
【解析】根据《燃气工程项目规范》GB 55009-2021第5.2.12条和表5.1.5,选项AB正确,调压站、调压箱、专用调压装置的室外或箱体外进口管道上应设置切断阀门。高压及高压以上的调压站、调压箱、专用调压装置的室外或箱体外出口管道上应设置切断阀门。根据第5.3.11条,选项CD正确,燃气引入管、用户调压器和燃气表前、燃具前、放散管起点等部位应设置手动快速切断阀门。

第1套卷·专业知识（下）答案及解析

（一）单项选择题

1.【参考答案】B

【解析】根据《民用建筑供暖通风与空气调节设计规范》GB 50736-2012 第5.1.5条，选项B正确。

2.【参考答案】D

【解析】根据《复习教材》第1.2.2节"5.冷风渗透量计入原则"，当房间有三面外围护结构时，仅计入风量较大的两面的缝隙。选项D正确。冷风渗透量计入原则中提到的"外围护结构"指的是"有门窗缝隙的外围护结构"。

3.【参考答案】C

【解析】根据《复习教材》第1.3.5节，选项A正确；双水箱分层式系统利用两个水箱的水位差进行上层循环，水箱即为开式水箱，易使空气进入系统，增加系统腐蚀因素，故选项B正确；阻旋器需设在室外管网静水压线的高度，断流器安装在回水管最高点，故选项C错误；高区供水的加压泵前应设止回阀，防止系统停止时上层热水回落倒空，故选项D正确。

4.【参考答案】D

【解析】根据《民用建筑供暖通风与空气调节设计规范》GB 50736-2012 第5.9.6条，选项A错误；根据《复习教材》第1.7.2节，选项BC错误，应为100m之内；选项D正确。

5.【参考答案】C

【解析】根据水泵并联特性曲线和阻力特性曲线图，三台水泵并联运行，若停掉一台水泵，工作平衡点会向左下移动，以工作点为起点做流量的平行线与单泵特性曲线的交点就是两台水泵并联运行时的单泵工况点，如下图所示，A点为三台水泵并联运行时的单泵工况点，B点为两台水泵并联运行时的单泵工况点，由A到B流量增大，扬程减小。可知选项C正确。

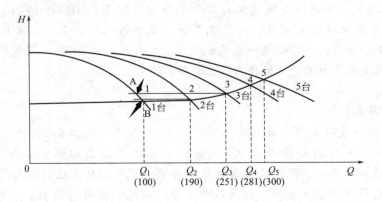

6. 【参考答案】A

【解析】根据《城镇供热管网设计标准》CJJ/T 34-2022 第 10.4.2 条，选项 A 正确；根据第 10.4.5 条，选项 BCD 错误，应设置闭式凝结水箱，总储水量宜取 10～20min 最大凝结水量，凝结水泵不应少于 2 台，其中 1 台备用。

7. 【参考答案】D

【解析】根据《民用建筑供暖通风与空气调节设计规范》GB 50736-2012 第 5.9.11 条及其条文说明，选项 ABC 均为实现各并联环路之间水力平衡的措施；选项 D 错误，应为增大末端设备的阻力特性。

8. 【参考答案】D

【解析】根据《复习教材》第 1.6.1 节"3. 计算要求"，选项 D 正确。

9. 【参考答案】D

【解析】根据《辐射供暖供冷技术规程》JGJ 142-2012 第 3.8.2 条，选项 A 正确；根据第 3.8.3 条，选项 B 正确，选项 D 错误，应在分水器或集水器总管上设置自动控制阀；根据第 3.8.1 条条文说明，选项 C 正确。

10. 【参考答案】A

【解析】根据《复习教材》第 1.11.2 节"3. 受热面的蒸发率、受热面的发热率"，选项 A 错误，每平方米受热面每小时产生的蒸汽量叫受热面的蒸发率，不是散热量；选项 B 正确；根据"4. 锅炉的设计热效率"，选项 C 正确；根据"1. 蒸发量、热功率"，选项 D 正确。

11. 【参考答案】D

【解析】根据《工业设备及管道绝热工程设计规范》GB 50264-2013 第 4.1.6 条第 1 款，应采用 A2 级不燃绝热保温材料，选项 ABC 均为 B 级保温材料，选项 D 为不燃绝热材料。

12. 【参考答案】D

【解析】根据《工业建筑供暖通风与空气调节设计规范》GB 50019-2015 第 5.5.3 条，选项 A 错误，可采用液化石油气、人工煤气等；根据第 5.5.4 条，选项 B 错误；根据第 5.5.7 条，选项 C 错误，当燃烧器所需要的空气量超过按厂房 $0.5h^{-1}$ 换气计算所得的空气量时，其补风应直接来自室外；根据第 5.5.9 条，选项 D 正确。

13. 【参考答案】B

【解析】根据《复习教材》第 2.1.1 节，选项 A 正确。根据表 2.1-8，办公楼属于 Ⅱ 类民用建筑工程，其 TVOC 限制为 $0.50mg/m^3$，因此选项 B 的测量结果满足规范要求。根据第 2.1.2 节，《中小学新风净化系统设计导则》T/CAQI 36-2017 规定 3 年年均室外空气质量优良天数少于 288 天的，应设计新风净化系统，选项 C 正确。根据第 2.1.3 节，选项 D 正确。

14. 【参考答案】B

【解析】根据《工业建筑供暖通风与空气调节设计规范》GB 50019-2015 第 6.4.3 条,事故排风量不应小于 $12h^{-1}$。当房间高度大于 6m 时,按 6m 空间高度计算事故排风量,则最小事故排风量为 $L_{min}=1000\times6\times12=72000m^3/h$。

15. 【参考答案】C

【解析】根据《复习教材》第 2.4.3 节"(2) 材质",选项 AB 正确,根据第 2.4.4 节中密闭罩内容有关"(2) 吸风口(点)位置的确定",选项 C 错误、选项 D 正确。为尽量减少把粉尘状物料吸入排风系统,排风口不应设在气流含尘浓度高的部位或飞溅区。

16. 【参考答案】D

【解析】根据《复习教材》第 2.5.4 节"3. 袋式除尘器",选项 A 正确;选项 B 正确;根据袋式除尘器"滤料纤维特点"第 7 种滤料可知,选项 C 正确;选项 D 错误,与过滤速度和气体黏度成正比,与气体密度无关。

17. 【参考答案】A

【解析】根据《复习教材》第 2.6.6 节可知,紫外线、光触媒及臭氧都具有杀菌作用。活性炭仅为吸附剂,不具有灭杀病菌的功能。

18. 【参考答案】A

【解析】根据《通风与空调工程施工验收规范》GB 50243-2016 第 4.3.6 条,非内外同心弧形式的为选项 AC,其中选项 A 边长大于 500mm,因此需要设弯管导流片。

19. 【参考答案】D

【解析】根据《通风与空调工程施工质量验收规范》GB 50243-2016 第 6.3.1 条,薄钢板法兰风管支吊架间距不应大于 3m。

20. 【参考答案】C

【解析】根据《建筑防烟排烟系统技术标准》GB 51251-2017 第 4.4.13 条,选项 C 错误,吊顶上部空间排烟时,吊顶应采用不燃材料且吊顶内不应有可燃物。

21. 【参考答案】C

【解析】根据《复习教材》第 2.12.2 节"(3) 厨房通风",选项 A 正确;选项 B 正确;选项 C 错误,风速不应小于 8m/s,且不宜大于 10m/s;选项 D 正确。

22. 【参考答案】B

【解析】根据《民用建筑供暖通风与空气调节设计规范》GB 50736-2012 表 6.6.3,选项

B风速过大,住宅干管风速不超过6m/s。根据《工业建筑供暖通风与空气调节设计规范》GB 50019-2015第6.7.6条,选项CD正确。

23. 【参考答案】D
【解析】根据《复习教材》第3.4.1节"4.空气的加湿处理"中"(1)等温加湿",选项ABC正确;根据第3.4.7节"1.一般技术要求"中"(4)加湿段",选项D错误,干式蒸汽加湿器的加湿速度较快。

24. 【参考答案】D
【解析】根据《工业建筑供暖通风与空气调节设计规范》GB 50019-2015第8.1.2条,选项A正确;根据第8.1.3条,选项B正确;根据第8.2.5条第2款,选项C正确;根据第8.3.3条,选项D错误,宜采用全空气定风量空调系统,变风量空调系统的温湿度波动会较大。

25. 【参考答案】D
【解析】根据《复习教材》表3.4-6,中效2级过滤器迎面风速宜≤2m/s,计算组合式空调机组的截面积 $A \geq 8000/3600/2.0 = 1.11 m^2$,选项D正确。

26. 【参考答案】B
【解析】造成该现象的原因是,设计时估算的系统阻力过大,所以泵的扬程选得太大,达56m。实际上系统的阻力远远没到56m,这是由于设计者考虑的安全余量太大而造成了运行的困难,带来的是耗能多,易有噪声振动,且容易造成流量过载运行引起频繁跳闸,甚至烧毁电机,选项B正确。

27. 【参考答案】D
【解析】从节能角度考虑,宜采用回风系统,利用回风中的能量,选项B错误;若采用再热系统,则不够节能,选项C错误;一次回风一般为露点送风,送风温度较低,舒适感较差,所以一般考虑采用二次回风系统,选项A错误、选项D正确。

28. 【参考答案】D
【解析】根据《民用建筑供暖通风与空气调节设计规范》GB 50736-2012第8.6.3条及其条文说明,选项ABC均可解决冷却水温过低的问题,而选项D只能改变冷却水流量,不能改变冷却水水温,所以选项D不能解决此问题的发生。

29. 【参考答案】B
【解析】根据《民用建筑供暖通风与空气调节设计规范》GB 50736-2012第10.1.5条表注,选项A正确;根据第10.2.5条条文说明,选项B错误,机房内消声器后至机房隔墙的风管必须有良好的隔声措施,防止机房内的噪声再次传入系统,因此消声器贴近设备并不能增加消声效果,反而贴近机房隔墙能减少噪声再次传入的风险,当消声器布置在机房外时,也应临近隔墙；根据第10.3.3条第3款，选项C正确；根据第10.3.5条第1款，选项D正确。

30. 【参考答案】D

【解析】根据《公共建筑节能设计标准》GB 50189-2015 第4.2.3条，选项ABC正确，选项D错误，执行分时电价并不是可以采用电热加湿的条件。

31. 【参考答案】B

【解析】根据《复习教材》第4.2.4节，冰塞现象应发生在低温侧，故排除选项A，对于制冷系统，膨胀阀出口侧管路最狭窄，温度最低，故最易发生冰塞现象，故选项B正确。

32. 【参考答案】D

【解析】根据《复习教材》第4.7.2节"（2）冰蓄冷系统的形式"，制冷机位于上游，用户侧回水先经过冷水机组，故其进水温度高，蒸发温度升高，制冷效率增加；同理，制冷机位于冰槽下游的情况，制冷效率降低，选项AB错误；根据表4.7-4，选项C错误，采用蓄冷工况冷水机组；根据表4.7-2，选项D正确，冰球外为乙烯乙二醇溶液。

33. 【参考答案】D

【解析】根据《复习教材》第4.9.2节，选项AB错误，商用冷库不应采用氨或氨水溶液载冷剂，物流冷库的穿堂区域不应采用氨直接蒸发制冷；根据表4.9-7，氨制冷剂的价格低于氟利昂，选项C错误。根据"2. 制冷系统的选择"，选项D正确。

34. 【参考答案】D

【解析】根据《复习教材》第4.4.2节"1. 制冷剂管道系统的设计"，选项AB正确；根据"2. 冷库制冷剂管道的材质"，氨制冷系统管道应采用无缝钢管，选项C正确；选项D错误，其管内壁不宜镀锌。

35. 【参考答案】D

【解析】根据《复习教材》第4.5.3节"（4）防止结晶问题"可知，选项ABC正确；选项D错误，未提及有少量空气掺入的情况。

36. 【参考答案】C

【解析】蒸发压力增加，制冷剂容易被压缩，故比容降低，选项A错误；蒸发器至压缩机吸气侧的管路中，压降增加，饱和压力降低，饱和温度降低，过热度增加，比容增加，选项B错误，选项C正确；管路漏热，制冷温度增加，冷剂受热膨胀，比容增加，选项D错误。

37. 【参考答案】D

【解析】根据《复习教材》表4.8-1，选项A错误，其三类分别为高温冷库、低温冷库和变温冷库；根据表4.8-9，选项B错误，其相对湿度范围为95%～100%；根据图4.8-1，冻结终了温度不是-15℃时，需进行修正。根据《冷库设计标准》GB 50072-2021，选项D正确。

38.【参考答案】A
【解析】根据《复习教材》图4.5-8，选项A正确，选项B错误，冷却水带走的是冷凝器热量；根据表4.5-1，选项CD错误，第二类溴化锂吸收式热泵机组较第一类机组升温能力增加和性能系数降低，单级溴化锂吸收式热泵的性能系数限定值为0.43，双级溴化锂吸收式热泵性能系数的限定值为0.26。

39.【参考答案】D
【解析】根据《绿色建筑评价标准》GB/T 50378-2019 第3.1.1，选项A正确；根据第3.2.2条，选项B正确；根据第9.2.1条，选项C正确；根据第7.2.10条，选项D错误，得8分，需达到1级能效方可得15分。

40.【参考答案】C
【解析】根据《城镇燃气设计规范》GB 50028-2006（2020版）表6.1.6，其管道类型为次高压燃气管道，根据第6.3.2条，应采用钢管。

(二) 多项选择题

41.【参考答案】ABD
【解析】根据《复习教材》第1.2节，选项AB正确；根据《民用建筑供暖通风与空气调节设计规范》GB 50736-2012 第5.2.2条条文说明，选项C错误、选项D正确。

42.【参考答案】ABC
【解析】《复习教材》表1.4-14，最小距离是2.2m，选项ABC不符合要求。

43.【参考答案】AB
【解析】根据《民用建筑供暖通风与空气调节设计规范》GB 50736-2012 第5.9.5条条文说明，选项AB正确，选项CD错误，计算管道膨胀量时，管道安装温度应按冬季环境温度考虑，一般可取0～5℃，供暖干管和立管都应考虑热膨胀的补偿措施。

44.【参考答案】ABC
【解析】根据《复习教材》第1.8.1节，选项ABC正确，选项D错误，pH=7.5～10。

45.【参考答案】BCD
【解析】根据《辐射供暖供冷技术规程》JGJ 142-2012 第6.1.1条，选项A正确；根据第6.1.2条，选项B错误，其表述不完整；根据第6.1.8条第1款，选项C错误，以距地0.75m；根据第6.1.9条，选项D错误，宜布置在分水器、集水器上。

46.【参考答案】ABD

【解析】根据《复习教材》第1.8.2节"（3）设计选用减压阀应注意的问题"，选项ABD正确，选项C错误，当压力差为0.1~0.2MPa时，可以串联安装两个截止阀进行减压。

47.【参考答案】ABC

【解析】根据《复习教材》第1.10.6节，选项A正确；根据《城镇供热管网设计标准》CJJ 34-2022第7.4.2条，选项BC正确；根据第7.4.3条第1款，选项D错误，并应有30~50kPa的富裕压力。

48.【参考答案】ABC

【解析】由《建筑给水排水及采暖工程施工质量验收规范》GB 50242-2002第8.6.6条第1款，$0.33-3\times6\times0.01+0.1=0.25<0.30$MPa，试验压力取0.30MPa。选项ABC不符合规定。

49.【参考答案】BCD

【解析】一般工业区属于二级地区，根据《大气污染物综合排放标准》GB 16297-1996表2第15项查得15m苯排气筒允许排放速率为0.5kg/h，根据附录B3外推公式，$Q=0.5\times\left(\frac{12}{15}\right)^2=0.32$kg/h。根据第7.4条严格50%执行，最高允许排放速率为0.16kg/h。

50.【参考答案】BC

【解析】根据《复习教材》第2.13节，选项BC正确。选项A不应大于爆炸下限的50%，选项D对于排除有爆炸危险物质的排风系统，其设备不应设在地下、半地下室内。

51.【参考答案】ABCD

【解析】根据《复习教材》第2.4.1节，选项A正确；根据第2.4.4节，选项BC正确；根据《工业建筑供暖通风与空气调节设计规范》GB 50019-2015第6.6.7条条文说明，选项D正确。

52.【参考答案】CD

【解析】根据《复习教材》第2.5.4节，选项A错误，宜为3~5m/s；选项B错误，含尘浓度增高时，除尘器效率略有提高。

53.【参考答案】AB

【解析】由题意，垃圾房排风量为$40\times3.5\times15=2100$（m³/h），根据《复习教材》表2.6-5，可以采用垂直型或圆筒型吸附装置。

54.【参考答案】CD

【解析】根据《民用建筑供暖通风与空气调节设计规范》GB 50736-2012 第 6.6.9 条，选项 A 正确；根据第 6.6.18 条，选项 B 正确；根据第 6.5.10 条，有爆炸危险物质房间的送风及排风均需要采用防爆型，仅送风风机设在独立风机房且送风干管有止回阀时可采用非防爆型，因此选项 C 不合理；根据第 6.6.7 条，设置柔性接头的长度为 150~300mm，选项 D 错误。

55. 【参考答案】ABC

【解析】根据《建筑防烟排烟系统技术标准》第 4.1.1 条，排烟方式要根据建筑性质等因素确定，优先自然排烟，对建筑高度没有制约条件，因此选项 A 错误；根据第 4.1.3 条关于回廊设置排烟的要求可知，商店建筑回廊应设排烟设施，选项 B 错误；根据第 4.4 条及第 4.1.4 条第 4 款，选项 C 划分防烟分区和固定窗的要求正确，但根据第 4.4.15 条关于固定窗面积的要求可知，只有顶层区域要求按地面面积 2% 设置固定窗，其他需要按面积不小于 1m² 设置，因此选项 C 不合理；根据第 4.2.2 条，吊顶开孔率不大于 25% 时，吊顶空间不计入储烟仓厚度，因此选项 D 正确。

56. 【参考答案】ACD

【解析】根据《复习教材》第 3.4.7 节 "2. 选择计算原理"，选项 ACD 正确，选项 B 错误，风速超过 2.5m/s 时，宜设挡水板。

57. 【参考答案】BCD

【解析】根据《民用建筑供暖通风与空气调节设计规范》GB 50736-2012 第 9.5.1 条，选项 A 正确；根据第 9.5.2 条，选项 B 错误，设计供回水温度宜小于等于 10℃；根据第 9.5.3 条，选项 CD 均错误，大温差供水时末端宜串联，且先经过显热末端再经过新风机组。

58. 【参考答案】ABC

【解析】根据《复习教材》第 3.3.4 节 "1. 湿度控制系统"，选项 AC 正确；根据《民用建筑供暖通风与空气调节设计规范》GB 50736-2012 第 7.3.15 条条文说明，选项 B 正确，为避免冷热抵消，采用冷却除湿时，新风送风温度将低于室内，必然承担部分显热负荷，根据《复习教材》第 3.3.4 节，采用冷凝除湿时，低温冷源承担空调总负荷 10%~15%，也可以判断出选项 B 正确；选项 D 错误，风口布置应遵循"就近除湿"的原则，风口应接近人员主要活动区。

59. 【参考答案】ABCD

【解析】根据《复习教材》第 3.3.3 节，选项 AB 正确；根据《民用建筑供暖通风与空气调节设计规范》GB 50736-2012 第 8.3.9 条第 2 款及第 8.3.9 条第 4 款，选项 CD 正确。

60. 【参考答案】AC

【解析】根据《民用建筑供暖通风与空气调节设计规范》GB 50736-2012 第 8.5.12 条表

8.5.12-1 注 1，水源热泵机组供回水温差按实际参数确定，因此夏季和冬季 $\triangle T$ 均应取 5℃，选项 A 正确、选项 B 错误；根据表 8.5.12-3，选项 C 正确；根据题目条件可求得冬季单台水泵的流量为 $G = \dfrac{0.86 \times 1800}{5 \times 3} = 189.2 (\text{m}^3/\text{h})$，根据表 8.5.12-2，$A$ 值取 0.003858，选项 D 错误。

61. 【参考答案】ABD

【解析】根据《复习教材》第 3.10.3 节，选项 AB 正确、选项 C 错误，按增加 5mm 选用；根据《民用建筑供暖通风与空气调节设计规范》GB 50736-2012 第 K.0.3 条，选项 D 正确。

62. 【参考答案】ABCD

【解析】根据《复习教材》第 3.11.4 节，选项 ABCD 均正确。

63. 【参考答案】BCD

【解析】根据《公共建筑节能设计标准》GB 50189-2015 第 4.3.16 条，选项 A 错误，宜单独送入；根据第 4.3.17 条第 2 款，选项 B 正确；根据第 4.3.18 条，选项 C 正确；根据第 4.3.19 条第 4 款，选项 D 正确。

64. 【参考答案】ABC

【解析】根据《复习教材》第 4.1.4 节"3. 蒸汽压缩式制冷循环的改善"，再冷器获得的再冷度量主要靠冷却水所得，而回热循环获得的再冷量主要靠热交换，所以二者冷却水流量不同，故选项 A 正确；回热循环中是膨胀阀前与压缩机吸入前的制冷剂液体进行热交换，故设置位置正确；回热循环中其制冷量增加，耗功增加，而设置再冷却器的情况制冷量增加，耗功不变，故选项 D 错误。

65. 【参考答案】AC

【解析】根据《复习教材》表 4.3-7，选项 A 正确；根据表 4.3-14，相同名义冷量下地下水机组的综合性能系数限定值高于地埋管式机组，并非性能系数恒定高于，故选项 B 错误；根据《地源热泵系统工程技术规范》GB 50366—2005（2009 年版）第 B.0.2 条，选项 C 正确；根据第 4.3.3 条条文说明，选项 D 错误，最大吸热量和最大释热量相差较大时，宜通过技术经济比较，设置辅助散热或供热源，而后再计算管长。

66. 【参考答案】AC

【解析】根据《复习教材》第 4.6.2 节，选项 A 正确；选项 B 错误，内燃机推荐与热水型吸收式制冷机联合运行；根据表 4.6-1，选项 C 正确，微燃机发电效率为 20%～30%，内燃机发电效率为 25%～45%；选项 D 错误，年系统平均综合利用率应大于 70%。

67. 【参考答案】BD

【解析】制冷机夜间空调工况运行，蒸发温度同白天，冷凝温度降低，性能系数增加，故选项 A 正确；由于蓄冰工况在用电低谷期进行，虽性能系数降低，但电价较低，运行费用较低，故选项 B 错误；根据《蓄能空调工程技术标准》JGJ 158-2018 第 3.3.4 条文说明，选项 C 正确；双工况机组只有能效限定值的相关规定，无能效等级的划分，故选项 D 错误。

68. 【参考答案】ABC

【解析】蓄冷工况时，冷槽下进上出，开启阀门应该为 V2，V4，V6；供冷工况时，冷槽下出上进，开启阀门应为 V1，V3，V5，需注意通过水泵的水流的方向。

69. 【参考答案】BD

【解析】根据《绿色工业建筑评价标准》GB/T 50878-2013 第 3.2.2 条，绿色工业建筑分为规划设计和全面评价两个阶段，选项 A 错误；根据第 3.2.7 条，选项 B 正确；根据第 3.2.5 条，"绿色工业建筑评价体系由节地与可持续发展的场地、节能与能源利用、节水与水资源利用、节材与材料资源利用、室外环境与污染物控制、室内环境与职业健康、运行管理七类指标及技术进步与创新构成"，选项 C 中缺少"技术进步与创新"；根据第 3.2.6 条："绿色工业建筑评价……采用权重计分法，各章、节的权重及条文分值应符合本标准附录 A 的规定"，选项 D 正确；

70. 【参考答案】ACD

【解析】根据《城镇燃气设计规范》GB 50028-2006（2020 版）第 6.3.4 条，选项 ACD 正确，选项 B 错误，应为"0.6m"。

第1套卷·专业案例（上）答案及解析

1.【参考答案】 B

【主要解题过程】 建筑面积：$60 \times 20 \times 5 = 6000(m^2)$，属于严寒地区甲类公共建筑，建筑外表面积：$60 \times 20 + 2 \times (60+20) \times (4 \times 5 + 0.6) = 4496(m^2)$。

建筑体积：$60 \times 20 \times (4 \times 5 + 0.6) = 24720(m^3)$。

体形系数为：$4496/24720 = 0.182 < 0.4$。

满足《建筑节能与可再生能源利用通用规范》GB 55015-2021 第 3.1.3 条的要求。

南向窗墙比

$$a = \frac{14 \times 2.5 \times (4 \times 5)}{60 \times (4 \times 5 + 0.6)} = 0.566$$

根据 GB 55015-2021 表 3.1.10-2，南外墙传热系数$\leq 0.38 W/(m^2 \cdot K)$，南外窗传热系数$\leq 1.5 W/(m^2 \cdot K)$，选 B。

2.【参考答案】 B

【主要解题过程】 最上层散热器占立管的总负荷的比例为 $2500 \div 20000 \times 100\% = 12.5\%$，温降为 $20 \times 12.5\% = 2.5℃$，散热器平均水温为 $90-2.5 \div 2 = 88.75℃$，平均水温与室温的传热温差为 $88.75 - 16 = 72.75℃$。最下层散热器占立管的总负荷的比例为 $2000 \div 20000 \times 100\% = 10\%$，温降为 $20 \times 10\% = 2℃$，散热器平均水温为 $70 - 2.0 \div 2 = 71℃$，平均水温与室温的传热温差为 $71 - 16 = 55℃$。

散热面积的比值约为：

$$\frac{F_1}{F_d} = \frac{\dfrac{Q_1}{q_1}}{\dfrac{Q_d}{q_d}} = \frac{2000}{2500} \times \frac{0.9 \times 72.75^{1.2}}{0.9 \times 55^{1.2}} = 1.12$$

3.【参考答案】 C

【主要解题过程】 根据《民用建筑供暖通风与空气调节设计规范》GB 50736-2012 第 5.9.14 条，一层环路和三层环路的重力水头为：

$$H = \frac{2}{3} h(\rho_h - \rho_g) g = \frac{2}{3} \times (2 \times 6) \times (977.81 - 961.92) \times 9.81 = 1247(Pa)$$

对于双管系统，最不利环路为最远立管最底层，因此机械循环水泵提供的资用压力为最不利环路阻力（双管系统运行时，上层系统比下层系统增加自然作用压头，因此最底层是最不利环路），即最底层环路阻力。

计算平衡率时不考虑公共管路，因此最不利环路阻力为 300Pa。对于三层散热器环路，除了水泵提供的资用压头，还有自然作用压头，因此对于并联环路一层与三层，总的资用压力为：

$$P_z = 1247 + 300 = 1547(Pa)$$

三层环路的阻力为：
$$P_3 = 150 + 150 + 150 + 150 + 300 = 900(\text{Pa})$$
根据《复习教材》表 1.6-7，三层散热器环路相对于一层散热器环路的不平衡率为：
$$x = \frac{P_z - P_3}{P_z} \times 100\% = \frac{1547 - 900}{2147} \times 100\% = 41.8\% > 15\%$$
不符合规范要求，选 C。

4. 【参考答案】B
【主要解题过程】根据《复习教材》第 1.4.3 节，得：
$$h^2/A = 16/1000 = 0.016$$
查图 1.4-16，ε＝0.71
$$\eta = \varepsilon \eta_1 \eta_2 = 0.71 \times 0.9 \times 0.9 = 0.5751$$
$$R = \frac{Q}{\frac{CA}{\eta} \times (t_{sh} - t_w)} = \frac{5000}{\frac{11 \times 1000}{0.5751} \times (18 + 6.2)} = 0.108$$
$$Q_f = \frac{Q}{1+R} = \frac{50}{1+0.108} = 45.1(\text{kW})$$

5. 【参考答案】B
【主要解题过程】热源条件改变前后的流量比为：
$$\frac{G_2}{G_1} = \frac{\Delta t_1}{\Delta t_2} = \frac{10}{7} = 1.428$$
热源条件改变后最不利环路干管的阻力损失为：
$$\frac{\Delta P_2}{\Delta P_1} = \frac{G_2^2}{G_1^2} = 1.428^2$$
$$\Delta P_2 = 1.428^2 \times \Delta P_1 = 1.428^2 \times 40 = 81.57(\text{kPa})$$
热源条件改变后最不利环路资用压力为：
$$\Delta P_z = \Delta P_2 + 40 = 81.57 + 40 = 121.57(\text{kPa})$$

6. 【参考答案】D
【主要解题过程】根据《公共建筑节能设计标准》GB 50189-2015 第 4.3.3 条，且根据题意可知，单台泵流量为：
$$G = \frac{1}{2} \times 0.86 \times \frac{Q}{\Delta T} = \frac{1}{2} \times 0.86 \times \frac{3000}{25} = 51.6(\text{m}^3/\text{h})$$
$$A = 0.004225, \quad B = 17, \quad \alpha = 0.0069$$
耗电输热比限值为：
$$\frac{A \times (B + \alpha \sum L)}{\Delta T} = \frac{0.004225 \times (17 + 0.0069 \times 1400)}{25} = 0.004506$$
水泵在设计工况点的最低效率为：
$$EHR - h = 0.003096 \sum (G \times H/\eta)/Q \leqslant 0.0052$$

$$\eta \geqslant \frac{0.003096\sum(G\times H)/Q}{0.0052} = \frac{0.003096\times 103.2\times 32/3000}{0.004506} = 0.756 = 75.6\%$$

7. 【参考答案】B

【主要解题过程】室内 CO_2 产生量 $y=22.6\times(150\times80\%)=2712(L/h)=0.753(L/s)$。$CO_2$ 分子量为 44，根据《复习教材》式（2.6-1）折算质量流量为：

$$x = \frac{My}{22.4} = \frac{44\times 0.753}{22.4} = 1.479(g/s)$$

送风含有 CO_2 的体积浓度为 300ppm，折算质量浓度为：

$$y_0 = \frac{MC_0}{22.4} = \frac{44\times 300}{22.4} = 589(mg/m^3) = 0.589(g/m^3)$$

CO_2 浓度随时间的增加而增长，则 2h 运行的末端时刻最大 CO_2 质量浓度为：

$$y_2 = \frac{MC_2}{22.4} = \frac{44\times 2000}{22.4} = 3929(mg/m^3) = 3.93(g/m^3)$$

根据《复习教材》式（2.2-1a）计算经过房间所需送风量为：

$$L = \frac{1.479}{3.93-0.598} - \frac{120\times 3.5}{3600\times 2}\times \frac{3.93-0.598}{3.93-0.598} = 0.386(m^3/s) = 1390(m^3/h)$$

可计算人均新风量为：

$$L_0 = \frac{1390}{150\times 80\%} = 11.6[m^3/(h\cdot 人)]$$

因此选项 B，$12m^3/(h\cdot 人)$ 满足题设要求。

8. 【参考答案】D

【主要解题过程】根据《工业建筑供暖通风与空气调节设计规范》GB 50019-2015 式（J.0.1）计算送至工作地点的气流宽度：

$$d_s = 6.8(as+0.164\sqrt{AB}) = 6.8\times(0.076\times 1.5+0.164\times\sqrt{0.3\times 0.4}) = 1.16(m)$$

$$\frac{d_g}{d_s} = \frac{1}{1.16} = 0.86$$

由图 J.0.2 查得 b 值约为 0.13，由式（J.0.2）可计算送风口出口风速：

$$v_0 = \frac{v_g}{b}\left(\frac{as}{d_0}+0.145\right) = \frac{2}{0.13}\times\left(\frac{0.076\times 1.5}{\sqrt{\frac{4\times(0.3\times 0.4)}{\pi}}}+0.145\right) = 6.72(m/s)$$

由式（J.0.3）可计算单个送风口送风量：

$$L_0 = 3600\times(0.3\times 0.4)\times 6.72 = 2903(m^3/h)$$

由题意，局部送风系统总送风量 $L=6\times 2903=17418$（m^3/h）。

9. 【参考答案】C

【主要解题过程】

$$1.5\sqrt{\frac{\pi}{4}B^2} = 1.5\times\sqrt{\frac{\pi}{4}\times 0.65^2} = 0.86(m) < 1.2m$$

该接受罩为高悬罩，也可根据接受罩位于热源上方1.2m确定为高悬罩。
由《复习教材》式（2.4-23）计算热射流断面直径：
$$D_z = 0.36H + B = 0.36 \times 1.2 + 0.65 = 1.082(\text{m})$$
由题意，罩口直径为：
$$D = 2D_z = 2 \times 1.082 = 2.164(\text{m})$$
由式（2.4-22），得：
$$Z = H + 1.26B = 1.2 + 1.26 \times 0.65 = 2.019(\text{m})$$
由式（2.4-21），得：
$$L_z = 0.04Q^{1/3}Z^{3/2} = 0.04 \times 3.2^{1/3} \times 2.019^{3/2} = 0.169(\text{m}^3/\text{s})$$
由式（2.4-31），得：
$$L = L_z + v'F = 0.169 + 0.6 \times \frac{\pi}{4}(2.164^2 - 1.082^2) = 1.823(\text{m}^3/\text{s}) = 6563(\text{m}^3/\text{h})$$

10. **【参考答案】** B
【主要解题过程】 净化效率95%，可计算氨气出口浓度为：
$$Y_2 = (1-\eta)Y_1 = (1-95\%) \times 0.087 = 0.0043(\text{kmol/kmol})$$
根据《复习教材》式（2.6-7），计算最小液气比：
$$\frac{L_{\min}}{V} = \frac{Y_1 - Y_2}{Y_1/m - X_2} = \frac{0.087 - 0.00435}{\frac{0.087}{0.75} - 0} = 0.7125$$

计算实际液气比及液体流量：
$$L = 1.3\left(\frac{L_{\min}}{V}\right) \times V = 1.3 \times 0.7125 \times 75 = 69.47(\text{kmol/h})$$
水的分子量为18，供液量的质量流量为：
$$G = 18 \times 69.47 = 1250.5(\text{kg/h})$$

11. **【参考答案】** B
【主要解题过程】 根据《工业建筑供暖通风与空气调节设计规范》GB 50019-2015 第7.1.5条，除尘系统排风量按同时工作的最大排风量以及间歇工作的排风点漏风量之和计算。
$$L = 8 \times 1.5 + 2 \times 1.5 \times 15\% = 12.45(\text{m}^3/\text{s})$$
考虑除尘器漏风率可确定风机排风量：
$$L = 12.45 \times (1+3\%) = 12.8(\text{m}^3/\text{s}) = 46080(\text{m}^3/\text{h})$$
使用工况密度为：
$$\rho = 1.293 \times \frac{273}{273+20} \times \frac{77.5}{101.3} = 0.922(\text{kg/m}^3)$$
使用工况的风压为：
$$P = \frac{1000 \times 0.922}{1.2} = 768(\text{Pa})$$
联轴器连接效率为0.98，可计算风机耗电功率：

$$N_z = \frac{LP}{3600\eta_m} = \frac{46080 \times 768 \times (1+10\%)}{3600 \times 0.7 \times 0.98} = 15763(W) = 15.8(kW)$$

由《复习教材》表 2.8-4 查得安全系数 1.15，可计算配电机功率：

$$N_{dj} = 15.8 \times 1.15 = 18.2(kW)$$

选用 18.5kW 电机。

12. 【参考答案】C

【主要解题过程】由题意，设备散热量为：

$$Q = 4 \times (1-\eta_1)\eta_2 \Phi W = (1-0.98) \times 0.75 \times 0.95 \times 600 = 34.2(kW)$$

设排风量为 G_p，则送入空气量为 $80\% G_p$，由周围空间渗透进入变电所的空气量为 $20\% G_p$，由《复习教材》式（2.2-6），能量守恒得：

$$c_p G_p t_n = Q_{by} + c_p(80\% G_p)t_{jj} + c_p(20\% G_p)t_{zw}$$

$$1.01 \times G_p \times 35 = 34.2 + 1.01 \times (80\% G_p) \times 10 + 1.01 \times (20\% G_p) \times 15$$

可解得：

$$G_p = 1.41(kg/s)$$

排风温度为 35℃，密度为：

$$\rho_{35} = \frac{353}{273+35} = 1.146(kg/m^3)$$

排风量为：

$$L_p = \frac{1.41}{1.146} = 1.23(m^3/s) = 4428(m^3/h)$$

13. 【参考答案】D

【主要解题过程】由题意病房所需送风量为：

$$L_j = 20 \times (40 \times 3) = 2400(m^3/h)$$

保持房间负压，则机械排风量应大于机械进风量，自缝隙流入房间的自然通风量按 15Pa 压差计算，由《复习教材》式（2.3-1）可计算缝隙压差为：

$$L = \mu F \sqrt{\frac{2\Delta P}{\rho}} = 0.83 \times [(1.3 \times 2 + 2.1 \times 3) \times 0.003] \times \sqrt{\frac{2 \times 15}{1.2}}$$

$$= 0.111(m^3/s) = 400(m^3/h)$$

因此房间排风量为：

$$L_p = L_j + L = 2400 + 400 = 2800(m^3/h)$$

14. 【参考答案】D

【主要解题过程】根据《复习教材》式（3.1-11），水蒸气的温度为：

$$t_q = \frac{\varepsilon - 2500}{1.84} = \frac{2638 - 2500}{1.84} = 75(℃)$$

空气增加的焓值为：

$$\Delta h = \varepsilon \Delta d = 2638 \times \frac{5}{1000} = 13.19(kJ)$$

15. **【参考答案】** B

【主要解题过程】 夏季累计耗功率为：

$$W_c = \frac{Q_c}{COP_c} = \frac{720}{4.8} = 150 \text{(kW)}$$

冬季累计耗功率为：

$$W_h = \frac{Q_h}{COP_h} = \frac{960}{3.2} = 300 \text{(kW)}$$

根据《房间空气调节器能效限定值及能效等级》GB 21455-2019 第 A.1.11 条，得：

$$APF = \frac{Q_c + Q_h}{W_c + W_h} = \frac{720 + 960}{150 + 300} = 3.73$$

16. **【参考答案】** C

【主要解题过程】 新风热负荷为：

$$Q_1 = \frac{c_p \rho L_x (t_n - t_w)}{3600} = \frac{1.01 \times 1.2 \times 20000 \times (18 + 16)}{3600} = 228.9 \text{(kW)}$$

控制排风出口为2℃（此时并不需要达到60%热回收效率），则排风热回收量为：

$$Q_2 = \frac{c_p \rho L_p (t_n - t_p)}{3600} = \frac{1.01 \times 1.2 \times 18000 \times (18 - 2)}{3600} = 96.7 \text{(kW)}$$

新风总加热量为：

$$Q_3 = Q_1 - Q_2 + Q_n = 228.9 - 96.7 + 67 = 199.2 \text{(kW)}$$

17. **【参考答案】** A

【主要解题过程】 送风口水力直径为：

$$d_0 = \frac{2AB}{A+B} = \frac{2 \times 1 \times 0.12}{1 + 0.12} = 0.214 \text{(m)}$$

根据《复习教材》式（3.5-3），得：

$$t_0 = t_n - \frac{(t_n - t_x) \times \left(\frac{ax}{d_0} + 0.145\right)}{0.35}$$

$$= 24 - \frac{(24 - 22) \times \left(\frac{0.16 \times 1.5}{0.214} + 0.145\right)}{0.35}$$

$$= 16.8 \text{(℃)}$$

18. **【参考答案】** A

【主要解题过程】 根据《蓄能空调工程技术标准》JGJ 158-2018 表 3.3.4-2，制冰工况蒸发器侧设计流量等同于空调工况，因此根据空调负荷及空调工况蒸发器供回水温度计算载冷剂循环泵流量，单泵流量为：

$$m = \frac{Q \times 3600}{2c_p \rho \Delta t} = \frac{2000 \times 3600}{2 \times 3.65 \times 1052 \times (10 - 5)} = 187.5 \text{(m}^3\text{/h)} = 54.8 \text{(kg/s)}$$

根据第3.3.5条，载冷剂循环泵耗电输冷比为：

$$ECR = 11.136 \times \sum\left(\frac{mH}{\eta_b Q}\right) = 11.136 \times \frac{2 \times 54.8 \times 30}{0.75 \times 2000} = 24.4$$

根据第3.3.5条及条文说明，$A = 16.469$，$B = 30$，$\Delta T = 3.4$，则

$$\frac{AB}{c_p \Delta T} = \frac{16.469 \times 30}{3.65 \times 3.4} = 39.8 > ECR = 24.4$$

满足规范限值要求。

19. 【参考答案】D
【主要解题过程】制冷剂循环质量为：

$$M_R = \frac{\varphi_g}{h_2 - h_3} = \frac{120}{460.5 - 276.4} = 0.65(\text{kg/s})$$

$$h_4 = h_5 = 271(\text{kJ/kg})$$

根据能量守恒可知：

$$h_3 - h_4 = h_1 - h_6, \quad 276.4 - 271 = 429.7 - h_6$$

解得 $h_6 = 424.3\text{kJ/kg}$
系统制冷量为：

$$Q = M_R(h_6 - h_5) = 0.65 \times (424.3 - 271) = 99.65(\text{kW})$$

20. 【参考答案】C
【主要解题过程】根据《复习教材》式（4.3-19），压缩机的理论输入功率为：

$$P_{in} = \frac{P_{th}}{\eta_i \eta_m \eta_e} = \frac{W_{th} \times M_R}{\eta_i \eta_m \eta_e} \quad \frac{43.98 \times 0.5}{0.85 \times 0.9 \times 0.95} = 30.26(\text{kW})$$

制冷量为：

$$\phi_0 = q_0 \times M = 272.32 \times 0.5 = 136.16(\text{kW})$$

由式（4.3-11）计算系统供应的热量为：

$$\phi_h = \phi_0 + fP_{in} = 136.16 + 0.9 \times 30.26 = 163.39(\text{kW})$$

21. 【参考答案】D
【主要解题过程】

$$N = \frac{700 \times 40\%}{6.57} \times 595 + \frac{700 \times 80\%}{6.569} \times 649 + \frac{1800 \times 40\%}{6.57} \times 565 + \frac{1800 \times 60\%}{7.124} \times 454$$

$$+ \frac{1800 \times 70\%}{6.881} \times 277 + \frac{1800 \times 70\% + 700 \times 40\%}{7.124} \times 176$$

$$+ \frac{(1800 + 700) \times 70\%}{6.811} \times 108 + \frac{(1800 + 700) \times 80\%}{6.569} \times 43$$

$$+ \frac{(1800 + 700) \times 90\%}{6.317} \times 10 + \frac{(1800 + 700) \times 100\%}{5.817} \times 2$$

$$= 345219.6 \text{ (kWh)}$$

总费用为 $W = N \times 0.8 = 345219.6 \times 0.8 = 276175.7(元)$。

22. 【参考答案】C
【主要解题过程】蒸发器侧换热量为200kW，系统运行过程中制热系数为3.2，即

$$COP = \frac{200+W}{W} = 3.2$$

解得：耗功 $W = \frac{200}{2.2} = 90.9(kW)$。

总制热量为 $Q_h = Q_c + W = 200 + 90.9 = 290.9(kW)$。

23. 【参考答案】D
【主要解题过程】溶液循环倍率为12，则有：

$$f = \frac{m_3}{m_7} = 12$$

发生器吸收的热量：

$$\begin{aligned}\varphi_g &= m_7 \times h_7 + (m_3 - m_7) \times h_4 - m_3 \times h_3 \\ &= m_7 \times 2875.3 + (12m_7 - m_7) \times 302.5 - 12m_7 \times 285.8 \\ &= 2773.2m_7\end{aligned}$$

蒸发器吸收的热量：

$$\varphi_0 = m_7(h_{10} - h_9) = m_7 \times (2850.4 - 592.5) = 2257.9m_7$$

冷凝器释放的热量：

$$\varphi_k = m_7(h_7 - h_8) = m_7 \times (2875.3 - 592.5) = 2282.8m_7$$

故吸收器释放的热量：

$$\varphi_a = \varphi_g + \varphi_0 - \varphi_k = 2773.2m_7 + 2257.9m_7 - 2282.8m_7 = 2748.3m_7$$

由《复习教材》图 4.5-8 可知，其供热系数：

$$\varepsilon = \frac{\varphi_a}{\varphi_g + \varphi_0} = \frac{2748.3m_7}{2773.2m_7 + 2257.9m_7} = 0.55$$

24. 【参考答案】D
【主要解题过程】该冻结物冷藏间的室内外温差为50℃，面积热流量为10W/m²，根据《复习教材》表 4.8-27 可知，其外墙总热阻为5m²·K/W，则根据式（4.8-15）有：

$$d = \lambda \left[R_0 - \left(\frac{1}{\alpha_w} + \frac{d_1}{\lambda_1} + \frac{d_2}{\lambda_2} + \frac{1}{\alpha_n}\right)\right]$$

根据表 4.8-28 可知硬泡聚氨酯修正后的导热系数 $\lambda = 1.3 \times 0.031 = 0.0403$。

则有 $d = 0.0403 \times \left[5 - \left(\frac{1}{23} + \frac{0.05}{0.93} + \frac{0.35}{0.814} + \frac{1}{18}\right)\right] = 0.178(m)$。

25. 【参考答案】B
【主要解题过程】
(1) 确定当量和流量：根据《建筑给水排水设计标准》GB 50015-2019 表 4.5.1 可知，洗手盆、污水盆和冲洗水箱大便器的当量分别为 0.3、1 和 4.5，总当量为 5.8，其排水流量分别为 0.1L/s、0.33L/s 和 1.5L/s。

(2) 计算排水设计秒流量：根据表 4.5.2，建筑物用途系数最小 $\alpha=2$：
$$q_p = 0.12\alpha\sqrt{N_p} + q_{max} = 0.12 \times 2 \times \sqrt{5.8} + 1.5 = 2.08(L/s)$$

(3) 根据第 4.5.2 条：当设计所得流量值大于该管段上按卫生器具排水流量累加值时，应按卫生器具排水流量累加值计。全部卫生器具排水流量累加值为 $0.1+0.33+1.5=1.93$（L/s），其小于计算得到的排水设计秒流量 2.08L/s，修正为 1.93L/s。

第1套卷·专业案例（下）答案及解析

1. 【参考答案】B
   【主要解题过程】
   $$S_1 = \frac{\Delta P_{1j}}{G_{1j}^2} = \frac{4513}{1196^2} = 0.00316[\text{Pa}/(\text{kg} \cdot \text{h})]$$
   $$S_2 = \frac{\Delta P_{2j}}{G_{2j}^2} = \frac{4100}{1180^2} = 0.00295[\text{Pa}/(\text{kg} \cdot \text{h})]$$
   $$G_s = 0.86 \times \frac{Q}{\Delta t} = 0.86 \times \frac{74800}{95-70} = 2573(\text{kg/h})$$
   $$\frac{G_{1s}}{G_{2s}} = \frac{1}{\sqrt{S_1}} : \frac{1}{\sqrt{S_2}} = \frac{1}{\sqrt{0.00316}} : \frac{1}{\sqrt{0.00295}} = 0.966$$
   $$G_{1s} = 0.966 \times (G_s - G_{1s})$$
   $$G_{1s} = 1264(\text{kg/h})$$
   $$G_{2s} = 2573 - 1264 = 1309(\text{kg/h})$$

2. 【参考答案】A
   【主要解题过程】
   $$\frac{\Delta t_{1s}}{\Delta t_{1j}} = \frac{G_{1j}}{G_{1s}} = \frac{1196}{1264} = 0.9462$$
   $$\Delta t_{1s} = 0.9462 \times 30 = 28.4(\text{℃})$$

3. 【参考答案】D
   【主要解题过程】加热前空气温度为：
   $$\Delta t_1 = (-12) \times 0.2 + 16 \times 0.8 = 10.4(\text{℃})$$
   空气加热量为：
   $$G = \frac{10000 \times 1.2}{3600} = 3.3(\text{kg/s})$$
   空气加热量为：
   $$Q_2 = Gc_p \Delta t_1 = 3.3 \times 1.01 \times (40 - 10.4) = 98.66(\text{kW})$$
   送风温差为：
   $$\Delta t_2 = 40 - 16 = 24(\text{℃})$$
   围护结构热负荷为：
   $$Q_2 = Gc_p \Delta t_2 = 3.3 \times 1.01 \times (40 - 16) = 79.99(\text{kW})$$

4. 【参考答案】C
   【主要解题过程】
   $$t_{pj} = (75 + 50)/2 = 62.5(\text{℃})$$

根据《复习教材》第1.5.3节，得：

$$\frac{Q_d}{Q_0} = \frac{t_{pj} - t_n}{t_{pj} - 15}$$

$$Q_d = \frac{6 \times (62.5 - 18)}{62.5 - 15} = 5.621 (\text{kW})$$

$$N_1 = \frac{170 - 70}{5.621 \times 0.8} = 22.2 (\text{台})$$

满足 $1.5 h^{-1}$ 的换气次数，则有：

$$N_2 = \frac{1.5 \times 8 \times 2000}{900} = 26.7 (\text{台})$$

取两者大值即为27台。

5. 【参考答案】A
【主要解题过程】设计流量为：

$$G_1 = 0.86 \times \frac{Q}{\Delta t} = 0.86 \times \frac{15}{25} = 0.516 (\text{m}^3/\text{h})$$

实际流量为：

$$G_2 = \sqrt{\frac{50}{30}} \times G_1 = \sqrt{\frac{50}{30}} \times 0.516 = 0.666 (\text{m}^3/\text{h})$$

水力失调度为：

$$x = \frac{G_2}{G_1} = \frac{0.666}{0.516} = 1.29$$

6. 【参考答案】C
【主要解题过程】立管Ⅰ和Ⅱ间凝水干管干式凝水放热为：

$$Q = 5000 \times 6 = 30 (\text{kW})$$

根据《复习教材》表1.6-10可知，管径为25mm时通过的凝水放热量为33kW，满足题干要求。

7. 【参考答案】A
【主要解题过程】根据《复习教材》式（1.5.2）～式（1.5.7），射流的有效作用长度为：

$$l_x = \frac{0.7X}{\alpha} \times \sqrt{A_h} = \frac{0.7 \times 0.37}{0.08} \times \sqrt{100} = 32.4 (\text{m})$$

车间换气次数为：

$$n = \frac{380 v_1^2}{l_x} = \frac{380 \times 0.5^2}{32.4} = 2.93 (\text{h}^{-1})$$

每股射流的空气量为：

$$L = \frac{nV}{3600} = \frac{2.93 \times 1000}{3600} = 0.81 (\text{m}^3/\text{s})$$

送风口直径为：
$$d_0 = \frac{0.88L}{v_1 \times \sqrt{A_h}} = \frac{0.88 \times 0.81}{0.5 \times 10} = 0.143(\text{m})$$

8. 【参考答案】A
   【主要解题过程】根据《工业建筑供暖通风与空气调节设计规范》GB 50019-2015 第 6.3.4 条第 2 款，计算冬季消除余热、余湿通风量时，应采用冬季通风室外计算温度。
   根据风量平衡式可知自然进风量为：
   $$G_{zj} = G_{jp} - G_{jj} = 10 - 8 = 2(\text{kg/s})$$
   由《复习教材》式（2.2-6）可知：
   $$\sum Q_h + c \cdot G_p \cdot t_n = \sum Q_f + c \cdot G_{jj} \cdot t_{jj} + c \cdot G_{zj} \cdot t_w + c \cdot G_{xh} \cdot (t_s - t_n)$$
   由题意带入得：
   $$200 + 1.01 \times 10 \times 18 = 50 + 1.01 \times 8 \times t_{jj} + 1.01 \times 2 \times 4.2 + 1.01 \times 5 \times (25 - 18)$$
   解得 $t_{jj} = 35.6(℃)$

9. 【参考答案】D
   【主要解题过程】排风温度和环境的空气密度为：
   $$\rho_{20} = \frac{353}{273 + 20} = 1.205(\text{kg/m}^3)$$
   $$\rho_{50} = \frac{353}{273 + 50} = 1.093(\text{kg/m}^3)$$
   $$\rho_{150} = \frac{353}{273 + 150} = 0.835(\text{kg/m}^3)$$
   烘干过程产生的空气量为：
   $$G_h = 0.835 \times 0.4 = 0.334(\text{kg/s})$$
   设排风量为 L_p，由缝隙进入的空气量为 L_f，由质量守恒和能量守恒得：
   $$\begin{cases} L_p \rho_{50} = 0.8 + 0.334 + L_f \rho_{20} \\ 50 \times L_p \rho_{50} = 20 \times 0.8 + 150 \times 0.334 + 20 \times L_f \rho_{20} \end{cases}$$
   即
   $$\begin{cases} L_p \times 1.093 = 0.8 + 0.334 + L_f \times 1.205 \\ 50 \times L_p \times 1.093 = 20 \times 0.8 + 150 \times 0.334 + 20 \times L_f \times 1.205 \end{cases}$$
   解得 $L_p = 1.32 \text{m}^3/\text{s}$。

10. 【参考答案】C
    【主要解题过程】设计工况下，管段 2-3 的阻抗为：
    $$S_{2-3} = \frac{P_{2-3}}{G_{2-3}^2} \times 100\% = \frac{84}{1500^2} = 0.000037[\text{Pa}/(\text{m}^3 \cdot \text{h})^2]$$
    管段 1-3 的阻抗为：
    $$S_{1-3} = \frac{P_{1-3}}{G_{1-3}^2} \times 100\% = \frac{104}{2000^2} = 0.000026[\text{Pa}/(\text{m}^3 \cdot \text{h})^2]$$

管段 2-3 与管段 1-3 并联后总阻抗为：

$$S_{3-1,2}=\left(\dfrac{1}{\dfrac{1}{\sqrt{S_{1-3}}}+\dfrac{1}{\sqrt{S_{2-3}}}}\right)^2=\left(\dfrac{1}{\dfrac{1}{\sqrt{0.000026}}+\dfrac{1}{\sqrt{0.000037}}}\right)^2=0.0000077[\text{Pa}/(\text{m}^3\cdot\text{h})^2]$$

由并联管路阻抗关系，得：

$$\dfrac{G_{1-3}}{G_{3-1,2}}=\dfrac{\sqrt{S_{3-1,2}}}{\sqrt{S_{1-3}}}=\dfrac{\sqrt{0.0000077}}{\sqrt{0.000026}}=0.544$$

消防泵房实际排风量为：

$$G_{1-3}=3500\times 0.544=1904(\text{m}^3/\text{h})$$

11.【参考答案】D

【主要解题过程】采用阀门调节，工作点始终在风机上，则风量降低为 2500m³/h 时，风机扬程为：

$$P_{2,1}=400-3.9\times10^{-3}\times2500-1.5\times10^{-8}\times2500^2=390.2(\text{Pa})$$

可计算阀门调节后风机耗电功率为：

$$N_{2,1}=\dfrac{L_2 P_{2,1}}{3600\eta_m}=\dfrac{2500\times 390.2}{3600\times 0.8\times 0.9}=376(\text{W})=0.376(\text{kW})$$

变速调节，可计算变速后的风压为：

$$P_{2,2}=P_1\times\left(\dfrac{L_2}{L_1}\right)^2=380\times\left(\dfrac{2500}{5000}\right)^2=95(\text{Pa})$$

变速调节后风机耗电功率为：

$$N_{2,2}=\dfrac{L_2 P_{2,2}}{3600\eta_m}=\dfrac{2500\times 95}{3600\times 0.8\times 0.9}=91.6(\text{W})=0.092(\text{kW})$$

运行 1h 节电量为：

$$\Delta Q=(N_{2,1}-N_{2,2})\times T=(0.376-0.092)\times 1=0.28(\text{kWh})$$

12.【参考答案】D

【主要解题过程】建筑高度为 48m 的办公楼可采用自然通风防烟。合用前室送风口正对进入合用前室的疏散门或在疏散门顶部送风时，防烟楼梯间可自然通风。因此选项 ABCD 采用的送风方式均合理，但选项 AB 在送风井侧壁设置的送风口被进入合用前室的疏散门遮挡，此排烟方案送风口位置需调整。因此选项 CD 的排烟方案比选项 AB 更合理。

通往合用前室有两扇门，根据《建筑防烟排烟系统技术标准》GB 51251-2017 第 3.4.6 条可确定门洞风速：

$$v=0.6\times\left(\dfrac{A_1}{A_g}+1\right)=0.6\times\left(\dfrac{1}{2}+1\right)=0.9(\text{m/s})$$

合用前室计算 $N_1=3$，可计算达到规定风速值所需送风量为：

$$L_1=(2\times 1.5\times 2.0)\times 0.9\times 3=16.2(\text{m}^3/\text{s})$$

未开启常闭送风阀的漏风总量为：

$$L_3=0.083\times(1.6\times 0.6)\times(10-3)=0.558(\text{m}^3/\text{s})$$

计算送风量为:
$$L_s = 16.2 + 0.558 = 16.76(m^3/s) = 60336(m^3/h)$$

对比表3.4.2-4可知需要按照计算值确定加压送风风机风量,正压送风送风量不小于计算风量的1.2倍:
$$L_{s,f} = 1.2L_s = 1.2 \times 60336 = 72403(m^3/h)$$

13. 【参考答案】 D

【主要解题过程】 根据《人民防空地下室设计规范》GB 50038-2005 第5.2.5条,每人每小时呼出CO_2的量为20~25L/(人·h),由表5.2.5查得,隔绝防护前新风量为$15m^3$/(人·h)时,地下室CO_2初始浓度为0.18%;由表5.2.4查得CO_2容许体积浓度为2.5%。清洁区体积,隔绝防护时间不小于3h,则:
$$V_0 = 1000 \times 4.5 = 4500(m^3/h)$$

由式(5.2.5),得
$$\tau = \frac{1000V_0(C - C_0)}{nC_1} = \frac{1000 \times 4500 \times (2.5\% - 0.18\%)}{1200 \times 20} = 4.35(h) > 3h$$

隔绝防护时间满足要求,不需采取相关措施。

14. 【参考答案】 A

【主要解题过程】 根据《复习教材》式(3.8-1),一次侧的流量为:
$$G = \frac{C\sqrt{\Delta P}}{316} = \frac{25 \times \sqrt{100 \times 1000}}{316} = 25(m^3/h)$$

空调机组的供冷量为:
$$Q = c\rho G \Delta t = \frac{4.18 \times 1000 \times 25 \times (18-7)}{3600} = 319.3(kW)$$

15. 【参考答案】 D

【主要解题过程】 根据《公共建筑节能设计标准》GB 50189-2015 第4.3.22条,酒店建筑全空气系统单位风量耗功率限值取0.3,则空调机组余压最大为:
$$H_{余压} \leq 3600 \times W_s \times \eta_{CD} \times \eta_F = 3600 \times 0.3 \times 0.855 \times 0.65 = 600(Pa)$$

根据《复习教材》式(3.4-3),风机温升为:
$$\Delta t \leq \frac{0.0008 H_{全压} \times \eta}{\eta_{CD} \times \eta_F} = \frac{0.0008 \times (600+200) \times 1}{0.65 \times 0.855} = 1.15(℃)$$

16. 【参考答案】 B

【主要解题过程】 该送风系统空气处理过程如下图所示:

查$h-d$图得,室外空气焓值$h_w = 82kJ/kg$,新风经前表冷器处理后的焓值为:
$$h_{L_1} = h_w - \frac{Q_{前表冷} \times 3600}{\rho L_X} = 82 - \frac{234.7 \times 3600}{1.2 \times 16000} = 38(kJ/kg)$$

查$h-d$图,$h_{L_1} = 38kJ/kg$与$\varphi = 95\%$交点L_1即为前表冷器机器露点,含湿量$d_{L_1} =$

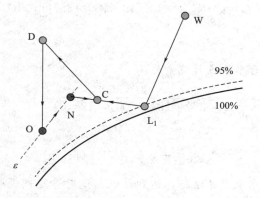

9.5g/kg，系统回风量为：
$$L_H = L_S - L_X = 40000 - 16000 = 24000 (\text{m}^3/\text{h})$$
查 h-d 图得，回风含湿量 $d_N = 4.5\text{g/kg}$。
新风与回风混合至C点（即转轮入口）的含湿量为，
$$d_C = \frac{L_X d_{L_1} + L_H d_N}{L_S} = \frac{16000 \times 9.5 + 24000 \times 4.5}{40000} = 6.5(\text{g/kg})$$
转轮出口含湿量 $d_D = 1.0\text{g/kg}$，则转轮除湿量为：
$$W_{转轮} = \rho L_S (d_C - d_D) = 1.2 \times 40000 \times \frac{6.5 - 1.0}{1000} = 264(\text{kg/h})$$

17. 【参考答案】A
【主要解题过程】单向流洁净室的净化机理并非稀释作用，其污染物对房间无扩散，污染物由活塞作用排出房间，洁净送风使室内保持单向流并具有一定的速度即可，则净化所需空气量为：
$$L = Sv = 24 \times 16 \times 0.3 \times 3600 = 414720 (\text{m}^3/\text{h})$$

18. 【参考答案】C
【主要解题过程】高区的冷负荷由低区供给，故低区水泵供应的水量应满足两个分区的冷负荷需求，低区水泵流量为：
$$G = \frac{(Q_{高区} + Q_{低区})}{c\rho \Delta t_{低区}} = \frac{3600 \times (450 + 600)}{4.18 \times 1000 \times (12 - 6)} = 150.7(\text{m}^3/\text{h})$$
低区水泵耗功率为：
$$N = \frac{GH}{367.3\eta} = \frac{150.7 \times 28}{367.3 \times 0.75} = 15.3(\text{kW})$$

19. 【参考答案】C
【主要解题过程】由《复习教材》式（3.8-5），得：
$$g = \frac{1}{R}[1 + (R^2 - 1)l]^{\frac{1}{2}} = \frac{1}{30} \times [1 + (30^2 - 1) \times 0.6]^{\frac{1}{2}} = 0.7749$$
由题意知，阀门最大流通流量为500时，阀门相对流量为与全开流量的比例关系：

$$G = g \cdot C_{100} = 0.7749 \times 500 = 387 (\text{m}^3/\text{h})$$

20. **【参考答案】** A

    【主要解题过程】 单台水泵设计流量为：
    $$V_{50\text{Hz}} = \frac{Q}{nc\rho\Delta t} = \frac{3000 \times 3600}{3 \times 4.18 \times 1000 \times (12-6)} = 143.5 (\text{m}^3/\text{h})$$

    25Hz 时，水泵流量为：
    $$V_{25\text{Hz}} = \frac{1}{2} V_{50\text{Hz}} = 71.8 (\text{m}^3/\text{h})$$

    根据《复习教材》，水泵变速运行，达到最低转速时旁通阀开始工作，旁通阀的最大设计流量为一台变速泵的最小允许运行流量，即为 71.8m³/h，根据式 (3.8-1)，得：
    $$C = \frac{316 \times V}{\sqrt{\Delta P}} = \frac{316 \times 71.8}{\sqrt{60 \times 1000}} = 92.6$$

21. **【参考答案】** D

    【主要解题过程】 根据《民用建筑供暖通风与空气调节设计规范》GB 50736-2012 附录 K.0.1 表 K.0.1-1，60℃的 DN200 管道，保温厚度为 36mm，根据注5，室外非 0℃ 时应进行修正，则有：
    $$\delta' = \left(\frac{T_0 - T_W}{T_0}\right)^{0.36} \cdot \delta = \left(\frac{60+18}{60}\right)^{0.36} \times 36 = 39.6 (\text{mm})$$

22. **【参考答案】** B

    【主要解题过程】 制冷剂的质量流量：
    $$M_R = \frac{\varphi_0}{h_1 - h_4} = \frac{348.9}{380.2 - 246.3} = 2.61 (\text{kg/s})$$

    实际工况的制冷系数：
    $$COP = \frac{h_1 - h_4}{h_2 - h_1} = \frac{380.2 - 246.3}{410.5 - 380.2} = 4.42$$

    理想循环下制冷系数：
    $$\varepsilon_c = \frac{T_0}{T_K - T_0} = \frac{4+273}{(40+273)-(4+273)} = 7.69$$

    制冷循环效率：
    $$\eta_R = \frac{\varepsilon_{th}}{\varepsilon_c} = \frac{4.42}{7.69} \times 100\% = 57.5\%$$

23. **【参考答案】** A

    【主要解题过程】 参见题目图示，制冷循环的主要能量消耗为：1-2 过程及 3-4 过程。因此有总耗功为：$M_{R1}(h_2 - h_1) + (M_{R1} + M_{R2})(h_4 - h_3)$，题设未给出 h_3 状态值，需计算求得。同理，总制冷量为 $M_{R1}(h_1 - h_8)$，$h_8 = h_6$，题设未给出 h_8 状态值，需计算求得。

    3点为9点和2点的混和状态点，根据能量守恒，得：

$$(M_{R1}+M_{R2})h_3=M_{R1}h_2+M_{R2}h_9$$

$$h_3=\frac{M_{R1}h_2+M_{R2}h_9}{(M_{R1}+M_{R2})}=\frac{6M_{R2}\times 428.02+M_{R2}\times 414.53}{7M_{R2}}=426.09(kJ/kg)$$

对节能器列能量守恒公式（按照工质流向，流入节能器的总焓等于流出节能器的总焓），得：

$$(M_{R1}+M_{R2})h_5=M_{R1}h_6+M_{R2}h_9$$

解得 $h_6=238.06$ kJ/kg。

$$COP=\frac{Q}{W}=\frac{M_{R1}(h_1-h_8)}{M_{R1}(h_2-h_1)+(M_{R1}+M_{R2})(h_4-h_3)}$$

因 $h_8=h_6$，解得 $COP=4.81$。

24. 【参考答案】A

【主要解题过程】根据《复习教材》式（4.8-2）可知，水分冻结质量分数为：

$$X_i=\frac{1.105X_w}{1+\dfrac{0.8765}{\ln(t_f-t+1)}}=\frac{1.105\times 0.582}{1+\dfrac{0.8765}{\ln[-1.5-(-20)+1]}}=0.495$$

则未冻结的水的质量分数 $n=0.582-0.495=0.087$。
故未冻结的水分质量 $W=m\times n=100\times 0.087=8.7$ kg。

25. 【参考答案】D

【主要解题过程】

（1）确定燃具同时工作系数 k

根据《城镇燃气设计规范》GB 50028-2006（2020版）附录F，每个门栋用户数为 $15\times 2=30$ 户，得 $k=0.19$；整栋楼用户数 $15\times 2\times 3=90$ 户，得 $k=0.171$。

（2）确定计算流量 Q_h

根据第10.2.9条，门栋的计算流量 $Q_{h1}=kNQ_n=0.19\times 30\times(0.7+1.0)=9.69(m^3/h)$。
整栋楼入户管的计算流量 $Q_{h2}=kNQ_n=0.171\times 90\times(0.7+1.0)=26.163(m^3/h)$。

第2套卷·专业知识（上）答案及解析

(一) 单项选择题

1.【参考答案】B

【解析】根据《复习教材》第1.1.4节"2. 表面结露验算"，对于冬季室外计算温度低于0.9℃时，应对围护结构进行内表面结露验算。根据表1.1-12验算选项ABCD的冬季室外计算温度可知，选项A为1℃，选项B为−0.34℃，重庆为3.68℃，成都为1.63℃。因此选项B应进行防潮验算。

2.【参考答案】D

【解析】根据《建筑节能与可再生能源利用通用规范》GB 55015-2021第3.1.2条，选项A正确；根据第3.1.4条，选项B正确；根据表3.1.9-2，选项C正确，选项D错误，不应大于1.8。

3.【参考答案】D

【解析】根据《严寒和寒冷地区居住建筑节能设计标准》JGJ 26-2018第5.2.6条及条文说明，选项ABC均符合要求，选项D不符合要求。

4.【参考答案】C

【解析】根据《复习教材》第1.7.2节可知，关闭用的阀门，高压蒸汽系统采用截止阀，低压蒸汽和热水系统选用闸阀或球阀；调节用的阀门选用截止阀、对夹式蝶阀或调节阀；放水用的阀门选用旋塞或闸阀；放气用的阀门选用恒温自动排气阀、旋塞阀等。

5.【参考答案】B

【解析】根据《复习教材》第1.9.7节，"当供水水质条件较差时，宜首选电磁式热量表。"

6.【参考答案】D

【解析】根据《公共建筑节能设计标准》GB 50189-2015第4.3.1条，选项A正确；根据第4.3.3条，选项B正确；根据第4.3.4条及其条文说明，选项C正确，选项D错误，宜为陡降型。

7.【参考答案】D

【解析】根据《复习教材》第1.8.3节，选项ABC均错误，选项D正确。

8.【参考答案】A

【解析】根据《供热计量技术规程》JGJ 173-2009第5.1.1条，选项A正确；根据第

5.1.3 条，选项 B 错误，新建建筑应设置在专用表计小室中；根据第 5.2.2 条，选项 C 错误，应安装静态水力平衡阀，是否安装动态平衡阀需要根据水力平衡情况和系统形式确定；根据第 5.2.3 条，选项 D 错误，变流量系统不应设置自力式流量控制阀。

9. 【参考答案】B

【解析】根据《辐射供暖供冷技术规程》JGJ 142-2012 第 3.1.15 条第 4 款，选项 A 正确；根据第 5.4.14 条第 1 款，选项 B 错误，伸缩缝宽度不应小于 8mm；根据第 5.4.14 条第 3 款，选项 C 正确；根据第 5.4.14 条第 2 款，选项 D 正确。

10. 【参考答案】D

【解析】根据《供热计量技术规程》JGJ 173-2009 第 4.2.5 条条文说明，选项 ABC 正确，选项 D 错误。

11. 【参考答案】C

【解析】根据《建筑给水排水及采暖工程施工质量验收规范》GB 50242-2002 第 4.1.3 条，选项 ABD 均正确，选项 C 错误。

12. 【参考答案】B

【解析】根据《复习教材》第 2.2.1 节，选项 ACD 正确，选项 B 错误，设在绿化地带时，进风口底部距离室外地坪不宜低于 1m。

13. 【参考答案】B

【解析】根据《复习教材》第 2.2.1 节，选项 ACD 正确，增加机械排风后，根据风量平衡，自然通风的进风量将大于排风量，对应进风余压大小大于排风余压大小，余压越大的孔洞中心距离中和面越远，因此中和面上移，选项 B 错误。

14. 【参考答案】C

【解析】根据《复习教材》式（2.4-31），选项 A 错误，还要考虑罩口扩大面积的吸入空气量，选项 D 错误，高悬罩需要考虑为罩口断面上热射流流量与吸入空气量的和，而非收缩断面热射流流量；选项 B 错误，尺寸比热源尺寸扩大 150～200mm，而非收缩断面直径；根据式（2.4-27），选项 C 正确。

15. 【参考答案】A

【解析】根据《复习教材》第 2.5.4 节"8. 湿式除尘器"，选项 A 错误；选项 BC 正确；选项 D 正确。

16. 【参考答案】A

【解析】根据《复习教材》表 2.6-7，硫化氢适合采用苛性钠去除。

17. 【参考答案】D

【解析】根据《通风与空调工程施工质量验收规范》GB 50243-2016 表 E.1.3 或《复习教材》表 2.9-1，选项 A 正确；根据《通风与空调工程施工质量验收规范》GB 50243-2016 第 E.1.2 条或《复习教材》图 2.9-1，选项 BC 正确；根据《通风与空调工程施工质量验收规范》GB 50243-2016 第 E.1.4 条或《复习教材》第 2.9.5 节，选项 D 错误，风速探头应正对气流吹来方向。

18. 【参考答案】A

【解析】根据《工业建筑供暖通风与空气调节设计规范》GB 50019-2015 第 6.8.4 条，选项 A 错误，为防毒而设置的排风机不应与其他系统通风机设在同一机房内；根据第 6.8.6 条，选项 B 正确；根据第 6.8.11 条，选项 C 正确；根据第 6.8.9 条，选项 D 正确。

19. 【参考答案】C

【解析】由根据《复习教材》第 2.11.2 节，选项 AB 正确；根据式（2.11-5），选项 C 错误；换气次数越大，滤毒通风新风量越大，由式（2.11-5）可知，对应超压排风量越大，选项 D 正确。

20. 【参考答案】B

【解析】根据《复习教材》第 2.12.2 节，选项 A 正确；选项 B 错误，首层燃油锅炉事故通风量不小于 $6h^{-1}$；选项 CD 正确。

21. 【参考答案】A

【解析】根据《工业建筑供暖通风与空气调节设计规范》GB 50019-2015 第 6.3.2 条，选项 BCD 为不应采用循环空气的要求，选项 A 为第 6.1.13 条应单独设置排风的情况。而选项 A 没有包含选项 BCD 任何一种，故可采用循环空气。

22. 【参考答案】D

【解析】根据《建筑防排烟系统技术标准》GB 51251-2017 第 4.4.1 条，选项 A 正确；根据第 4.4.10 条，选项 B 正确。根据 4.4.3 条，选项 C 正确。根据 4.4.9 条，选项 D 错误。

23. 【参考答案】A

【解析】由《工作场所有害因素职业接触限值 第 1 部分：化学有害因素》GBZ 2.1-2019 表 1 查得乙酸乙酯的 PC-TWA 为 $200mg/m^3$。根据附录 A.7.3.1，对于每天工作超过 8h，需要进行日接触调整：

$$RF = \frac{8}{h} \times \frac{24-h}{16} = \frac{8}{10} \times \frac{24-10}{16} = 0.7$$

由第 A.7.3 条可计算长时间工作 OEL：

$$OEL = 200 \times 0.7 = 140 \text{（mg/m}^3\text{）}$$

24. 【参考答案】D

【解析】本题空气处理过程为：新风经过间接蒸发冷却，然后与室内回风混合，再经表冷器冷却除湿，故选项D正确。

25. 【参考答案】C

【解析】根据《民用建筑供暖通风与空气调节设计规范》GB 50736-2012第7.4.2条第3款，高大空间宜采用喷口送风、旋流风口送风或下部送风，选项A错误；根据第7.4.5条第1款，选项B错误，宜位于回流区；根据第7.4.10条第2款，选项C正确；根据第7.4.12条第2款，选项D错误，宜设在房间下部。

26. 【参考答案】D

【解析】根据《复习教材》第3.4.9节"2. 计算机房空调系统的特点"，选项ABC正确；选项D错误，计算机房发热量大，需要全年供冷运行，不需要采用热泵系统。

27. 【参考答案】D

【解析】根据《民用建筑供暖通风与空气调节设计规范》GB 50736-2012第8.5.1条第1款，选项A正确；根据第8.7.6条第1款，选项B正确；根据第8.5.1条第5款，选项C正确；根据第8.8.2条第2款，选项D错误，供回水温差不应小于9℃。

28. 【参考答案】B

【解析】根据《工业建筑供暖通风与空气调节设计规范》GB 50019-2015第11.7.7条及条文说明，选项A正确、选项B错误，水泵台数宜根据流量进行控制，水泵变速宜根据系统压差变化控制；根据第11.7.8条及条文说明，选项CD正确。

29. 【参考答案】C

【解析】根据《通风与空调工程施工质量验收规范》GB 50243-2016第11.1.5条，选项A错误，需要运行24h且达到稳定；根据第11.2.2条第3款，选项B错误，试运行不小于2h；根据第11.2.2条4款第5)目，选项C正确；根据第11.2.3条，选项D错误，应为5%~10%。

30. 【参考答案】D

【解析】根据《复习教材》表3.8-1，选项D错误，水流开关安装在水平管段上。

31. 【参考答案】C

【解析】根据题目所述及平面设计图分析，该空调系统采用吊顶回风又无回风管，近端的房间回风量较大，而远端的房间无法正常回风，导致远端房间空调效果不佳，故选项C正确；选项A虽然可以增大供冷量，一定程度上改善末端房间空调效果不佳的问题，但会造成近端房间过冷，且不节能，不合理，故错误；降低风机转速虽然可以降低一些噪声，机房噪声外传，对房间而言仍然影响较大，且无法改善房间串声问题，还会影响空调制冷效果，故选项B错误。因无消声措施，吊顶回风使机房和房间连通，造成机房噪声外传，房间串声，选项D虽然能降低风管内风速等引起的噪声，但无法解决房间之间因吊顶回风口互相引起的串声问题。

32.【参考答案】A

【解析】根据《蓄能空调工程技术标准》JGJ158-2018 表3.3.4-1，限值为4.4，需注意区分双工况机组的性能系数限值要求与机组名义制冷工况要求不同。

33.【参考答案】C

【解析】根据《风机盘管机组》GB/T 19232-2019 第7.3条，选项A错误，保压不应少于5min；根据第7.9条，选项B错误，水温为40~60℃；根据第7.13条，选项C正确；根据第7.11条，选项D错误，机组应在低挡转速下运行。

34.【参考答案】D

【解析】根据《冷水机组能效限定值及能效等级》GB 19577-2015 表1或表2，选项A错误，其IPLV还需满足3级标准要求；根据《复习教材》表4.3-20，选项B错误，可判断能效等级为3级，低于2级的节能评价值；根据表4.3-29，选项C错误；根据表4.3-22，选项D正确。

35.【参考答案】D

【解析】根据《复习教材》式（4.1-23），选项A正确；根据第4.1.5节，选项B正确；选项C正确，带节能器后空调工况节能率提高4.9%，蓄冰工况节能率提高12.8%，故后者更高；根据第4.1.4节，选项D错误，带节能器的三级离心式制冷机组名义工况COP比单级机组高5%~20%，部分负荷下的性能系数提高20%。

36.【参考答案】B

【解析】根据《公共建筑节能设计标准》GB 50189-2015 表3.1.2，长春属于严寒C区，根据《建筑节能与可再生能源利用通用规范》GB 55015-2021 表3.2.9-2查得性能系数COP最低值取4.75。

37.【参考答案】D

【解析】根据《复习教材》第4.3.1节蒸汽压缩式热泵机组的组成和系统流程可知，热泵除霜开始及结束时，冷凝盘管内积聚的液态制冷剂由于其压力突然降低为吸气压力涌入压缩机的吸气管，与润滑油混合，沸腾，导致过多的液体进入气缸，产生压缩机液击，选项A正确；压缩机安装处的温度低于室内机组蒸发器的温度会产生制冷剂迁移，选项B正确；压缩机停机后，油加热不断电继续工作一段时间后，冷冻油中制冷剂含量相应降低；采用封闭式压缩机可以使吸入的湿蒸汽被电动机加热汽化，避免湿压缩，选项C正确；压缩机的余隙容积影响压缩机的压缩比及吸气量，与液击现象无关，选项D错误。

38. 【参考答案】C

【解析】根据《复习教材》表 4.5-7，选项 A 错误，蒸汽型机组通过蒸汽耗量来确定能效等级，并非性能系数；双效型机组的低压发生器的溶液压力取决于冷凝器内冷却水的温度，并非高低压发生器，选项 B 错误；根据图 4.5-8，选项 C 错误，第二类溴化锂吸收式热泵为升温型热泵，其热水回路仅为吸收器；第二类溴化锂的性能系数低于 1，但是其充分运用了余废热，故其节能。

39. 【参考答案】D

【解析】根据《冷水机组能效限定值及能效等级》GB 19577-2015 第 4.4 条，选项 A 错误；根据第 4.2 条，选项 B 错误；根据《多联式空调（热泵）机组能效限定值及能源效率等级》GB 21454-2008 第 3.2 条，选项 C 错误，应为"规定的制冷能力试验条件"，非额定工况；根据第 7.1 条，选项 D 正确。

40. 【参考答案】B

【解析】根据《建筑给水排水设计标准》GB 50015-2019 第 6.2.1 条条文说明或表 6.2.1-1 注 4，选项 A 正确；根据第 6.2.1 条条文说明，选项 B 错误，应为高值，因其用水量较大，选项 C 正确；根据表 6.2.1-1，选项 D 正确。

(二) 多项选择题

41. 【参考答案】ABC

【解析】根据《辐射供暖供冷技术规程》JGJ 142-2012 第 3.3.7 条及其条文说明表 3 可知，房间热负荷跟选项 ABC 有关，与电缆型号无关。

42. 【参考答案】BCD

【解析】根据《复习教材》第 1.6.3 节，选项 A 正确；选项 B 错误，高压蒸汽系统最不利环路供汽管的压力损失，不应大于起始压力的 25%；选项 C 错误，单位长度的压力损失保持在 20～30Pa；选项 D 错误，管道内水冷却产生的自然循环压力可忽略不计，散热器中水冷却产生的自然循环压力必须计算。

43. 【参考答案】AD

【解析】根据《复习教材》图 1.9-2（a），选项 AD 应安装，选项 BC 不需要安装。

44. 【参考答案】AD

【解析】根据《复习教材》第 1.7.2 节"8. 管道刷漆"，选项 AD 正确，选项 BC 错误。

45. 【参考答案】ABC

【解析】根据《复习教材》图 1.4-4，选项 ABC 正确，选项 D 错误。

46. 【参考答案】ACD

【解析】根据《民用建筑供暖通风与空气调节设计规范》GB 50736-2012 第 8.5.16 条第 1 款，选项 D 正确；第 8.5.16 条第 2 款，选项 B 错误，是系统水容量，而不是系统水流量；第 8.5.16 条第 3 款，选项 C 正确；根据第 8.11.5 条，选项 A 正确。

47. 【参考答案】AD

【解析】小区供热管网属于庭院供热管网，根据《复习教材》第 1.10.8 节，庭院的经济比摩阻可采用 60~100Pa/m，选项 A 正确；根据《城镇供热管网设计标准》CJJ/T 34-2022 第 7.3.4 条，庭院支干线的允许比摩阻不宜大于 400Pa/m，选项 B 错误；主干线的总阻力损失需在确定管径后，根据实际比摩阻和当量长度确定，经济比摩阻仅用于初步选取管径所用，选项 C 错误；水力计算时，先计算主干线，再在主干线计算结果基础上确定分支管线，选项 D 正确。

48. 【参考答案】ACD

【解析】体形系数为：

$$\frac{(10+20)\times 2\times 20\times 3.6+10\times 20=4520}{10\times 20\times 20\times 3.6}=0.31$$

南向外窗窗墙比为：

$$\frac{2.5\times 6}{20}=0.75$$

根据《建筑节能与可再生能源利用通用规范》GB 55015-2021 表 3.1.10-3，选项 ACD 均符合热工性能限值要求，不需权衡判断，选项 B 不符合限值要求，再根据附录 C 表 C.0.1-1，选项 B 符合权衡判断的基本要求，可进行权衡判断。

49. 【参考答案】BCD

【解析】由《工作场所有害因素职业接触限值 第 1 部分：化学有害因素》GBZ 2.1-2019 表 2 可查得电焊烟尘总尘限值 $4mg/m^3$，由《工业建筑供暖通风与空气调节设计规范》GB 50019-2015 第 6.3.2 条可知排风含尘浓度大于等于工作区容许浓度 30% 时不应采用循环空气。因此可采用循环空气的最高浓度为 $4\times 30\%=1.2mg/m^3$。

50. 【参考答案】AC

【解析】根据《复习教材》第 2.3.1 节，选项 A 正确；选项 B 错误，应根据热压作用计算；选项 D 错误，空气层高度宜为 20cm。根据第 2.1.2 节，选项 C 正确；

51. 【参考答案】BD

【解析】根据《复习教材》式 (2.4-30)，选项 A 错误，需要比热射流尺寸大 0.8 倍的罩口高度。根据第 2.4.4 节"3. 外部罩"，选项 B 正确。根据表 2.4-3，选项 C 错误，最小控制点风速为 1~2.5m/s。根据第 2.4.4 节"2. 排风柜"，选项 D 正确。

52. 【参考答案】BCD

【解析】选项 BC：三相电动机电源线接反会造成风机反转，而一般风机叶片反转并不会造成风量反吹，而是风量或风压下降，因此风机的电动机的电源相线接反或风机的叶轮装反均会造成吸尘口基本无风；选项 D：斜插板关闭，肯定没有空气流动。另外，选项 A 风速过高情况下会有噪声，与是否有风无关。

53.【参考答案】AC

【解析】根据《通风与空调工程施工质量验收规范》GB 50243-2016 第 6.2.3 条，选项 A 不满足相关规定，严禁与避雷针或避雷网连接；根据第 6.2.2 条，选项 B 正确；根据第 6.3.1 条第 1 款，水平风管边长不大于 400mm 时，支吊架间距不应大于 4m，但大于 400mm 的间距不大于 3m，因此选项 C 错误。根据第 6.2.3 条，安装在易燃易爆环境的风管必须设置可靠的防静电装置，选项 D 正确。

54.【参考答案】ACD

【解析】建筑高度 96m，住宅可采用自然通风防烟，根据《建筑防烟排烟系统技术标准》GB 51251-2017 第 3.1.3 条，每个朝向对于合用前室需要分别有不小于 $3m^2$ 的外窗，选项 A 缺少面积要求，错误；根据第 3.1.5 条，选项 B 可行；根据第 3.1.5 条，独立前室可采用选项 C 的措施，合用前室不行，错误；根据第 3.1.3 条第 2 款，楼梯间可自然通风的前提与合用前室送风口有关，而非自身开窗情况，选项 D 错误。

55.【参考答案】AC

【解析】由《民用建筑供暖通风与空气调节设计规范》GB 50736-2012 第 6.4.3 条第 1 款，选项 A 错误，设置在绿化地带时，下缘不小于 1m；根据第 6.3.2 条，选项 B 正确，选项 C 错误，CO_2 属于比空气重的气体，应在下方设置排风；根据第 6.3.9 条，选项 D 正确。

56.【参考答案】ABD

【解析】根据《复习教材》第 3.6.2 节"3. 空气过滤器性能"，选项 A 正确，全空气系统一般会设计过渡季全新风运行模式，过滤器应满足全新风运行需求；选项 B 正确，随着设备运行，过滤器逐渐脏堵，实际运行工况通常低于额定风量；选项 C 错误，计数法通常用于粗效、中效过滤器的测试；根据"5. 空气过滤器的安装位置"，选项 D 正确。

57.【参考答案】ABD

【解析】变风量系统通过调节送入室内的风量来调节室温，而定风量系统通过调节送风温度来调节室温，风量保持不变，故选项 AB 正确；变风量系统根据室内温度变化调节送风量，而送风参数不变，当室内热湿负荷变化不成比例时，只能适应室内显热负荷变化，就会使房间相对湿度偏离设计点，而定风量系统可以调节送风状态，使送风状态始终处于热湿比线上，控制能力要强于变风量系统，选项 C 错误；变风量系统变风量运行，大量节省风机能耗，节能效果优于定风量系统，选项 D 正确。

58.【参考答案】ABC

【解析】根据《民用建筑供暖通风与空气调节设计规范》GB 50736-2012 第 7.1.5 条条文说明，空调区相对正压可防止室外空气入侵，有利于保持热湿参数少受外接干扰，选项 A 正确；根据第 7.1.5 条条文说明，电梯厅的压力应该位于办公室与卫生间之间，办公室为正压，卫生间为负压，新风从室外送入办公室，经走道、电梯厅流入卫生间排出，符合风平衡设计原则，选项 B 正确；根据第 7.1.9 条注 1，选项 C 正确；根据第 7.1.7 条，选项 D 错误，表中数值仅用于温差大于 3℃时。

59.【参考答案】CD

【解析】根据《复习教材》表 3.6-2 注 1，选项 A 错误，超高效过滤器采用计数法检测；根据表 3.6-7，选项 B 错误，框架的耐火等级为 E 级；根据式（3.6-2）参数说明，选项 C 正确；根据第 3.6.2 节 "3. 空气过滤器性能"，选项 D 正确。

60.【参考答案】ABC

【解析】根据《公共建筑节能设计标准》GB 50189-2015 第 4.5.8 条，选项 ABC 均正确，根据第 4.5.9 条，选项 D 错误，属于风机盘管的控制方式。

61.【参考答案】ACD

【解析】根据《复习教材》第 3.7.4 节 "1. 冷却水散热系统" 及图 3.7-12，选项 A 正确；根据表 3.7-3，选项 B 错误，逆流塔分为引风式和鼓风式，其中鼓风式的换热段处于正压；根据 "3. 冷却水系统设计"，选项 C 正确；选项 D 正确。

62.【参考答案】BC

【解析】根据《组合式空调机组》GB/T 14294-2008 第 3.1.10 条，选项 A 错误，均匀度是指不超过 20%的点占总测点数的百分比；根据第 7.5.12 条，选项 BC 正确；根据第 6.3.12 条，选项 D 错误，不应小于 80%。

63.【参考答案】ABD

【解析】根据《复习教材》第 4.2.4 节，R32 单位质量制冷量约为 R22 的 1.57 倍，选项 A 错误；根据第 4.2.2 节，选项 B 错误，制冷剂有一定的吸水性，当制冷系统中储存或者渗进极少量的水分时，虽会导致蒸发温度稍有提高，但不会在低温下产生 "冰塞"，系统运行安全性好；根据第 4.1.2 节，选项 C 正确，其焓值为 200kJ/kg；采用高性能蒸发器，有助于系统的换热能力，提高制冷剂的经济性，不会降低冷机制冷能力，故选项 D 错误。

64.【参考答案】AD

【解析】根据《复习教材》表 4.3-5，名义工况下，风冷式机组其室外干球温度为 35℃，夏季工况，室外侧为冷凝器，室外温度降低，即冷凝温度降低，供冷量增加，选项 A 正确，选项 B 错误；冬季工况，标况下室外设计温度为 7℃，外侧为蒸发器侧，蒸发温度降低，蒸发压力降低，比容增加，制冷流量降低，供热量降低，选项 C 错误，选项 D 正确。

65. **【参考答案】** ABD

【解析】 冬季室外气温降低，蒸发温度降低，蒸发压力降低，气体比容增加，制冷剂质量流量降低，系统总耗功减小，制热量减小，故选项 AB 错误；喷气增焓使得高级压缩吸入口蒸气温度降低，排气温度降低，故选项 C 正确；夏季室外温度增加，冷凝温度增加，性能系数降低，故选项 D 错误。

66. **【参考答案】** BD

【解析】 根据《复习教材》第 4.5.4 节"(7) 直燃型机组排烟系统"中，"烟囱的高度应按批准的环境影响报告书的要求确定，但不得低于 8m"，选项 A 错误；烟囱的出口宜距冷却塔 6m 以上或高于塔顶 2m 以上，选项 B 正确；在烟道和烟囱的最低点，应设置水封式冷凝水排水管，排水管管径为 $DN25$ 即可，故选项 C 错误；选项 D 正确。

67. **【参考答案】** ABC

【解析】 根据《复习教材》第 4.5.2 节，由于结晶条件的限制才选用双效型溴化锂吸收式制冷机，表明双效溴化锂不易结晶，故选项 A 错误；冷却水主要排走低压发生器冷剂水蒸气的凝结热，选项 B 错误；选项 C 错误；选项 D 正确。

68. **【参考答案】** BCD

【解析】 根据《复习教材》第 4.5.2 节，选项 A 错误，直燃机可设置的位置没有地上二层；选项 BC 正确；选项 D 正确。

69. **【参考答案】** ABD

【解析】 暖通系统能耗降低幅度需要满足《绿色建筑评价标准》GB/T 50378-2019 第 7.2.4 条评分规则，由条文说明可知，预评价阶段需要查阅相关设计文件、节能计算书、建筑围护结构节能率分析报告。

70. **【参考答案】** AC

【解析】 根据《复习教材》第 6.3.1 节，选项 A 错误，对于中压及以上压力的燃气必须通过区域调压站或用户专用调压站，才能供气，非"宜"设；选项 BD 正确，选项 C 错误，单独调压柜的出口压力不宜大于 1.6MPa，而非 0.6MPa。

第 2 套卷·专业知识（下）答案及解析

(一) 单项选择题

1.【参考答案】D

【解析】根据《建筑节能与可再生能源利用通用规范》GB 55015-2021 第 4.3.4 条，选项 A 错误；根据第 C.0.2 条，选项 B 正确；根据第 C.0.6 条，选项 C 正确；根据第 C.0.7 条，选项 D 错误。

2.【参考答案】D

【解析】根据《工业建筑供暖通风与空气调节设计规范》GB 50019-2015 第 5.1.6 条，选项 A 正确；根据《复习教材》第 1.1.3 节，选项 B 正确；选项 C 正确；根据《工业建筑供暖通风与空气调节设计规范》GB 50019-2015 第 5.1.6 条，最小传热阻计算公式不适合"外窗、阳台门和天窗"，而外门是适合的，而且需要考虑 0.6 的修正系数，选项 D 错误。

3.【参考答案】A

【解析】根据《复习教材》第 1.3.3 节，"在多层建筑中，采用单管系统要比双管系统可靠得多"，选项 CD 错误，"重力循环宜采用上供下回式，锅炉位置尽可能降低，以增大系统的作用压力。如果锅炉中心与底层散热器中心的垂直距离较小时，宜采用上供下回式重力循环系统，而且最好是单管垂直串联系统。"选项 A 正确。

4.【参考答案】C

【解析】根据《工业建筑供暖通风与空气调节设计规范》GB 50019-2015 第 5.6.8 条第 1 款，选项 AB 正确；根据第 5.6.8 条第 2 款，选项 C 错误，不宜高于 50℃，对于高大的外门，不应高于 70℃；根据第 5.6.8 条第 3 款，选项 D 正确。

5.【参考答案】C

【解析】根据《民用建筑供暖通风与空气调节设计规范》GB 50736-2012 第 5.3.10 条，选项 A 错误；根据第 5.3.7 条第 4 款，选项 B 错误；根据第 5.3.5 条，选项 C 正确；单管串联散热器由于每组进出水温度不同，所以散热器内平均温度也是不同的，选项 D 错误。

6.【参考答案】B

【解析】根据《复习教材》表 1.4-18，选项 ACD 与辐射强度呈反比关系，选项 B 与辐射强度呈正比关系。

7.【参考答案】C

【解析】根据《民用建筑供暖通风与空气调节设计规范》GB 50736-2012 第 5.9.19 条及其条文说明，选项 C 正确。

8. 【参考答案】A

【解析】根据《复习教材》第1.6.2节,变温降法供暖系统水力计算实质上是按照管道系统阻力计算流量的分配,与水力等比一致失调原理相同。

9. 【参考答案】B

【解析】垂直双管供暖系统,当运行工况偏离设计工况时,会发生水力或热力失调。变流量运行为系统水力工况调节,因此水力稳定性影响较大,距离热力入口越远的末端水利稳定性越差,故变流量调节时,顶层的供热量均比低层要大;变供水温度运行时,自然作用压头是主要影响因素,双管系统顶层的作用压头影响较大,故变供水温度调节时,顶层供热量变化比低层大,即顶层供热量较小比低层多。因此选项B说法错误。

10. 【参考答案】B

【解析】根据《复习教材》第1.12.2节,选项ACD正确,选项B错误。

11. 【参考答案】B

【解析】由《复习教材》式(2.3-7)可计算屋顶动力阴影区最大高度:

$$H_c = 0.3\sqrt{A} = 0.3 \times \sqrt{20 \times 16} = 5.4(m)$$

排放有害物必须高出动力阴影区,因此排气筒至少高出屋面5.4m。

12. 【参考答案】D

【解析】根据《复习教材》第2.3.4节"4. 避风风帽"的内容,选项AB正确;选项C正确;根据式(2.3-23)关于ΔP_{ch}的说明,选项D错误。

13. 【参考答案】A

【解析】根据《复习教材》表2.5-4可知机械振打类袋式除尘器压力损失不得超过1500Pa,选项A错误。根据第2.5.4节,选项BCD正确。

14. 【参考答案】C

【解析】根据《复习教材》第2.6.5节,选项A正确;根据表2.6-9,选项BD正确,选项C错误,文丘里洗涤塔对烟尘的吸收效率为95%~99%。

15. 【参考答案】B

【解析】由《复习教材》式(2.6-9)可计算排风罩排风量,其中靠墙的长边不计入周长:

$$L = 1000 \times (1.5 + 0.8 \times 2) \times 0.6 = 1860(m^3/h)$$

按断面风速法计算:

$$L = 1.5 \times 0.8 \times 0.5 = 0.6(m^3/s) = 2160(m^3/h)$$

排风量应取较大值,即2160m^3/h。

16. 【参考答案】B

【解析】根据《民用建筑供暖通风与空气调节设计规范》GB 50736-2012 第 6.5.1 条，选项 A 错误，选项 B 正确；同时，通风量与系统类型有关，选项 CD 错误。

17. 【参考答案】C

【解析】根据《建筑设计防火规范》GB 50016-2014（2018 年版）第 9.3.9 条，选项 ABD 正确，选项 C 错误，排风管应采用金属风管。

18. 【参考答案】D

【解析】根据《建筑设计防火规范》GB 50016-2014（2018 年版）第 9.3.12～9.3.15 条，选项 ABC 均应采用不燃材料。选项 D 中酸洗槽局部排风输送的介质具有腐蚀性，根据第 9.3.14 条可采用难燃材料。

19. 【参考答案】B

【解析】根据《人民防空地下室设计规范》GB 50038-2005 表 5.2.4，选项 B 正确。

20. 【参考答案】A

【解析】根据《复习教材》第 2.15 节，选项 A 错误，应除甲类建筑外；选项 BCD 均正确。

21. 【参考答案】A

【解析】由题意，根据《建筑节能与可再生能源利用通用规范》GB 55015-2021 第 3.2.16 条，"风机效率不应低于现行国家标准《通风机能效限定值及能效等级》GB 19761-2020 规定的通风机能效等级的 2 级"。由 GB 19761-2020 第 4 节第 4）条可知，离心风机中"暖通空调用离心风机效率 2 级按表 1、表 2 中的规定下降 1 个百分点"，但根据第 5）条可知，"进口有进气箱时，按表 1、表 2 的规定下降 4 个百分点"，综合对比题目给定条件，按第 5）条确定风机效率限值。风压系数 0.7 的风机应按表 2 确定风机效率，根据风压系数为 0.7、比转速为 30，可查表 2 得 NO.12 的离心风机的 2 级风机效率为 76%，下降 4 个百分点，则为 76%－4%＝72%，选项 A 正确。

22. 【参考答案】B

【解析】新风系统风管内呈正压，由《通风与空调工程施工质量验收规范》GB 50243-2016 第 4.1.4 条可知，系统属于低压系统，选项 A 正确；根据第 4.2.1 条第 1 款，低压系统的强度试验为 1.5 倍的工作压力，选项 B 错误；根据表 4.2.3-5，分支干管长边尺寸为 800mm，采用L 30mm×30mm×3mm 的法兰角钢，选项 C 正确；根据表 4.2.3-1，选项 D 正确。

23. 【参考答案】C

【解析】根据《人民防空地下室设计规范》GB 50038-2005 第 3.1.6 条，选项 ABD 正确。根据第 5.4.1 条，选项 C 错误，还应在围护结构内侧设置工作压力不小于 1.0MPa 的阀门。

24.【参考答案】C

【解析】根据《复习教材》第 3.1.3 节 "2. 墙体的热工特性",选项 A 正确;选项 BD 正确,选项 C 错误。

25.【参考答案】B

【解析】根据《复习教材》第 3.4.3 节 "1. 一次回风系统",选项 A 错误,还需考虑补充排风量;根据式(3.4-3),选项 B 正确;根据图 3.4-5,选项 C 错误,冷热盘管处理的风量为新风与一次回风的混合风量,房间送风还包括二次回风;选项 D 错误,二次回风避免了冷热抵消现象,因此二次回风系统更加节能。

26.【参考答案】A

【解析】根据《风机盘管机组》GB/T 19232-2019 表 16,选项 A 错误、选项 B 正确,注意,根据《复习教材》第 3.4.4 节 "1. 风机盘管机组形式",额定供冷试验工况的空气进口湿球温度为 24℃,供水温度为 6℃,水温差 3℃均是错误的,这些都是其他性能试验工况的参数;选项 CD 正确,注意两管制与四管制系统供热工况试验,供回水温差的区别。

27.【参考答案】C

【解析】根据《民用建筑供暖通风与空气调节设计规范》GB 50736-2012 第 9.4.4 条及其条文说明,选项 ABD 正确,选项 C 错误,当散湿量较大时才宜采用选项 C 的措施。

28.【参考答案】C

【解析】根据《复习教材》第 3.8.4 节,选项 ABD 均正确,选项 C 错误,温度控制器发出的控制指令并不直接控制风阀,而是送往风量控制器作为设定信号,再与风量传感器检测到的信号进行比较、运算后,得到控制信号送往控制风阀,改变其开度。

29.【参考答案】B

【解析】根据《复习教材》第 3.7.8 节 "4. 阀件及水过滤器",选项 B 错误,空调工程宜采用体积小、流体阻力小的对夹蝶式止回阀。

30.【参考答案】C

【解析】根据《民用建筑热工设计规范》GB 50176-2016 第 5.1.5 条第 3 款,选项 A 正确;根据第 5.2.5 条第 2 款,选项 B 正确;根据第 5.3.1 条,选项 C 错误,不宜小于 0.37;根据第 5.4.4 条,选项 D 正确。

31.【参考答案】D

【解析】根据《清水离心泵能效限定值及节能评价值》GB 19762-2007 第 8.2 条,选项 D 正确。

32.【参考答案】C

【解析】根据《空气调节系统经济运行》GB/T 17981-2007 第 5.6.2 条，全年累计工况下，全空气系统能效比限值为 6，风盘加新风系统的能效比限值为 9，根据公式（11）计算：

$$EER_{tLV}=\frac{\sum A_i EER_{tLV,i}}{A}=\frac{600\times 6+1400\times 9}{2000}=8.1$$

33. 【参考答案】D

【解析】若制冷和制热工况参数相同时，根据《复习教材》式（4.1-36），热泵的制热系数等于其制冷系数加 1，根据热平衡原理为热泵的制热量等于其制冷量与压缩机耗功的和，故热泵制热系数为：

$$\varepsilon_h=\frac{Q_0+P}{P}=\frac{Q_0}{P}+1=4.1+1=5.1$$

制热量为：

$$Q_h=\varepsilon_h\cdot P=5.1\times 50=255\text{kW}$$

但是题目并没有给出工况参数相同的前提，故无法计算其制热工况的热量值，选项 D 正确。

34. 【参考答案】C

【解析】根据《复习教材》第 4.4.4 节，选项 A 中宜比冷却水进出口的平均温度高 5～7℃，错误；选项 B 中比夏季空气调节室外计算干球温度高 15℃，错误；选项 D 为"低 4～6℃"，错误。选项 C 正确。

35. 【参考答案】B

【解析】由《复习教材》表 4.3-19 可知，对于 800kW 水冷机组，其 COP 不低于 5.1，经计算选项 A 机组 COP 为 5.0，不满足节能评价。上海为夏热冬冷地区，由表 4.3-23 可知选项 B 属于节能设备。天津属于寒冷地区，由表 4.3-26 可知，寒冷地区 10kW 不接风管的风冷机组能效比不低于 2.70，故选项 C 不满足节能要求。由表 4.3-29 可知其能源效率等级为 3 级，选项 D 错误。

36. 【参考答案】D

【解析】根据《复习教材》第 4.6.4 节"（4）余热利用设备的选择"，选项 D 错误，补燃制冷量以总冷量的 30%～50% 为宜。

37. 【参考答案】C

【解析】根据《水（地）源热泵机组》GB/T 19409-2013 第 6.1.2 条，选项 C 正确，注意热源侧的试验工况，不要选择成使用侧的试验工况。

38. 【参考答案】D

【解析】根据《复习教材》表 4.8-24，选项 D 正确，冷库地面防止冻胀的四种常用方法：自然通风、机械通风、架空式地面、不冻液加热。

39. 【参考答案】C

【解析】由《绿色工业建筑评价标准》GB/T 50878-2013 第 3.2.7 条，必达分需要获得 11 分，总得分在 55～70 分可获得二星级。

40. 【参考答案】D

【解析】根据《建筑给水排水设计标准》GB 50015-2019 第 3.1.2 条，自备水源的供水管道严禁与城镇给水管道直接连接，与自备水源水质无关，选项 D 正确。

(二) 多项选择题

41. 【参考答案】BC

【解析】根据《辐射供暖供冷技术规程》JGJ 142-2012 第 3.3.1 条条文说明可知，选项 AD 为控制供回水温差的原因。选项 BC 正确。

42. 【参考答案】ABD

【分析】根据《复习教材》第 1.3.6 节，选项 AB 正确；回水方式有重力回水和机械回水，如果采用机械回水系统则对锅炉位置没有要求，选项 C 错误，选项 D 正确。

43. 【参考答案】BC

【解析】根据《复习教材》第 1.8.10 节，选项 A 错误，选项 B 正确；根据《民用建筑供暖通风与空气调节设计规范》GB 50736-2012 第 5.10.4 条，选项 C 正确，选项 D 错误。

44. 【参考答案】BD

【解析】根据《复习教材》第 1.5.1 节，选项 A 错误，应处于房间的上部，选项 B 正确；选项 C 错误，应为最小平均风速，选项 D 正确。

45. 【参考答案】AC

【解析】根据《民用建筑供暖通风与空气调节设计规范》GB 50736-2012 第 5.10.2 条及其条文说明，选项 A 正确，选项 B 错误，"该方法不适用于地面辐射供暖系统。"选项 C 正确，选项 D 错误，不能在户内散热末端调节室温。

46. 【参考答案】ABCD

【解析】根据《复习教材》第 1.8.5 节，选项 ABCD 均正确。

47. 【参考答案】ABD

【解析】根据《城镇供热管网设计标准》CJJ/T 34-2022 第 8.2.5 条，选项 A 正确；根据第 8.2.16 条，选项 B 正确，不宜小于 0.002；根据第 8.2.17 条，选项 C 错误，不应小于 0.2m；根据第 8.2.20 条，选项 D 正确。

48. 【参考答案】AB

【解析】根据《复习教材》第2.2.2节，选项A正确，选项B正确；选项C错误，送风应先经过操作区，后由污染区排出；选项D错误，下缘距离地板间距不大于0.3m。

49. **【参考答案】** ABC

【解析】根据《复习教材》第2.3.2节，改变进排风窗的面积可以调整中和面的高度，增大排风窗或减小进风窗均可以增高中和面的高度。增加机械排风后，自然进风余压增大，自然排风余压降低，中和面上升，可以实现工艺要求。增加机械进风后，自然进风余压减小，自然排风余压增大，中和面下降，无法实现工艺要求。

50. **【参考答案】** AB

【解析】根据《复习教材》第2.4.4节"2.通风柜"，选项A正确；根据式（2.4-3），选项B正确；根据表2.4-1，选项C错误，实验室有毒有害物控制风速为0.4～0.5m/s；送风式通风柜70%的排风量单独从上部送入，30%由室内补入，而非70%排出，选项D错误。

51. **【参考答案】** BCD

【解析】根据《复习教材》第2.5.3节"3.袋式除尘器"，选项BCD可用于200℃空气过滤。

52. **【参考答案】** CD

【解析】根据《复习教材》第2.6.4节，选项AB正确；关于"惰性气体再生法"的内容，对于吸附剂中吸附气体分压极低的气体，可用惰性气体加热到300～400℃进行脱附再生，"热空气再生法"并未提及此要求，选项C错误；热力再生法设备投资和运行费用均较高，且在每一次再生循环中会有5%～20%的吸附剂被损耗，选项D错误。

53. **【参考答案】** ABCD

【解析】由《复习教材》第2.7.5节，选项A错误，还要附加非同时工作的15%～20%风量；根据《工业建筑供暖通风与空气调节设计规范》GB 50019-2015第6.7.9条第4款，宜从上面或侧面接触，选项B错误；根据第6.7.4条，漏风率不宜超过3%，选项C错误；根据第6.7.5条，选项D错误。

54. **【参考答案】** ABD

【解析】根据《通风与空调工程施工质量验收规范》GB 50243-2016第4.2.2条，选项AD错误，微压风管不应进行漏风量的验证测试。砖、混凝土风道的允许漏风量不应大于低压风管规定值的1.5倍，即使工作压力属于中压，也按低压风管允许漏风量公式核算，因此"低压"两字不可省略。根据C.2.3条，选项B错误，按1.2倍及以上确定。根据第C.2.5条，选项C正确。

55. **【参考答案】** BD

【解析】根据《人民防空地下室设计规范》GB 50038-2005第5.2.13条，选项A错误，穿过防护密闭墙的通风管，才应采取可开的防护密闭措施；根据第5.2.17条，选项B正确，其中第5.2.1条第2款对战时物资库没有应设置滤毒通风的要求，但实际需要设置时，滤毒通风可设置，因此其测压装置也应满足规范要求；根据第5.2.10条，选项C错误，不得小于战时清洁通风量；根据第5.2.16条条文说明，选项D正确。

56. 【参考答案】AC
【解析】根据《工业建筑供暖通风与空气调节设计规范》GB 50019-2015 第7.2.3条，选项A正确，选项BD错误，回转反吹型袋式除尘器过滤风速不宜大于0.6m/min，袋式除尘器漏风率应小于4%。根据第7.2.4条条文说明，选项C正确。

57. 【参考答案】ACD
【解析】根据《复习教材》第3.4.4节"1.风机盘管机组形式"，选项A正确、选项B错误，还应包含水阻折算的电功率；根据表3.4-1，选项CD正确。

58. 【参考答案】ABC
【解析】根据《复习教材》第3.5.1节"1.送风口空气流动规律"，选项ABC正确，选项D错误，大于1：5为受限射流，但受限射流分为贴附和非贴附两种情况。

59. 【参考答案】AB
【解析】根据《洁净厂房设计规范》GB 50073-2013 第4.2.1条第2款，选项A正确；根据第4.2.1条第3款，选项B正确；根据第4.4.1条，选项C错误，单向流洁净室的空态噪声不应大于65dB（A）；根据第4.4.6条，选项D错误，总风管风速宜为6~10m/s。

60. 【参考答案】AD
【解析】如题中的图所示一台水泵运行的曲线为①，两台水泵并联运行的曲线为②，初始状态管网特性曲线为oa，两台水泵并联运行则运行工况点为4，选项A正确；当关闭一台水泵时，运行工况点由4变为3，而不是由4变为5，选项B错误，由此可见，并联水泵系统当只运行一台水泵时，其运行流量要大于单台水泵的设计流量；转速降低数值不同，变频后的曲线也不同，没有具体的变频曲线或者数据，无法判断变频后是否经过3点，而本题曲线中，3点是关闭一台水泵后的工况点，故选项C说法错误；当干管阀门关小时，系统管网阻抗提高，管网曲线由oa变为ob，两台水泵并联运行工况从4变为2，选项D正确。

61. 【参考答案】BCD
【解析】根据《民用建筑供暖通风与空气调节设计规范》GB 50736-2012 第8.5.5条，选项A正确；根据第9.5.7条和第9.5.6条，选项BC错误，水泵变速宜采用压差变化控制，而运行台数宜采用流量控制；根据第9.5.5条，选项D错误，旁通调节阀应采用压差控制。

62. 【参考答案】ABC

【解析】根据《复习教材》第3.11.3节"2.空调系统分区"，选项ABC正确。选项A为分区空调方式，选项B为分层空调方式，选项C为冬季的分区空调方式。而选项D采用球形喷口侧送，虽然是合理的分层空调处理方式，但是由于冬夏季送风冷热不同，使得喷口所形成的回流区范围不同，因此不可采用定角度球形喷口且采用夏季回流区作为送风方式，应根据冬夏季分别考虑送风角度，错误。

63. 【参考答案】ACD

【解析】根据《通风与空调工程施工质量验收规范》GB 50243-2016第9.2.2条第2款，选项A错误，夹角不应大于60°；根据第9.2.2条第3款，选项B正确；根据第9.2.2条第4款，选项C错误，应该是确认出口水色和透明度与入口相近且无可见杂物之后，继续运行2h，水质保持稳定后才可连接；根据第9.2.3条第4款，应全数检查，选项D错误。

64. 【参考答案】BD

【解析】设末端侧总负荷为Q，冷水机组的耗功$N = Q/5.2$，即：

$$N = \frac{Q}{COP} = \frac{Q}{5.2}$$

一次能源输入量：

$$W = \frac{N}{\eta} = \frac{Q}{5.2 \times 0.35} = 0.55Q$$

直燃式溴化锂吸收式制冷机组：

$$W = \frac{Q}{1.2} = 0.83Q$$

经比较冷水机组更为节能，但不是因为其性能系数大，是因为其一次能源输入量低；直燃式溴化锂吸收式冷水机组消耗的燃气为一次能源，故可避开用电高峰，对于电力紧张的区域可以考虑采用，选项B正确；二者驱动能源分别为电能和燃气，故选项C错误；根据《复习教材》第4.5.1节，选项D正确。

65. 【参考答案】ABD

【解析】根据《蒸气压缩循环冷水（热泵）机组 第1部分：工业或商业用及类似用途的冷水（热泵）机组》GB/T 18430.1-2007，冷水机组名义工况蒸发器污垢系数为$0.018m^2 \cdot ℃/kW$，冷凝器侧污垢系数为$0.44m^2 \cdot ℃/kW$，蒸发器侧污垢系数变大，热阻增加，传热温差增加，蒸发温度减小，选项A正确；冷凝器侧污垢系数降低，热阻减小，传热温差减小，冷凝温度减小，选项B正确；蒸发温度降低，制冷量减小，性能系数减小，故选项C错误、选项D正确。

66. 【参考答案】ABCD

【解析】活塞式压缩机吸排气在同一容积内进行，故其不可以设置节能器，选项A错误；根据《复习教材》第4.3.2节，壳子滚动转子式压缩机存在排气阀，故其有阀门阻力损失，选项B错误；余隙容积是指排气是气缸内有气体没有完全被排出，与是否有进排气阀没有关系，故选项 C 错误；性能系数为各类压缩机的特有参数，不能一概而论，选项 D 错误。

67. 【参考答案】CD

【解析】在制冷工况下，室内侧换热器为蒸发器和膨胀阀，室外侧为冷凝器及压缩机，选项 D 错误；管路增加，压降增加，吸气压力不变，则需增加蒸发压力来克服管路阻力，蒸发温度增加，与室内温差减小，故蒸发器的换热能力降低，选项 A 正确；冷凝器出口至膨胀阀处，阻力增加，饱和压力降低，容易出现闪发气体，选项 B 正确；进入冷凝器冷剂状态的为过热蒸汽，不会出现小水滴，故选项 C 错误。

68. 【参考答案】ABCD

【解析】根据《复习教材》第 5.2.4 节有关太阳能建筑的内容，选项 ABD 正确；根据第 6.1.3 节 "4. 太阳能热水器"，选项 C 正确。

69. 【参考答案】ABC

【解析】根据《建筑给水排水设计标准》GB 50015-2019 第 6.8.2 条，设备机房不应采用塑料热水管，故选项 A 错误；根据第 6.7.5 条，热水循环流量应按照公式计算，然后根据不同流速要求进行管径选择，选项 B 错误；根据第 6.7.6 条，定时热水供应系统按照循环次数计算，选项 C 错误；根据第 6.8.3 条，选项 D 正确。

70. 【参考答案】ABD

【解析】根据《燃气工程项目规范》GB 55009-2021 第 5.3.2 条，选项 AB 错误，用户燃气管道设计工作年限不应小于 30 年。预埋的用户燃气管道设计工作年限应与该建筑设计工作年限一致。一般建筑不小于 50 年，特别重要的建筑不小于 100 年。根据第 5.3.2 条，选项 C 正确；根据第 5.3.12 条，选项 D 错误，燃气管道埋设在墙体或混凝土地面中，不应采用机械接头。

第 2 套卷·专业案例（上）答案及解析

1. 【参考答案】C

   【主要解题过程】根据《辐射供暖供冷技术规程》JGJ 142-2012 第 3.3.7 条，考虑附加后的房间热负荷为：
   $$Q = \alpha \cdot Q_j + q_h \cdot M = 1.0 \times 1590 + 30 \times 7 = 1800(\text{W})$$
   单位面积热负荷为：
   $$q = \frac{1800}{30} = 60(\text{W/m}^2)$$

   根据《辐射供暖供冷技术规程》JGJ 142-2012 表 B.1.1-3，对于室内温度为 20℃，供回水平均温度为 (30+40)/2=35℃ 的情况，盘管间距为 400mm 时，地面向上散热量与热损失之和为 43.9+16.2=60.1W/m，满足单位面积热负荷需求，因此单位地面面积向上散热量为 43.9W/m²。

   验算地表温度：
   $$t_{pj} = t_n + 9.82 \left(\frac{q_x}{100}\right)^{0.969} = 20 + 9.82 \left(\frac{43.9}{100}\right)^{0.969} = 24.4(\text{℃}) < 29\text{℃}$$

   满足规范要求。

2. 【参考答案】C

   【主要解题过程】系统总流量：
   $$G = \frac{0.86Q}{\Delta t} = \frac{0.86 \times (2000+2000+2000+2000)}{85-60} = 275.2(\text{kg/h})$$
   设底层散热器的供水温度为 t，对于底层散热器及其跨越管组成的并联环路有：
   $$\frac{0.86 \times 2000}{t - 60} = 275.2$$
   解得 $t = 66.25℃$。
   设单层散热器流量为 G_1，跨越管流量为 G_2，由并联环路自用压力相等原则得：
   $$0.02 \times G_1^2 = 0.007 \times G_2^2 = 0.007 \times (275.2 - G_1)^2$$
   解得 $G_1 = 102.12\text{kg/h}$。
   设底层散热器的回水支管温度为 t_h，对于底层散热器本身有：
   $$\frac{0.86 \times 2000}{66.25 - t_h} = 102.12$$
   解得 $t_h = 49.41℃$。
   由题意，根据散热器安装及连接方式，$\beta_2 = 1$，$\beta_3 = 1$。底层散热器流量倍数：
   $$a = \frac{25}{66.25 - 49.41} = 1.5$$
   由《复习教材》表 1.8-5 可确定流量修正系数为 0.95，设片数修正系数为 1，则底层散热器片数为：

$$n=\frac{Q}{fK\Delta t_{pj}}\beta_1\beta_2\beta_3\beta_4=\frac{2000}{0.205\times 2.442\Delta t_{pj}^{1.321}}\times 1\times 1\times 1\times 0.95$$

$$=\frac{2000\times 0.95}{0.205\times 2.442\left(\frac{66.25+49.41}{2}-18\right)^{1.321}}$$

$$=29.2(片)$$

由表1.8-2查得片数修正系数为1.1，则：
$$n=29.2\times 1.1=32.1(片)$$

根据《全国民用建筑工程设计技术措施暖通空调动力（2009版）》第2.3.3条，热量尾数为0.1/32.1＝0.3%，舍去尾数，因此底层需要32片散热器。

3. 【参考答案】D
【主要解题过程】根据《复习教材》第1.10.5节，供暖用户设计流量为：
$$G_y=\frac{Q}{c_p(\theta_1-\theta_2)}=\frac{3}{4.187\times(45-35)}=0.072(kg/s)$$

混水装置设计混合比为：
$$\mu=\frac{t_g-\theta_1}{\theta_1-\theta_2}=\frac{75-45}{45-35}=3$$
$$G'_h=\mu G_h$$
$$G_y=G_h+G'_h=\frac{1}{\mu}G'_h+G'_h=\left(\frac{1}{\mu}+1\right)G'_h$$

混水装置设计流量为：
$$G'_h=\frac{G_y}{\left(1+\frac{1}{\mu}\right)}=\frac{0.072}{1+\frac{1}{3}}=0.054(kg/s)=194.4(kg/h)$$

4. 【参考答案】B
【主要解题过程】根据《复习教材》第1.10.6节，110℃热水汽化压力为4.6m，静水压曲线高度应为用户最高充水高度＋汽化压力＋(3~5)m富余量之和，即24+4.6+(3~5)＝31.6~33.6(m)，取整为32m，且所有直接连接用户不超压。

用户4楼层过高，采用分区连接，高区（25~45m）间接连接，低区（0~24m）直接连接。低区分层时要考虑保证直连的低区不汽化、不倒空、不超压，故选项C从30m分区不合适。

5. 【参考答案】C
【主要解题过程】根据《公共建筑节能改造技术规范》JGJ 176-2009第10.2.1条，得：
$$E_{COn}=E_{baseline}-E_{pre}+E_{cal}=8\times 10^8-5\times 10^8+1\times 10^8=4\times 10^8(kJ)$$

6. 【参考答案】B
【主要解题过程】锅炉房的总设计容量为：

$$Q = K_0 Q_1 = 6.7 \times 1.2 = 8.04 \text{(MW)}$$

（1）当选 2 台锅炉时，按照总容量计算单台锅炉容量为：

$$Q' = 8.04 \div 2 = 4.02 \text{(MW)}$$

北京市属于寒冷地区，当一台因故停止工作时剩余锅炉的总供热量不应低于设计供热量（热负荷）的 65%，则有：

$$Q' = 6.7 \times 65\% = 4.355 \text{(MW)}$$

以上两项比较取大值，则单台锅炉容量为 4.355MW。对应选项 D。

（2）当选 3 台锅炉时，按照总容量计算单台锅炉容量为：

$$Q' = 8.04 \div 3 = 2.68 \text{(MW)}$$

当选 3 台锅炉时单台锅炉容量为：

$$Q' = 6.7 \times 65\% \div 2 = 2.1775 \text{(MW)}$$

以上两项比较取大值，则单台锅炉容量为 2.68MW。对应选项 B。

选项 B 和 D 均能满足，但选项 D 中锅炉房的总容量过大，不合理。

7. 【参考答案】D

【主要解题过程】根据《工作场所有害因素职业接触限值 第 1 部分：化学有害因素》GBZ 2.1-2019 表 1 可查得，苯接触限值 6mg/m^3，可计算散发有害物所需通风量为：

$$L_1 = 6 \times \frac{30 \times 1000}{6-0} = 30000 \text{(m}^3/\text{h)}$$

由《工业建筑供暖通风与空气调节设计规范》GB 50019-2015 附录 A 可查得天津夏季通风室外计算温度为 29.8℃，可计算消除余热所需通风量为：

$$L_1 = \frac{20}{1.2 \times 1.01 \times (32-29.8)} \times 3600 = 27003 \text{(m}^3/\text{h)}$$

厂房通风量应为消除余热、余湿和消除有害物三者所需通风量的最大值，因此厂房通风量为 $30000\text{m}^3/\text{h}$。

8. 【参考答案】B

【主要解题过程】根据《复习教材》第 2.4.4 节 "3. 外部罩" 可知该排风罩形式为高截单侧排风。根据式（2.4-11）可得：

$$L = 2v_x AB \left(\frac{B}{A}\right)^{0.2} = 2 \times 0.5 \times 2 \times 0.5 \times \left(\frac{0.5}{2}\right)^{0.2} = 0.758 \text{(m}^3/\text{s)}$$

由《复习教材》式（2.4-10）可计算条缝平均高度：

$$h = \frac{L}{v_0 l} = \frac{0.758}{8 \times 2} = 0.0474 \text{(m)} = 47.4 \text{(mm)}$$

9. 【参考答案】B

【主要解题过程】由题意，系统总排风量为：

$$Q = 2200 \times 2 + 2800 = 7200 \text{(m}^3/\text{h)} = 2.0 \text{(m}^3/\text{s)}$$

查《复习教材》图 2.7-1，对于流量 $2000 \times (10^{-3} \text{m}^3/\text{s})$、管径 450mm，单位长度摩擦压力损失为 4Pa/m。

除尘器与风机间连接风管风速为：

$$v = \frac{Q}{F} = \frac{7200/3600}{\frac{\pi}{4} \times 0.45^2} = 12.6 \text{(m/s)}$$

根据第 2.7.2 节，除尘器与风机间连接风管阻力为：

$$P_1 = R_m l + \sum \xi \frac{1}{2} \rho v^2 = 4 \times 4 + 0.47 \times \frac{1}{2} \times 1.205 \times 12.6^2 = 61 \text{Pa}$$

10. 【参考答案】D

【主要解题过程】系统总阻力为：

$$P = 450 + 1200 + 61 + 90 + 10 = 1811 \text{(Pa)}$$

所选风机风量为：

$$Q' = (1 + 3\% + 3\%)Q = (1 + 3\% + 3\%) \times 7200 = 7632 \text{(m}^3/\text{h)}$$

所选风机风压为：

$$H = (1 + 10\%)P = (1 + 10\%) \times 1811 = 1992 \text{(Pa)}$$

11. 【参考答案】B

【主要解题过程】由《复习教材》式（2.7-15）可计算测孔静压流速：

$$v_j = \frac{v_0}{\mu} = \frac{4.5}{0.6} = 7.5 \text{(m/s)}$$

测孔静压为：

$$P_j = \frac{\rho v_j^2}{2} = \frac{1.2 \times 7.5^2}{2} = 33.8 \text{(Pa)}$$

由增大出流角方式可知，为了保证均匀送风，$v_j/v_d \geq 1.73$。

$$v_d \leq \frac{v_j}{1.73} = \frac{7.5}{1.73} = 4.34 \text{(m/s)}$$

$$P_d = \frac{\rho v_d^2}{2} \leq \frac{1.2 \times 4.34^2}{2} = 11.3 \text{(Pa)}$$

$$P = P_j + P_d \leq 33.8 + 11.3 = 45.1 \text{(Pa)}$$

断面 1 直径为：

$$D_1 = \sqrt{\frac{L}{v_d} \cdot \frac{4}{\pi}} \geq \sqrt{\frac{8000}{3600} \times \frac{4}{3.14}} = 0.808 \text{(m)} = 808 \text{(mm)}$$

12. 【参考答案】D

【主要解题过程】有喷淋的篮球馆按其他公共场所考虑，根据《建筑防烟排烟系统技术标准》GB 51251-2017 第 4.6.7 条可确定热释放速率为 2.5MW，由式（4.6.11-1）参数说明可知：

$$Q_c = 0.7Q = 0.7 \times 2500 = 1750 \text{(kW)}$$

根据第 4.6.12 条计算烟层平均温度与环境温度的差为：

$$\Delta T = \frac{KQ_c}{M_\rho c_p} = \frac{1 \times 1750}{20 \times 1.01} = 86.6(\text{K})$$

烟层平均绝对温度为：
$$T = T_0 + \Delta T = 293.15 + 86.6 = 379.8(\text{K})$$

计算排烟量：
$$V = \frac{M_p T}{\rho_0 T_0} = \frac{20 \times 379.8}{1.2 \times 293.15} = 21.6(\text{m}^3/\text{s}) = 77760(\text{m}^3/\text{h})$$

根据表4.6.3可知，有喷淋的其他公共建筑净高9m时，计算排烟量不低于111000m³/h，比计算值大，故按表列值确定计算排烟量。由第4.6.14条计算单个排烟口最大排烟量：

$$V_{max} = 4.16 \cdot \gamma \cdot d_b^{\frac{5}{2}} \left(\frac{T-T_0}{T_0}\right)^{\frac{1}{2}} = 4.16 \times 1 \times (2-1)^{\frac{5}{2}} \times \left(\frac{379.8 - 293.15}{293.15}\right)^{\frac{1}{2}} = 2.26(\text{m}^3/\text{s})$$

所需排烟口数量为：
$$n = \frac{V}{V_{max}} = \frac{111000/3600}{2.26} = 13.6(\text{个}) \approx 14(\text{个})$$

13. 【参考答案】C

【主要解题过程】焓湿图处理过程如下图所示：

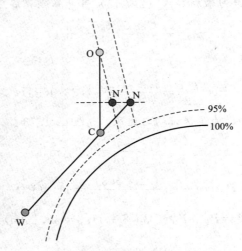

空气处理过程

混合点C的温度为：
$$t_C = \frac{t_W + 3t_N}{4} = \frac{-3.5 + 3 \times 22}{4} = 15.6(\text{℃})$$

送风状态点O的温度为：
$$t_O = t_N + \frac{Q}{c_p \rho L} = 22 + \frac{3600 \times 67.4}{1.01 \times 1.2 \times 20000} = 32(\text{℃})$$

连接NW点，与15.6℃等温线交点为C点，沿C点做等含湿量线，与32℃交点为O点，沿O点做-10000热湿比线，与22℃等温线交点为N′点，查焓湿图可知，N′点相对湿度接近45%。

14. 【参考答案】A

【主要解题过程】新风负担的室内热负荷为：
$$Q_x = c_p G(t_o - t_n) = \frac{1.01 \times 1.2 \times 3000 \times (24-18)}{3600} = 6.1(\text{kW})$$

风机盘管需要负担的热负荷为：
$$Q_{fcu} = Q - Q_x = 70 - 6.1 = 63.9(\text{kW})$$

风机盘管系统需要的热水量为：
$$V = \frac{Q_{fcu}}{c\rho(t_g - t_h)} = \frac{63.9 \times 3600}{4.18 \times 1000 \times (45-40)} = 11(\text{m}^3/\text{h})$$

15. 【参考答案】B

【主要解题过程】洁净系统颗粒最低通过率为：
$$P = \frac{C_{出}}{C_{入}} = \frac{1 \times 10^{-3}}{50} = 2 \times 10^{-5}$$

则超高效过滤器过滤效率至少应为：
$$\eta_{超高} = 1 - \frac{P}{(1-\eta_{粗})(1-\eta_{中高})} = 1 - \frac{2 \times 10^{-5}}{(1-0.65)(1-0.9)} = 0.99943 = 99.94\%$$

因此，至少99.99%的高效过滤器，选项B可以满足要求。

16. 【参考答案】B

【主要解题过程】根据《民用建筑供暖通风与空气调节设计规范》GB 50736-2012 第7.4.7条，置换通风送风温度不宜低于18℃，取18℃，则温度控制系统承担的显热负荷为：
$$Q_s = c_p \rho L \Delta t = \frac{1.01 \times 1.2 \times 10000 \times (26-18)}{3600} = 26.9(\text{kW})$$

房间能够维持设计温湿度不变，则剩余显热负荷由湿度控制系统承担，湿度控制系统承担的显热负荷为：
$$Q_{xf} = Q_n - Q_s = 40 - 26.9 = 13.1(\text{kW})$$

湿度控制系统的送风温度为：
$$t_{xf} = t_n - \frac{Q_{xf}}{c_p \rho} = 26 - \frac{13.1}{1.01 \times 1.2} = 15.2(℃)$$

查 h-d 图，15.2℃与95%相交于L点，L即为新风送风状态点，查得 $d_L = 10.2\text{g/kg}$。

17. 【参考答案】B

【主要解题过程】该空调水系统的工作压力为：
$$P = \frac{(30+5+2) \times 9.8 \times 1000}{1000000} = 0.363(\text{MPa})$$

根据《通风与空调工程施工质量验收规范》GB 50243-2016 第9.2.3条，试验压力为：
$$P_{sy} = 1.5 \times P = 1.5 \times 0.363 = 0.545(\text{MPa}) < 0.6\text{MPa}$$

故试验压力为0.6MPa。

18. 【参考答案】C

【主要解题过程】裙房屋面距离二十层客房的垂直高度为：
$$h = 17 \times 3.6 + 1.5 = 62.7(\text{m})$$

三台设备到客房窗外的直线距离分别为：

设备1：$l_1 = \sqrt{40^2 + 62.7^2} = 74.4(\text{m})$

设备2：$l_2 = \sqrt{20^2 + 62.7^2} = 65.8(\text{m})$

设备3：$l_3 = \sqrt{25^2 + 62.7^2} = 67.5(\text{m})$

三台设备到客房窗外的噪声分别为：

设备1：$L'_{A1} = L_{A1} + \Delta L_{A1} = 90.3 + 10\lg\left(\dfrac{1}{4 \times 3.14 \times 74.4^2}\right) = 41.9(\text{dB})$

设备2：$L'_{A2} = L_{A2} + \Delta L_{A2} = 83 + 10\lg\left(\dfrac{1}{4 \times 3.14 \times 65.8^2}\right) = 35.6(\text{dB})$

设备3：$L'_{A3} = L_{A3} + \Delta L_{A3} = 85.1 + 10\lg\left(\dfrac{1}{4 \times 3.14 \times 67.5^2}\right) = 37.5(\text{dB})$

根据《复习教材》表3.9-6，三个噪声叠加后的噪声为：
$$L = 41.9 + 1.38 + 0.66 = 44\text{dB}$$

19. 【参考答案】C

【主要解题过程】根据《复习教材》式（4.3-1），压缩机的理论输气量为：
$$V_h = \dfrac{\pi}{240} D^2 S n Z = \dfrac{3.14}{240} \times 0.1^2 \times 0.08 \times 720 \times 4 = 0.0301(\text{m}^3/\text{s})$$

根据式（4.3-6），压缩机的容积效率为：
$$\eta_v = \dfrac{V_R}{V_h} = \dfrac{0.0219}{0.0301} = 0.7276$$

根据式（4.3-8），压缩机的压比为：
$$\dfrac{p_2}{p_1} = \left(\dfrac{0.94 - \eta_v}{0.085} + 1\right)^m = \left(\dfrac{0.94 - 0.7276}{0.085} + 1\right)^{1.28} = 4.97$$

20. 【参考答案】D

【主要解题过程】由上题，该制冷机组压缩机容积效率为0.7276，理论输气量为0.0301m³/s。根据《复习教材》式（4.3-9），该制冷机组制冷量为：
$$Q_0 = \eta_v V_h q_v = 0.7276 \times 0.0301 \times 4600 = 100.7(\text{kW})$$

由式（4.3-22）可知该压缩机轴功率为：
$$P_e = \dfrac{Q_0}{COP} = \dfrac{100.7}{4.8} = 20.98(\text{kW})$$

由式（4.3-19）与式（4.3-18）可知，电机输入功率为：
$$P_{in} = \dfrac{P_e}{\eta_e} = \dfrac{20.98}{0.8} = 26.225(\text{kW})$$

21.【参考答案】D

【主要解题过程】由题意，发生器中热媒温度为393K，蒸发器中被冷却物温度为285K，环境温度为308K。根据《复习教材》式（4.5-7），该吸收式溴化锂制冷机组最大热力系数为：

$$\xi_{\max}=\frac{T_0(T_g-T_e)}{T_g(T_e-T_0)}=\frac{285\times(393-308)}{393\times(308-285)}=2.68$$

由式（4.5-8）可计算热力系数：

$$\xi=\xi_{\max}\times\eta_d=2.68\times0.45=1.206$$

根据式（4.5-6），发生器中消耗的热量为：

$$\varphi_g=\frac{\varphi_0}{\xi}=\frac{1200}{1.206}=995(kW)$$

冷却水泵水量为：

$$V=\frac{(\varphi_0+\varphi_g)}{c\Delta t}\times(1+10\%)=\frac{(1200+995)}{4.18\times5}\times(1+10\%)=115.5(kg/s)=415.9(t/h)$$

22.【参考答案】B

【主要解题过程】根据《复习教材》表4.5-7小注可知：

$$COP_0=\frac{\varphi_0}{\varphi_g+P}=\frac{1300}{(1000+1200-1300-50)+\frac{50}{0.4}}=\frac{1300}{850+\frac{50}{0.4}}=1.33$$

由表4.5-7可知，能效等级为2级。

23.【参考答案】A

【主要解题过程】根据《复习教材》式（4.9-9），得：

$$q_v=n_sq_zV_z=(3\sim4)\times2\times0.623=3.7\sim5(m^3/h)，最接近为选项A。$$

24.【参考答案】C

【主要解题过程】年燃气总发热量为：

$$Q_总=BQ_L=116\times24\times365\times35=35565600(MJ)$$

年发电总量为：

$$W=Q_总\times40\%=35565600\times40\%=14226240(MJ)$$

年余热总量为：

$$Q_余=Q_总\times(1-40\%)=35565600\times(1-40\%)=21339360(MJ)$$

年余热供冷量为：

$$Q_1=Q_余\times67\%\times1.1=21339360\times67\%\times1.1=15727108.32(MJ)$$

根据《复习教材》式（4.6-1），年平均能源综合利用效率为：

$$\nu=\frac{W+Q_1}{Q_总}\times100\%=\frac{14226240+15727108.32}{35565600}\times100\%=84.2\%$$

25.【参考答案】A

【主要解题过程】

$$Q_{h1} = \sum q_h C(tr_1 - t_1)\rho_r n_o b_g C_\gamma = 300 \times 4.187 \times (60-6) \times 88 \times 1.15$$
$$= 6864335.28 (kJ/h)$$

根据《复习教材》式（6.4.1-1）可知，商业公寓淋浴器共42个，则有：

$$Q_{h2} = \sum q_h C(tr_1 - t_1)\rho_r n_o b_g C_\gamma = K_h \frac{mq_r C(t_r - t_1)}{T} C_\gamma$$
$$= 3 \times \frac{84 \times 80 \times 4.187 \times (60-6)}{24} \times 1.15 = 218410.67 (kJ/h)$$

总设计小时耗热量为：

$$Q = Q_{h1} + Q_{h2} = 6864335.28 + 218410.67 = 7082745.95 (kJ/h) = 7083.75 (MJ/h)$$

单位时间耗热量为1967.5kJ/s。

第 2 套卷·专业案例（下）答案及解析

1.【参考答案】C

【主要解题过程】根据《复习教材》式（1.8-19），水封的高度为：

$$H = \frac{(p_1 - p_2)\beta}{\rho \cdot g} = \frac{(20-2) \times 1000 \times 1.1}{1000 \times 9.8} = 2.02(\text{m})$$

根据式（1.8-20），串联后的水封高度为：

$$h = 1.5 \times \frac{H}{n} = 1.5 \times \frac{2.02}{3} = 1.01(\text{m})$$

2.【参考答案】D

【主要解题过程】根据《建筑给排水及采暖工程施工施工质量验收规范》GB 50242-2002 第 8.6.1 条第 1 款，该系统顶点的试验压力为 0.3MPa。若在底层地面试压，则试验压力为：

$$P = 0.3 + \frac{20 \times 1000 \times 9.8}{1000000} = 0.496(\text{MPa})$$

3.【参考答案】A

【主要解题过程】根据《城镇供热管网设计标准》CJJ/T 34-2022 第 10.3.5 条第 2 款，混水泵的扬程不应小于混水点以后用户系统的总阻力。用户系统循环管路为 bgg′b′ 系统，管路最大运行阻力为顶层环路阻力 bgg′b′，则有：

$$\Delta p = 2 \times 5 \times 2 + 40 = 60(\text{kPa}) = 6(\text{mH}_2\text{O})$$

4.【参考答案】B

【主要解题过程】200kPa 属于高压蒸汽供暖，根据《复习教材》式（1.6-5）和式（1.6-6），得：

$$\Delta P_m = \frac{0.25aP}{L} = \frac{0.25 \times 0.6 \times 200000}{300} = 100(\text{Pa/m})$$

$$\Delta P = \Delta P_m(l + l_d) = 100 \times (300 + 50) = 35000(\text{Pa}) = 35(\text{kPa})$$

5.【参考答案】B

【主要解题过程】$\Delta P_w = 500 \times 60 \times (1+0.5) = 45000\text{Pa} = 45(\text{kPa})$

$$y = \sqrt{\frac{1}{1 + (\Delta P_w/\Delta P_y)}}$$

$$0.5 = \sqrt{\frac{1}{1 + (45/\Delta P_y)}}$$

$$\Delta P_y = 15\text{kPa}$$

6. 【参考答案】B

【主要解题过程】耗热量计算所需热量为：
$$Q_1 = (4+4) + 10 \times 80\% + 9 \times 75\% = 22.75(\text{MW})$$
$$G_1 = \frac{Q_1}{0.7} = \frac{22.75}{0.7} = 32.5(\text{t/h})$$

直接输出的蒸汽量为：$2500 \times 0.5 + 4300 \times 0.8 = 5440(\text{kg/h}) = 5.44(\text{t/h})$。

蒸汽锅炉总蒸发量为：$(32.5 + 5.44) \div 0.95 = 39.9(\text{t/h})$。

7. 【参考答案】C

【主要解题过程】由题意可计算室内散热量：
$$q_v = \frac{360 \times 1000}{2000 \times 12} = 15(\text{W/m}^3)$$

由厂房高度12m可查《复习教材》表2.3-3得温度梯度为0.4℃/m，可计算天窗排风温度为：
$$t_p = 32 + 0.4 \times (12-2) = 36(℃)$$

车间平均温度为：
$$t_{np} = \frac{t_n + t_p}{2} = \frac{32+36}{2} = 34(℃)$$

$$\rho_w = \frac{353}{273+28} = 1.173(\text{kg/m}^3)$$

$$\rho_p = \frac{353}{273+36} = 1.142(\text{kg/m}^3)$$

$$\rho_{np} = \frac{353}{273+34} = 1.150(\text{kg/m}^3)$$

进风窗与天窗流量系数相等，由《复习教材》式（2.3-14）及式（2.3-15）得：
$$\left(\frac{F_1}{F_2}\right)^2 = \frac{h_2 \rho_p}{h_1 \rho_w} = 1$$

由进风窗中心高度距地面1m可得：
$$\begin{cases} \dfrac{h_2 \times 1.142}{h_1 \times 1.173} = 1 \\ h_2 + h_1 = 12 - 1 = 11 \end{cases}$$

可解得
$$h_2 = 5.57\text{m}$$

由式（2.3-6）计算排风窗孔的余压，其中室内温度为t_{np}：
$$P_b = h_2(\rho_w - \rho_{np})g = 5.57 \times (1.173 - 1.15) \times 9.8 = 1.26(\text{Pa})$$

8. 【参考答案】B

【主要解题过程】由题意，根据《复习教材》表2.3-6可查得此天窗局部阻力系数为5.35，可按式（2.3-21）计算窗孔流速为：
$$v_t = \sqrt{\frac{2\Delta P_t}{\xi \rho_p}} = \sqrt{\frac{2 \times 1.3}{5.35 \times 1.142}} = 0.65(\text{m/s})$$

厂房所需通风量为：
$$G = \frac{Q}{c\rho_p(t_p - t_w)} = \frac{360}{1.01 \times 1.142 \times (36-28)} = 39(\text{m}^3/\text{s})$$

天窗窗孔面积为：
$$F = \frac{G}{v_t} = \frac{39}{0.65} = 60(\text{m}^2)$$

9. 【参考答案】D

【主要解题过程】垃圾房通风量为：
$$L = 20 \times 3.5 \times 15 = 1050(\text{m}^3/\text{h})$$

由题意可计算吸附装置运行时间为：
$$\tau = 24 \times 7 - 4 = 164(\text{h})$$

根据《复习教材》式 (2.6-1)，计算有害气体的质量分数为：
$$y = \frac{CM}{22.4} = \frac{800 \times 17}{22.4} = 607(\text{mg/m}^3)$$

根据第 2.6.4 节 "2. 活性炭吸附装置"，根据活性炭持续工作时间带入相关数值，设装碳量为 W，则有：
$$164 = \frac{W \times (0.30 - 0.05)}{1050 \times (607 \times 10^{-6}) \times 0.95}$$
$$W = 397\text{kg}$$

10. 【参考答案】D

【主要解题过程】根据《通风与空调工程施工质量验收规范》GB 50243-2016 第 4.2.1 条，除尘系统漏风率按中压系统考虑，可计算风管允许漏风量为：
$$Q_m = 0.0352P^{0.65} = 0.0352 \times 300^{0.65} = 1.434[\text{m}^3/(\text{h}\cdot\text{m}^2)]$$

由题意，风系统总漏风量为：
$$L_l = AQ_m = ((1+0.45) \times 2 \times 80) \times 1.434 = 332.7(\text{m}^3/\text{h})$$

考虑除尘装置漏风，可计算所需风机排风量为：
$$L = L_l \times (1 + \varepsilon_1 + \varepsilon_2) + L_0 = 2000 \times (1 + 2\% + 3\%) + 332.7 = 2432.7(\text{m}^3/\text{h})$$

11. 【参考答案】D

【主要解题过程】由《民用建筑供暖通风与空气调节设计规范》GB 50736-2012 第 6.3.7 条可知氨冷冻站平时通风量不低于 3h^{-1}，事故通风量不低于 $34000\text{m}^3/\text{h}$，则有：
$$L_1 = 3 \times 150 \times 4.5 = 2025(\text{m}^3/\text{h})$$
$$L_2 = 150 \times 183 = 27450(\text{m}^3/\text{h}) < 34000(\text{m}^3/\text{h})$$

平时通风量为 $2025\text{m}^3/\text{h}$，事故通风量取 $34000\text{m}^3/\text{h}$，则有：
$$\frac{L_2}{L_1} = \frac{34000}{2025} = 16.8$$

12. 【参考答案】C

【主要解题过程】由题意可计算车库体积：

$$V=1800\times 3.5=6300(m^3)$$

按换气次数法计算车库通风量：
$$L=6\times 1800\times 3=32400(m^3/h)=540(m^3/min)$$

设通风时间为 t，带入《复习教材》式（2.2-1a）按不稳定状态下的全面通风计算公式，得：

$$540=\frac{400\times 1000/60}{20-2}-\frac{6300}{t}\times\frac{20-30}{20-2}$$

解得，$t=20.6$min。

13.【参考答案】 D

【主要解题过程】 根据《民用建筑供暖通风与空气调节设计规范》GB 50736-2012 表 H.0.1-3，取 $t_{wlq}=32.1$℃，根据表 H.0.2，取 $t_{wlc}=33.4$℃。

根据第 7.2.7 条第 1 款，得：
$$CL_{W_墙}=K_墙 F_墙(t_{wlq}-t_n)=0.56\times 36\times(32.1-24)=163.3(W)$$
$$CL_{W_窗}=K_窗 F_窗(t_{wlc}-t_n)=3.0\times 4\times(33.4-24)=112.8(W)$$

根据第 7.2.7 条第 2 款，得：
$$C_z=C_w C_n C_s=1.0\times 0.5\times 1.0=0.5$$

查表 H.0.3，$C_{clc}=0.7$；查表 H.0.4，$D_{Jmax}=210$，则：
$$CL_C=C_{clc}C_z D_{Jmax}F_C=0.7\times 0.5\times 210\times 4=294(W)$$

则外围护结构形成的冷负荷为：
$$Q=163.3+112.8+294=570.1(W)$$

14.【参考答案】 C

【主要解题过程】 已知室内新风需求为 150m³/h，空气处理机组的新风比为 25%，则末端装置的一次风量应为：

$$L_1=\frac{150}{25\%}=600(m^3/h)$$

串联风机动力型末端的室内回风量为：
$$L_2=1200-600=600(m^3/h)$$

则混合温度为：
$$t_c=\frac{20+14}{2}=17(℃)$$

串联风机动力型末端的送风温度为：
$$t_0=20+\frac{4\times 3600}{1.02\times 1.2\times 1200}=29.9(℃)$$

则串联风机动力型末端的加热量为：
$$Q=\frac{1.01\times 1.2\times 1200\times(29.9-17)}{3600}=5.2(kW)$$

15.【参考答案】 B

【主要解题过程】用户侧总流量为：
$$G = \frac{Q}{c\rho\Delta t} = \frac{3600 \times 1161}{4.18 \times 1000 \times (12-7)} = 200(\text{m}^3/\text{h})$$

BC点之间的压差为：
$$\Delta P_{BC} = SG^2 = 0.55 \times 200^2 = 22000(\text{Pa}) = 22(\text{kPa})$$

B点的工作压力为：
$$P_B = P_A + H - \Delta P_{AB} - \Delta P_{冷机} - h_{BA} = 300 + (20-6-4) \times 9.8 - 0.35 \times 40 = 384(\text{kPa})$$

C点的工作压力为：
$$P_C = P_B - \Delta P = 384 - 22 = 362(\text{kPa})$$

16. 【参考答案】D

【主要解题过程】根据《洁净厂房设计规范》GB 50073-2013 第 6.1.5 条，补偿排风及维持正压需求新风量为：
$$L_{X1} = 8000 + 14000 = 22000(\text{m}^3/\text{h})$$

人员需求新风量为：
$$L_{X2} = 100 \times 40 = 4000(\text{m}^3/\text{h})$$

新风量二者取大值，为 $L_1 = 22000 \text{m}^3/\text{h}$。

根据热湿负荷计算所需风量为：
$$L_2 = \frac{3600 \times Q}{\rho \times (h_n - h_o)} = \frac{3600 \times 220}{1.2 \times (50.1 - 39.1)} = 60000(\text{m}^3/\text{h})$$

根据洁净需求计算所需风量为：
$$L_3 = 800 \times 3.5 \times 15 = 42000(\text{m}^3/\text{h})$$

根据第 6.3.2 条，送风量取三者最大值为 $L = 60000(\text{m}^3/\text{h})$。

17. 【参考答案】B

【主要解题过程】重庆属于夏热冬冷地区，根据《民用建筑供暖通风与空气调节设计规范》GB 50736-2012 第 8.5.12 条，热水循环泵的耗电输热比应满足：
$$ECHR = \frac{0.003096 \sum(G \cdot H/\eta_b)}{\sum Q} \leq \frac{A(B + \alpha \sum L)}{\Delta T}$$

根据表 8.5.12-1 注 1，空气源热泵，温差采用实际热水温差，则有：
$$\Delta T = \frac{Q \times 3600}{c\rho V} = \frac{1700 \times 3600}{4.18 \times 1000 \times 100 \times 2} = 7.3(\text{℃})$$

根据表 8.5.12-2，$A = 0.003858$。

根据表 8.5.12-3，$B = 21$。

根据定义 $\sum L = 400\text{m}$。

查表 8.5.12-5，两管制热水管 $\alpha = 0.0024$，故：
$$\eta_b \geq \frac{0.003096 \Delta T \sum GH}{A(B + \alpha \sum L) \sum Q} = \frac{0.003096 \times 7.3 \times 2 \times 100 \times 26}{0.003858 \times (21 + 0.0024 \times 400) \times 1700} = 0.816 = 81.6\%$$

18. 【参考答案】C
　　【主要解题过程】设备运转频率为：
$$f = \frac{n}{60} = \frac{900}{60} = 15(\text{Hz})$$

根据《民用建筑供暖通风与空气调节设计规范》GB 50736-2012 第 10.3.3 条及条文说明，设备的运转频率与弹簧隔振器的固有频率之比宜为 4～5，则选择弹簧隔振器的固有频率范围宜为：

$$f_0 = \frac{15}{(4 \sim 5)} = 3 \sim 3.75$$

根据条文说明，比值越大则隔振效果越好，则该范围内 f_0 越小隔振效果越好，可选择 Ⅱ 型或 Ⅲ 型，其中 Ⅱ 型隔振效果优于 Ⅲ 型。

单只隔振器的承载为：

$$P = \frac{368}{4} = 92(\text{kg})$$

接近 Ⅲ 型隔振器，无法达到 Ⅱ 型的额定荷载，故选 Ⅲ 型最为合理。

19. 【参考答案】A
　　【主要解题过程】上海市属于夏热冬冷地区，根据《建筑节能与可再生能源利用通用规范》GB 55015-2021 表 3.9.2-1，（新建建筑）800kW 的（定频）螺杆机 COP 限值为 5.6。根据《公共建筑节能设计标准》GB 50189-2015 第 4.2.12 条第 10 款，可得：

$$COP = \frac{800}{252 + 25} = 2.89$$

故不满足要求。

20. 【参考答案】D
　　【主要解题过程】当污垢系数为 $0.086\text{m}^2 \cdot \text{K/kW}$ 时，有：

$$制冷量 Q = \frac{350}{104\%} = 336.5(\text{kW})$$

$$耗功 W = \frac{350}{97\%} = 360.8(\text{kW})$$

$$COP_1 = \frac{COP_2}{104\%} \times 97\% = 93.3\% COP_2$$

21. 【参考答案】C
　　【主要解题过程】系统向土壤的释热量为：

$$Q_s = 380 \times \left(1 + \frac{1}{6.2}\right) = \frac{380 \times 7.2}{6.2} = 441.3(\text{kW})$$

系统从土壤的吸热量为：

$$Q_r = 300 \times \left(1 - \frac{1}{4.8}\right) = \frac{300 \times 3.8}{4.8} = 237.5(\text{kW})$$

$$\frac{Q_s}{Q_r} = \frac{441.3}{237.5} = 1.86 > 1.25$$

根据《民用建筑供暖通风与空气调节设计规范》GB 50736-2012 第8.3.4条条文说明可知应选取两者较小者，并设置辅助热源。

22.【参考答案】C

【主要解题过程】北京属于寒冷地区，根据《公共建筑节能设计标准》GB 50189-2015 第4.2.12条，螺杆机 $SCOP$ 限值为4.4，离心机 $SCOP$ 限值为4.5，按照冷量加权，系统限值为：

$$SCOP_0 = \frac{1408}{10900} \times 4.4 + \frac{3164 \times 3}{10900} \times 4.5 = 4.49$$

冷源设计供冷冷量为：

$$Q_C = 1408 + 3164 \times 3 = 10900 \text{(kW)}$$

螺杆机和离心机冷却水泵耗功率分别为：

$$N_1 = \frac{G_1 H_1}{367.3 \eta_1} = \frac{285 \times 30}{367.3 \times 0.88 \times 0.75} = 35.3 \text{(kW)}$$

$$N_2 = \frac{G_2 H_2}{367.3 \eta_2} = \frac{636 \times 32}{367.3 \times 0.88 \times 0.75} = 84 \text{(kW)}$$

冷源设计耗电功率为：

$$E_C = \frac{1408}{5.71} + \frac{3164 \times 3}{5.93} + 35.3 + 84 \times 3 + 15 + 30 \times 3 = 2239.6 \text{(kW)}$$

根据第2.0.11条及条文说明，$SCOP = \frac{Q_C}{E_C} = \frac{10900}{2239.6} = 4.87 > 4.49$，满足要求。

23.【参考答案】B

【主要解题过程】根据《复习教材》式（4.5-15），得：

$$f = \frac{\zeta_s}{\zeta_s - \zeta_w} = \frac{64\%}{64\% - 60\%} = 16$$

水蒸气的循环质量：

$$m = \frac{Q}{\Delta h} = \frac{1000}{2300} = 0.435 \text{(kg/s)}$$

稀溶液的循环质量

$$m_1 = m \times \zeta = 0.435 \times 16 = 6.96$$

浓溶液的循环质量

$$m_2 = m_1 - m = 6.96 - 0.435 = 6.525 \text{(kg/s)}$$

24.【参考答案】A

【主要解题过程】根据《冷库设计标准》GB 50072-2021 附录A.0.2，得：

$$Q_f = a(Q_r - Q_{tu}) \times \frac{24}{T} = 1 \times (12 - 3) \times \frac{24}{12} = 18 \text{(kW)}$$

25. 【参考答案】B

【主要解题过程】 由题意，每根立管有32个用户，每个单元64个用户。由《复习教材》表6.3-4可知，30户同时工作系数为0.19，40户同时工作系数为0.18，60户同时工作系数为0.176，70户同时工作系数为0.174，插值计算对应燃具同时工作系数为：

$$k_{32}=0.19+\frac{0.18-0.19}{40-30}\times(32-30)=0.188$$

$$k_{64}=0.176+\frac{0.174-0.176}{70-60}\times(64-60)=0.1752$$

由式（6.3-2）计算单根立管燃气流量：

$$Q_{h,32}=\sum k_{32}NQ_n=0.188\times32\times(0.6+1.1)=10.23(\text{m}^3/\text{h})$$

进楼总管计算流量为：

$$Q_{h,64}=\sum k_{64}NQ_n=0.1752\times64\times(0.6+1.1)=19.06(\text{m}^3/\text{h})$$

第3套卷·专业知识（上）答案及解析

(一) 单项选择题

1. 【参考答案】B

【解析】确定围护结构最小传热阻的原则，即是约束其内表面温度的条件，除浴室等相对湿度很高的房间以外，内表面温度应该满足内表面不结露的要求，内表面结露可导致耗热量增大和使围护结构易于损坏，既要限制围护结构的耗热量，同时也要防止内表面温度过低，人体向外辐射热过多而产生不适感。具体计算公式可参考《复习教材》第 1.1.3 节。

2. 【参考答案】B

【解析】《复习教材》第 1.2.1 节：当层高大于 4m 的工业建筑，冬季室内计算温度，(1) 地面：应采用工作地点的温度；(2) 墙、窗和门：应采用室内平均温度；(3) 屋顶和天窗：应采用屋顶下的温度 $t_d = t_g + \Delta t_H (H-2)$。

3. 【参考答案】C

【解析】根据《民用建筑供暖通风与空气调节设计规范》GB 50736-2012 第 5.2.2 条条文说明，选项 A 错误，公共建筑中照明、电脑的散热量属于恒定的散热量，在确定系统热负荷时应予以考虑；选项 B 错误，计算热负荷时，不经常出现的散热量，可不计算，经常出现但不稳定的散热量，应采用小时平均值。居住建筑内炊事、照明、家电等间歇性散热可作为安全量，不予考虑，公共建筑内较大且放热较恒定的物体的散热量，应予以考虑。根据《工业建筑供暖通风与空气调节设计规范》GB 50019-2015 第 5.2.8 条，工业建筑间歇供暖时对房间热负荷进行间接附加，选项 C 正确；注意此处与《民用建筑供暖通风与空气调节设计规范》GB 50736-2012 第 5.2.8 条的区别，民用建筑间歇供暖时供暖热负荷应对围护结构耗热量进行间歇附加；根据《复习教材》，虽然窗墙面积比（不含窗）为 800：(1500－800) >1：1，但是附加量为 10%，选项 D 错误。

4. 【参考答案】A

【解析】《复习教材》第 1.1.3 节：围护结构最小传热阻的允许温差公式：$\Delta t_y = \dfrac{R_n}{R_0}(t_n - t_w)$，其中 R_0 为围护结构传热阻，$R_0 = R_n + R_j + R_w$，故 Δt_y 和 t_n、t_w、R_n、R_w 以及围护结构本体热阻有 R_j 关。选项 A 错误，围护结构的最小传热阻 $R_{0,\min} = \dfrac{(t_n - t_w)}{\Delta t_y} R_n - (R_n + R_w)$，是由满足 Δt_y 来确定的。

5. 【参考答案】C

【解析】《公共建筑节能设计标准》GB 50189-2015 第 3.4.1 条增加了围护结构热工性能权衡判断的准入条件，即当围护结构热工性能不满足 3.3 节（现为《建筑节能与可再生能源利用通用规范》GB 55015-2021 第 3.1 节）有关要求时，应先满足第 3.4.1 条才进行热工性能权衡判断，否则应提高热工参数。

哈尔滨属于严寒 A、B 区。选项 A，外窗传热系数虽然不满足《建筑节能与可再生能源利用通用规范》GB 55015-2021 表 3.1.10-1，但不满足《公共建筑节能设计标准》GB 50189-2015 表 3.4.1-1 的准入条件，故不应进行热工权衡判断；选项 B，外墙传热系数满足表 3.1.10-1，故无需进行热工权衡判断；选项 C，屋面传热系数不满足表 3.1.10-1，且满足《公共建筑节能设计标准》GB 50189-2015 表 3.4.1-1 的准入条件，应进行热工权衡判断；选项 D，外墙传热系数满足《建筑节能与可再生能源利用通用规范》GB 55015-2021 表 3.1.10-1，故无需进行热工权衡判断。

6.【参考答案】D

【解析】根据《工业建筑节能设计统一标准》GB 51245-2017 第 5.2.2 条，热水和蒸汽是集中供暖最常用的两种热媒，蒸汽供暖不利于节能，优先推荐采用热水做供暖热媒。有时生产工艺是以蒸汽为热源，因此也不对蒸汽供暖持绝对否定的态度，当厂区供热以工艺用蒸汽为主时，生产厂房、仓库、公用辅助建筑物可采用蒸汽作为热媒，生活、行政辅助建筑物仍采用热水作为热媒。当利用余热或可再生能源供暖时，热媒及其参数受到工程条件和技术条件的限制，需要根据具体情况确定。根据第 5.2.9 条，热风供暖风机电耗大，不利于节能运行，严寒及寒冷地区的工业厂房不宜单独采用热风系统进行冬季供暖，宜采用散热器供暖、辐射供暖等系统形式。

7.【参考答案】C

【解析】根据《复习教材》第 1.9.2 节，选项 B 正确；根据《公共建筑节能设计标准》GB 50189-2015 第 4.5.3 条，选项 A 正确；根据第 4.5.6 条条文说明，选项 C 错误，选项 D 正确，除末端只设手动风量开关的小型工程以外，供暖空调系统均应具备室温自动调控功能。

8.【参考答案】D

【解析】根据《复习教材》第 1.8.10 节，选项 ABC 正确，选项 D 错误，不应随意变动平衡阀开度。

9.【参考答案】B

【解析】根据《复习教材》第 1.10.7 节 "4. 水力工况分析"，设计工况下，垂直单管系统不同楼层房间散热器表面温度和传热系数不同（上层房间比下层房间高），因为系统形式，顶层比底层供回水平均温度高、传热系数大，所以顶层的散热器传热面积比底层小，则散热器散热量受到流量变化影响较底层小。

10.【参考答案】D

【解析】参考《工业建筑供暖通风与空气调节设计规范》GB 50019-2015 第 5.3.6 条。

11. 【参考答案】C

【解析】参考《住宅建筑规范》GB 50368—2005 表 7.4.1。

12. 【参考答案】D

【解析】《复习教材》第 2.9.1 节：按气流方向，应选择在局部阻力之后大于或等于 4 倍矩形风管长边尺寸（圆形风管直径）及局部阻力之前大于或等于 1.5 倍矩形风管长边尺寸（圆形风管直径）直管段上。

13. 【参考答案】C

【解析】根据《复习教材》第 2.2.2 节，选项 AD 正确；根据式（2.2-5），选项 C 错误，应为质量流量；根据《民用建筑供暖通风与空气调节设计规范》GB 50736—2012 第 6.4 条，选项 B 正确。

14. 【参考答案】D

【解析】根据《工业建筑供暖通风与空气调节设计规范》GB 50019—2015 第 6.9.15 条，选项 D 应为爆炸下限的 25% 及以上时。

15. 【参考答案】B

【解析】根据《复习教材》第 2.15 节，选项 A 正确；选项 C 正确；1kg 相当于 9.8N，180kg 的风机重力为 180×9.8/1000＝1.764kN，只对于大于 1.8kN 的风机吊装要求采用抗震支吊架，选项 B 错误；选项 D 正确。

16. 【参考答案】C

【解析】根据《建筑防烟排烟系统技术标准》GB 51251—2017 第 5.2.2 条，选项 A 正确；根据《建筑设计防火规范》GB 50016—2014（2018 年版）第 5.5.14 条，选项 B 正确；根据《建筑设计防火规范》GB 50016—2014（2018 年版）第 8.5.3 条，地下建筑面积小于 50m^2 的歌舞娱乐放映场所应设置排烟，根据《建筑防烟排烟系统技术标准》GB 51251—2017 第 4.4.12 条，对于需要设置机械排烟系统的房间，当其建筑面积小于 50m^2 时，可通过走道排烟，排烟口可设置在疏散走道，但设置在房间内也满足规范，不能认为是不合理的，即设置在房间内和走道内皆可。

根据《汽车库、修车库、停车场设计防火规范》GB 50067—2014 第 8.2.6 条，排烟口距该防烟分区内最远点的水平距离不应大于 30m，是指防烟分区内任一点与最近的排烟口之间的水平距离不超过 30m，而不是所有排烟口距最远点均不超过 30m。地下车库防烟分区一般较大，若要求所有排烟口距最远点均不超过 30m，则排烟口将会集中到中间局部一块，与该条本身保证排烟效果的要求是相悖的。另外，一般地下汽车库设计时，排风系统会与排烟系统合用，排风口布置时要尽量要求均布原则，而不是集中设置。

17. 【参考答案】D

【解析】根据《复习教材》第 2.2.5 节，选项 ABC 正确，选项 D 错误，通过计算确定，还需保证换气次数不应小于 $12h^{-1}$。同时，根据《民用建筑供暖通风与空气调节设计规范》GB 50736-2012 第 6.3.9 条，事故通风量宜按根据放散物的种类、安全及卫生浓度要求，按全面排风计算确定，且换气次数不应小与 $12h^{-1}$。

18. 【参考答案】D

【解析】根据《复习教材》第 2.5.4 节"2. 旋风除尘器"，旋风除尘器主要处理炉窑烟气、气力输送气固分离，这些颗粒粒径比电焊烟尘大很多，因此选项 A 不合理；旋风除尘器可以处理高温烟尘，布袋除尘器处理烟尘的温度与滤料有关，根据"3. 袋式除尘器（4）袋式除尘器的滤料"，其中耐温最高的滤料是金属纤维，可耐 500℃ 高温，因此选项 B 不正确；根据"5. 静电除尘器"中"（3）静电除尘器的主要特点"，选项 C 不正确，静电式样尘器仅可处理温度在 350℃ 以下的气体；选项 D 即为静电除尘器的优点，故说法正确。

19. 【参考答案】C

【解析】根据《通风与空调工程施工质量验收规范》GB 50243-2016 第 6.2.2 条，选项 A 错误，应全数检查；根据第 6.2.4 条，选项 B 错误，应为外表面高于 60℃ 的且位于人员易接触部位的风管；根据第 6.2.7 条第 5 款，选项 C 正确。根据第 6.2.9 条第 2 款，选项 D 错误，N1～N5 级的系统按高压系统风管的规定执行；N6～N9 级且工作压力小于或等于 1500Pa 的，均按中压系统风管的规定执行。

20. 【参考答案】D

【解析】《复习教材》第 3.2.1 节"2. 得热量与冷负荷"：注意得热量和冷负荷的区别以及对流得热量和辐射得热量的区别。得热量不一定等于冷负荷，得热量中的对流成分会直接转化为冷负荷，而辐射成分要经过一段时间间接转化为冷负荷，故冷负荷的峰值小于得热量的峰值，冷负荷的峰值时间晚于得热量的峰值时间。

21. 【参考答案】A

【解析】根据《复习教材》图 3.1-8，选项 BD 错误。《热环境的人类工效学 通过计算 PMV 和 PPD 指数与局部热舒适准则对热舒适进行分析测定与解释》GB/T 18049-2017/ISO7730：2005 附录 A.1 中，将人体期望热环境分为 A、B、C 三类，其中选项 A 为 B 类期望热环境。

22. 【参考答案】A

【解析】可以通过不同的途径，即采用不同空气处理过程方案而得到同一种送风状态，选项 A 错误。根据《复习教材》第 3.4.1 节，选项 B 正确，选项 D 正确。使用盐水溶液处理空气时，在理想条件下，被处理的空气状态变化将朝着溶液表面空气层的状态进行。根据盐水溶液浓度和温度不同，可能实现各种空气处理过程，包括喷水室和表冷器所能实现的各种过程，选项 C 正确。

23. 【参考答案】D

【解析】新风、排风吸入式特点：进入热回收器的气流均匀，在保证新风侧风压大于排风侧时，排风泄漏风量较少；新风压出、排风吸入式特点：新风进入热回收器的气流均匀性较差，排风气流较好，由于新风侧风力总大于排风侧，排风泄漏风量少。新风、排风压出式特点：进入热回收器的气流均匀性较差，由于新风与排风侧压差较难合理匹配，故排风泄漏风量较大。

24.【参考答案】C

【解析】自动加药系统相关内容见《复习教材》第 3.7.8 节。加药装置宜设置在系统压力较低的管路，选项 A 错误；由图 3.7-25 可知，泄压阀仅当系统设闭式定压装置时才设置，选项 B 错误；根据表 3.7-11 和表 3.7-12，选项 D 错误，冷水系统循环水水质 pH 要求为 7.5～10，冷却水循环水的水质 pH 要求为 7.5～9.5。

25.【参考答案】C

【解析】根据《民用建筑供暖通风与空气调节设计规范》GB 50736-2012 第 10.3.3 条、第 10.3.4 条，选项 C 错误，是对橡胶隔振器选用的要求。

26.【参考答案】A

【解析】根据《复习教材》第 3.7.2 节，平衡管管径不应小于总供回水管管径，否则可能会产生平衡管压力不平衡，回水倒灌，使得供水温度不断升高进入恶性循环。故选项 A 会导致温度偏高，选项 B 为正确设置方式。变流量调节系统中，压差旁通阀设计流量应不小于单台冷水机组最小流量，与额定流量无关，选项 CD 为无关项。

27.【参考答案】A

【解析】《复习教材》第 3.8.6 节。数字量 D：开关量，双位式。模拟量 A：连续变化的参数。输入量 I：指的是由外界向控制器发送的信号。输出量 O：指的是由控制器对外发出的指令信号。送风温度为连续性监测为 AI；冷却盘管水量调节为连续性控制 AO；送风机运行状态为开关量监测 DI；送风机启停控制为开关量控制 DO。

28.【参考答案】D

【解析】根据《洁净厂房设计规范》GB 50073-2013 第 2.0.42 条及 2.0.43 条，选项 AB 均错误。M 描述符用于微粒子，U 描述用于超细粒子，而悬浮粒子则采用空气洁净度等级划分。选项 C 相当于按照小于等于进行区分，与第 2.0.12 条说法及实际划分等级说法矛盾，应为大于等于或不小于。根据第 3.0.1 条第 4 款，选项 D 正确，注意规范中 0.1～0.5μm 应勘误为 0.1～5μm，为规范错误。

29.【参考答案】C

【解析】《洁净厂房设计规范》GB 50073-2013 第 6.5.1 条：空气洁净度等级严于 8 级的洁净室不得采用散热器供暖。条文说明：包括 8 级及 8 级别以上的洁净室不应采用散热器。即应该为 9 级，注意规范条文说明与条文理解的细微差别。

30. 【参考答案】B

【解析】根据《复习教材》第4.1节，排序原则为：理想的＞有传热温差的理想的（考虑温差损失）＞理论的（再考虑节流过程的损失和过热损失）＞实际的（再考虑其他的节流损失、换热损失和摩擦损失）。

31. 【参考答案】D

【解析】选项A错误，详见《民用建筑供暖通风与空气调节设计规范》GB 50736-2012 第8.3.1条条文说明，应正确理解"室外空气过于潮湿，使得融霜时间过长"：(1) 室外空气潮湿到一定的程度，融霜时间才越长；(2) 在不考虑的范围内或没潮湿到相应的程度，融霜时间不变；选项B错，详见《蒸气压缩循环冷水（热泵）机组第1部分：工业或商业用及类似用途的冷水（热泵）机组》GB/T 18430.1-2007 第4.3.2.2条，应为 $0.018m^2·℃/kW$；选项C详见《复习教材》图4.3-14，冷水温度升高，蒸发压力升高，制冷量增大，耗功增加，环境温度升高，冷凝压力升高，制冷量减少，耗功增加；选项C表述正确，但与题目所问无关，故为错项；选项D正确，出水温度升高，冷凝压力升高，制热量增加，压缩比增加，耗功增加，环境温度降低，蒸发温度下降（甚至结霜），制冷剂流量减小，制热量下降，耗功减小。

32. 【参考答案】C

【解析】根据《水（地）源热泵机组》GB/T 19409-2013 第3.2条：$ACOP=0.56EER+0.44COP=4.624$。

33. 【参考答案】B

【解析】《民用建筑供暖通风与空气调节设计规范》GB 50736-2012 第11.1.7条和《公共建筑节能设计标准》GB 50189-2015 第4.3.23-5条：采用非闭孔材料保冷时，外表面应设隔汽层和保护层；保温时，外表面应设保护层。

34. 【参考答案】C

【解析】参考《复习教材》图4.8-2。

35. 【参考答案】B

【解析】《复习教材》第4.7.1节：水蓄冷属于显热蓄冷方式，蓄冷密度小，蓄冷槽体积庞大，冷损耗也大（约为蓄冷量的5％～10％），选项D正确。冰蓄冷的蓄冷密度大，故冰蓄冷槽小，冷损耗小（约为蓄冷量的1％～3％），冰蓄冷供水温度接近0℃，可实现低温送风，选项AC正确。冰蓄冷制冰时蒸发温度的降低会带来压缩机的COP降低，故冰蓄冷系统制冷机的性能系数低于水蓄冷系统制冷机的性能系数，选项B错误。

36. 【参考答案】C

【解析】由题意可知，河北考前两周加班的时间大概为10月份，办公楼夜间运行机组突然停机，大概率是因为室外环境温度低且机组在低负荷运行引起机组的冷却水进水温度过低，冷却塔出水温度在一定范围内能使制冷机保持稳定运行，而且能起到明显的节能效果。

冷却塔的出水温度最低控制值,可根据选用的制冷剂的性能和参数曲线以及当地的气象条件确定。一般可以采用冷却塔出水温度控制风机的启动或者在冷却塔进水管路上安装电动两通调节阀来旁通部分冷却水量,保证供制冷剂的冷却水混合温度。故选项 C 的系统中未设置冷却水旁通调节阀,无法对冷却塔的出水温度进行控制是最可能的原因,详《民用建筑供暖通风与空气调节设计规范》GB 50736-2012 第 8.6.3 条。选项 A 错误,冷却水和冷水系统不会混合设计,选项 B 不会引起冷却水进水温度降低,选项 D 中压差旁通管用来解决冷水机组定流量和最小流量运行和用户侧变流量运行之间的问题。

37. 【参考答案】C
【解析】增加的扬程=64×2×76×1.5=14592Pa≈15kPa。注:闭式水系统不考虑楼高度提升。

38. 【参考答案】C
【解析】根据《冷库设计标准》GB 50072-2021 第 6.7.16 条,选项 A 正确;根据第 7.2.4 条,选项 B 正确;根据第 6.7.13 条,选项 C 错误,应为"周围 50m 范围内";根据第 6.7.3 条第 2 款,选项 D 正确。

39. 【参考答案】D
【解析】根据《建筑给水排水设计标准》GB 50015-2019 第 2.1.52 条:通气管使排水系统内空气流通,压力稳定,防止水封破坏而设置。注意和第 4.6.1 条的区别:设置伸顶通气管的目的是有两大作用:(1)排除室外排水管道中污浊的有害气体至大气中;(2)平衡管道内正负压,保护卫生器具水封。

40. 【参考答案】D
【解析】根据《城镇燃气设计规范》GB 50028-2006(2020 版)第 10.2.27 条第 2 款:竖井内的燃气管道的最高压力为 0.2MPa,选项 A 错误;根据第 10.2.27 条第 1 款,选项 B 错误,可以与热力管道共用管井,但不可以与通风管、排气管共用管井;根据第 10.2.27 条第 3 款,应每隔 2~3 层做相当于楼板耐火极限的不燃烧体进行防火分隔,选项 C 错误;根据第 10.2.27 条第 4 款,每隔 4~5 层设一燃气浓度检测报警器,选项 D 正确。

(二)多项选择题

41. 【参考答案】ABD
【解析】根据《民用建筑供暖通风与空气调节设计规范》GB 50736-2012 第 5.4.1 条、第 5.3.1 条、第 5.3.6 条、第 5.4.12 条,选项 ABD 正确,选项 C 应为地面采用的温度,毛细管网吊顶供水温度宜为 25~35℃。选项 D 属于需要结合条文和条文说明的情况,第 5.3.6 条表述为:采用钢制散热器时,并满足产品对水质的要求,在非供暖季节系统应充水保养;采用铝制散热器时,应选用内防腐型,并满足产品对水质的要求。这里两者相比较,铝制散热器未提及在非供暖季节应充水保养,选项 D 铝制散热器穿插了两者的要求,会有考生掉入这个理解的陷阱。但要注意条文说明提到"供暖系统在非供暖季节应充水保养,不仅是使用钢制散热器供暖系统的基本运行条件,也是热水供暖系统的基本运行条件"。由此判定钢制散热器和铝制散热器在非供暖期皆应充水保养。

42. 【参考答案】ABCD

【解析】《民用建筑供暖通风与空气调节设计规范》GB 50736-2012 第 5.3.10 条:幼儿园、老年人和特殊功能要求的建筑的散热器必须暗装或装防护罩。第 5.3.9 条的说明中,"特殊功能要求的建筑"指精神病院、法院审查室等。其中如果没详细看过规范的说明,法院审查室很有可能会被漏掉。

43. 【参考答案】ABC

【解析】(1) 选项 A,双 U 管单口井取热量、释热量要大于单 U 管井,但取热量、释热量量化标准需依井群所处地质条件决定。通常来讲,单 U 井较双 U 井热量较小,为双 U 井热量的 60%~80%,《实用供热空调设计手册(第二版)》:同样工程条件下,双 U 形管比单 U 形管换热性能提高 15%~30%;根据《地源热泵系统工程技术规范》GB 50366-2005 (2009 版)第 4.3.9 条文说明,单 U 管与双 U 管管内流速不同。综上可判断选项 A 错误。

(2) 选项 B,由关键词为寒冷地区、高密度建筑可知,建筑全年需热量及供热时间大于排热量及排热时间,地下热平衡需计算确定。一般而言,需另设置补热装置;同时高密度建筑,井群布置空间受限。根据《民用建筑供暖通风与空气调节设计规范》GB 50736-2012 第 8.3.5 条第 1 款,地下水的持续出水量应满足地源热泵系统的最大吸热量或释热量的要求,而寒冷地区通常吸热量大于释热量,同时根据第 8.3.5 条条文说明,采用变流量设计是为了尽量减少地下水的用量和减少输送动力消耗,也说明不宜大量使用。综上所述,土壤源热泵系统在"寒冷地区""高密度建筑","大量安全使用"不严谨,不科学。

(3) 选项 C,空气源热泵供暖运行时,主要取决于室外环境温度,"一定比土壤源热泵系统差"过于绝对。

(4) 选项 D 正确,参见《地源热泵系统工程技术规范》GB 50366-2005 (2009 版)第 4.3.2 条。

44. 【参考答案】BCD

【解析】选项 A 正确,当热网供水压力线或静水压线低于建筑物供暖系统高度时,应采用间接连接,见《城镇供热管网设计标准》CJJ/T 34-2022 第 10.3.2 条第 1 款;故选项 BCD 为直接连接皆不满足规范要求。选项 B,无混合装置的直接连接要求热网的资用压差大于供暖系统要求的压力损失。选项 C,只有在当底层散热器存在运行超压情况时,可采用在供水管上设节流,以保证回水管上压力不超过散热器承受的允许压力,但此时用户作用压头不足,才需在回水管上设加压泵,压回外网回水管。选项 D,混合水泵直接连接一般用于"用户与热网水温不符"的高温水供暖系统或当建筑物用户引入口热水管网供回水压差较小不能满足喷射泵正常工作时采用。

45. 【参考答案】BCD

【解析】选项 A 错误,见《民用建筑供暖通风与空气调节设计规范》GB 50736-2012 第

8.8.2条，一般区域供冷的供回水温差不小于7℃，供回水温度建议为5℃/13℃；选项B正确，见《复习教材》表1.11-9；选项C正确，见《民用建筑供暖通风与空气调节设计规范》GB 50736-2012第5.6.8条，燃气燃烧后的尾气为二氧化碳和水蒸气，无特殊要求时，燃气红外线辐射供暖尾气应排至室外，当在农作物、蔬菜、花卉温室等特殊场合，允许其尾气排至室内；根据《复习教材》表1.10-1，选项D正确。

46. 【参考答案】ABD

【解析】根据《锅炉房设计标准》GB 50041-2020第4.1.1条，选项AB正确；选项C中全年运行的锅炉房应设置于总体最小频率风向的上风侧，季节性运行的锅炉房应设置于该季节最大频率风向的下风侧，并应符合环境影响评价报告提出的各项要求，故选项C不正确。根据第4.1.2条和4.1.4条，锅炉房宜为独立的建筑物，住宅建筑物内，不宜设置锅炉房，但规范未禁止。

47. 【参考答案】CD

【解析】《建筑给水排水及采暖工程施工质量验收规范》GB 50242-2002第3.2.4条和3.2.5条。选项CD正确，选项A错误，安装在主干管上起切断作用的阀门，应逐个进行试验，其余的阀门试验应在每批（同牌号、同型号、同规格）数量中抽查10%，且不少于一个。选项B错误，阀门的强度试验压力为公称压力的1.5倍。

48. 【参考答案】BC

【解析】根据《复习教材》表2.1-8，选项BC正确。

49. 【参考答案】ABCD

【解析】详见《民用建筑供暖通风与空气调节设计规范》GB 50736-2012第6.1.6条，条文列举了6种需要单独设置排风系统的情况。选项A属于散发剧毒物质的房间，选项C属于有卫生防疫要求的房间，选项B和选项D属于建筑中存有容易起火或爆炸危险物质的房间。

50. 【参考答案】ABC

【解析】(1)选项A错误，参见《工作场所有害因素职业接触限值 第2部分：物理因素》GBZ 2.2-2007附录A.8.1，工业场所微波辐射接触限值适用于接触微波辐射的各类作业，不包括居民所受环境辐射及接受微波诊断和治疗的辐射。

(2)选项B错误，参见《工作场所有害因素职业接触限值 第2部分：物理因素》GBZ 2.2-2007第10.2.1条和第10.2.2条，并查附录B，锻造工作属于中等劳动强度，在接触时间率为50%时，WBGT限值为30℃，查《民用建筑供暖通风与空气调节设计规范》GB 50736-2012，南京地区室外通风设计温度为31.2℃，大于30℃，将规定增加1℃，故应为31℃。

(3)选项C错误，参见《工作场所有害因素职业接触限值 第1部分：化学有害因素》GBZ 2.1-2019附录A.5.1，在备注栏中标（敏）是指已被人或动物资料证实该物质可能有致敏作用，但并不表示致敏作用是制定PC-TWA所依据的关键效应，也不表示致敏效应是制定 PC-TWA 的唯一依据。

(4) 选项 D 正确,参见《工作场所有害因素职业接触限值 第 1 部分:化学有害因素》GBZ 2.1-2019 第 6.3.3 条及表 1 第 132 项,己内酰胺 PC-TWA 为 5mg/m³,15min 被超限倍数为 3 倍,而实测的是 PC-TWA 的 2.4 倍<3 倍,正确。

51.【参考答案】 AD

【解析】 选项 A 满足规范要求,《民用建筑供暖通风与空气调节设计规范》GB 50736-2012 第 6.3.4 条第 3 款,全面换气次数不宜小于 $3h^{-1}$,计算排气量为 84m³/h;选项 B 错误,见第 6.3.6 条第 2 款,全面换气次数不宜小于 $10h^{-1}$,计算排气量为 120m³/h;选项 C 错误,见第 6.3.7 条第 2 款,事故通风量宜按 183m³/(h·m²)计算且最小排风量不应小于 34000m³/h;选项 D 满足要求,根据《工业建筑供暖通风与空气调节设计规范》GB 50019-2015 第 6.3.8 条,当房间高于 6m 时,换气次数按每平方米每小时 6m³/(h·m²)计算,而不是按 $1h^{-1}$ 计算,故计算排风量为 1800m³/h。

52.【参考答案】 AD

【解析】 根据《汽车库、修车库、停车场设计防火规范》GB 50067-2014 第 8.1.5 条,设置通风系统的汽车库,其通风系统宜独立设置。其条文说明中明确组合建筑内的汽车库和地下汽车库的通风系统应独立设置,不应和其他建筑的通风系统混设。选项 A 正确。根据《民用建筑供暖通风与空气调节设计规范》GB 50736-2012 第 6.3.8 条条文说明,选项 B 错误,当采用常规机械通风方式时,CO 气体浓度传感器应采用多点分散设置;当采用诱导式通风系统时,传感器应设在排风口附近。根据第 6.3.8 条第 1 款,选项 C 不合理,当车库内 CO 最高允许浓度大于 30mg/m³ 时,应设机械通风系统。根据第 6.3.8 条第 3 款,选项 D 正确。

53.【参考答案】 ABC

【解析】 详见《复习教材》第 2.5.4 节"4. 滤筒式除尘技术",选项 D 错误,由于滤筒式除尘器内部滤料折叠层较多,当含尘气体中颗粒物浓度较高时,容易造成滤料折叠区堵塞,使有效过滤面积减少。在净化粘结性颗粒物时,滤筒式除尘器要谨慎使用。

54.【参考答案】 ABD

【解析】 根据《建筑防烟排烟系统技术标准》GB 51251-2017 第 3.1.2 条,选项 B 为建筑高度大于 50m 的公共建筑,即使每 5 层开窗面积满足规范自然通风要求,防烟楼梯间需设置机械加压送风系统。根据第 3.3.11 条,设置机械加压送风系统的防烟楼梯间需要在顶部设置固定窗,靠外墙的防烟楼梯间,需要在外墙设置固定窗,选项 AB 正确。选项 C 规范无要求。根据第 4.1.4 条第 4 款,该部位需设机械排烟和固定窗。

55.【参考答案】 ABCD

【解析】 根据《建筑防烟排烟系统技术标准》GB 51251-2017 第 3.1.2 条和第 3.1.3 条,共用前室和消防电梯前室合用的"三合一"前室应采用机械加压送风系统,选项 A 错误

(图中不可以采用自然开窗的形式)。根据第3.1.6条，当地下封闭楼梯间与地上楼梯间共用时，不满足首层设置有效面积不小于$1.2m^2$的可开启外窗来自然通风的条件，应设置机械加压送风系统，选项B错误（图中地上地下共用楼梯间）。根据第3.1.3条，设有两个及以上不同朝向的可开启外窗，合用前室两个外窗面积分别不小于$3.0m^2$时，楼梯间可不设防烟系统，选项C错误，此处仅要求可开启外窗面积分别不小于$3.0m^2$，而非可开启外窗有效面积。根据第3.3.10条，采用机械加压送风的场所不应设置百叶窗，且不宜设置可开启外窗，选项D错误（楼梯间设置百叶窗为不应，前室设置可开启外窗为不宜）。

56. 【参考答案】BC

【解析】在大型公共建筑中，空调负荷显现出内外分区的特点，冬季内区要供冷，外区要供热，不同的空调分区不仅室内设计参数可能不同，而且送风参数也不同。

57. 【参考答案】AD

【解析】选项A正确，置换通风主要适用于去除冷负荷，《民用建筑供暖通风与空气调节设计规范》GB 50736-2012 第7.4.7条指出污染源为热源，且对单位面积冷负荷提出了要求；选项B错误，置换通风计算设计原则除了人员活动区垂直温差要求，还有人体周围风速要求及影响空气质量的污染物浓度要求；选项C错误，见第7.4.7条第2款，应为"夏季置换通风送风温度不宜低于18℃"；选项D正确，见第7.4.7条条文说明，其他气流组织形式会影响置换气流的流型，无法实现置换通风。

58. 【参考答案】CD

【解析】参考《民用建筑供暖通风与空气调节设计规范》GB 50736-2012 第7.3.18条。另外还有：室内散发有毒有害物质，以及防火防爆等要求不允许空气循环使用；卫生或工艺要求采用直流式全新风空调系统。

59. 【参考答案】ABCD

【解析】从图中可以看出，选项A正确。PTC型（正温度系数）和CTR型（临界温度）热敏电阻在临界温度附近电阻变化十分剧烈，因此只适用于作为双位调节的温度传感器，只有NTC型（负温度系数）热敏电阻才适用于连续作用的温度传感器，其精度可以达到0.1℃，感温时间可小于10s，选项BCD正确。

60. 【参考答案】BCD

【解析】参考《风机盘管机组》GB/T 19232-2019 第4.1.4条和表15。

61. 【参考答案】AC

【解析】根据《复习教材》第3.8.3节，选项A正确，应具有补偿水换热器特性的能力（表冷器的特性为非线性），采用等百分比型阀门更为合理；选项B错误，当阀权度小于0.6时，蒸汽换热器控制阀宜采用等百分比型阀门，当阀权度较大时，宜采用直线型阀门；选项D错误，等百分比特性的阀门流量与阀门开度不成正比，而是指阀门相对开度的变化所引起的阀门相对流量的变化，与该开度时的相对流量成正比，即小开度是流量变化小，大开度时流量变化大。选项C正确，《民用建筑供暖通风与空气调节设计规范》GB 50736-2012 第9.2.5条及《工业建筑供暖通风与空气调节设计规范》GB 50019-2015 第11.2.8条第4款：调节阀的口径应根据使用对象要求的流通能力，通过计算选择确定。

62. 【参考答案】ABC

【解析】根据《洁净厂房设计规范》GB 50073-2013 第6.1.5条，按照下述两者取大值：(1) 补偿室内排风量和保持室内正压值所需新鲜空气量之和 $= 240+300 = 540\text{m}^3/\text{h}$；(2) 保证供给洁净室内每人每小时的新鲜空气量 $= 400\ \text{m}^3/\text{h}$。

63. 【参考答案】AC

【解析】根据《复习教材》第4.7.1节。选项A正确，冰蓄冷利用峰谷电价可节省运行费用，但冰蓄冷主机蓄冰工况COP低，能耗高，即常说的节钱不节能。选项B错误，蓄冷系统可在系统中另设夜间系统。选项C正确，冰蓄冷双工况主机为额外投资。选项D错误，应为融冰优先策略。

64. 【参考答案】CD

【解析】北京冬奥会制冷技术采用的是CO_2跨临界直冷制冰技术，与传统的蒸汽压缩循环相比，跨临界CO_2循环传热系数和制冷效率都很高，且能更精准控制温度。选项A的"超临界"错误，超临界CO_2主要用于萃取技术。选项B错误，CO_2跨临界直冷制冰技术不同于传统的间接制冷（载冷剂制冷），而是直接蒸发制冷，CO_2作为制冷剂在冰场地下管道中直接蒸发，传热系数和制冷效率都很高。选项C正确，制冷产生的余热用于运动员生活热水、融冰池融冰、冰面维护浇冰等，也利用CO_2制冰所产生的热源，可相应节省用热耗电。根据《复习教材》表4.2-2，选项D正确。

65. 【参考答案】AC

【解析】根据《复习教材》第4.3.2节，选项AC正确，选项BD错误，离心式制冷压缩机的电源一般为三相交流50Hz（国外有60Hz产品），额定电压可为380V、6kV和10kV三种。一般来讲，采用高压供电可为用户节省供配电投资30%～50%，还能减少变压器和线路的电能消耗，降低维护费用。因此，在供电允许和保证安全的情况下，经技术经济比较分析，大型离心式制冷站应采用高压供电方式。

66. 【参考答案】ABD

【解析】根据《复习教材》第4.5.3节，选项A错误，应为异辛醇；选项B的做法使溶液呈碱性，保持在pH在9.5～10.5范围内，对碳钢——铜的组合结构防腐蚀效果良好，故选项B错误，选项C正确；融晶管时在发生器中设有的浓溶液溢流管，当热交换器浓溶液通路因结晶被阻塞时，发生器的液位升高，浓溶液经溢流管直接进入吸收器，提高进入热交换器的稀溶液温度，有助于浓溶液侧结晶的缓解，故不需要设置电磁阀进行开闭控制，故选项D错误。

67. 【参考答案】BC

【解析】根据《复习教材》第 4.3.2 节，离心式压缩机在低负荷运行即气体流量过小时，容易发生喘振，造成周期性的增大噪声和振动，故选项 A 错误。冷凝器换热管内表面积垢，导致传热热阻增大，换热效果降低，使冷凝温度升高或蒸发温度降低，易导致喘振发生，故选项 B 正确。制冷系统中有不凝性气体时，绝热指数升高，空气凝积在冷凝器上部时，造成冷凝压力和冷凝温度升高，易导致喘振，故选项 C 正确。冷却塔冷水水循环量不足，进水温度过高等，由于冷却塔冷却效果不佳而造成冷凝压力过高，会导致喘振发生，故选项 D 错误。

68. 【参考答案】ABC

【解析】根据《民用建筑绿色设计规范》JGJ/T 229-2010 第 2.0.2 条、第 2.0.3 条可知，选项 AB 正确，选项 D 错误。被动式指非机械、不耗能或少耗能的方式；主动式是指消耗能源的机械系统。新排风热回收技术以及一些免费制冷技术都属于被动技术，可参照《近零能耗建筑技术标准》GB/T 51350-2019，CO_2 直冷制冰技术属于主动的制冷技术。

69. 【参考答案】ABCD

【解析】本题的选项中基本上都用了"必须"和"应该"的字眼，与《绿色建筑评价标准》GB/T 50378-2019 相对照，"控制项"中并没有必须要求采用地源热泵系统、地板供暖系统和顶棚辐射＋地板置换通风的供暖、空调系统和可再生能源利用要求，故选项 ABCD 全部错误。

70. 【参考答案】ACD

【解析】选项 A 错误，见《民用建筑供暖通风与空气调节设计规范》GB 50736-2012 第 8.5.23 条第 5 款，冷凝水管不得与室内雨水系统直接连接；选项 B 正确，见《建筑给水排水设计标准》GB 50015-2019 第 4.1.5 条；选项 C 错误，根据《建筑给水排水设计标准》GB 50015-2019 第 4.2.4 条第 3 款、第 4.4.12 条，医院污水必须进行消毒处理，但仅指含有大量致病菌，放射性元素超过排放标准的医院污水应单独排水；选项 D 错误，见《住宅建筑规范》GB 50368-2005 第 8.2.7 条，住宅厨房和卫生间的排水立管应分别设置。

第 3 套卷·专业知识（下）答案及解析

（一）单项选择题

1. 【参考答案】B
【解析】根据《建筑设计防火规范》GB 50016-2014（2018年版）第9.2.1条：在散发可燃粉尘、纤维的厂房内，散热器表面平均温度不应超过82.5℃，选项B刚好82.5℃，选项D平均温度为100℃。输煤廊的供暖散热器表面温度不应超过130℃。

2. 【参考答案】B
【解析】40kW/(500-200)m² = 133W/m²，注意本题按全面供暖计算。

3. 【参考答案】B
【解析】吉林长春属于严寒C区，根据《民用建筑供暖通风与空气调节设计规范》GB 50736-2012 第5.1.5条，严寒或寒冷地区设置供暖的公共建筑，在非使用时间内，室内温度必须保持在0℃以上，而利用房间蓄热量不能满足要求时，应按5℃设置值班供暖。

4. 【参考答案】C
【解析】根据《工业建筑供暖通风与空气调节设计规范》GB 50019-2015 第5.2.6条，选项AB正确；根据第5.2.7条，高度附加率应附加于围护结构的基本耗热量和其他附加耗热量上，选项C错误；根据第5.2.8条，选项D正确。
注：根据《民用建筑供暖通风与空气调节设计规范》GB 50736-2012 第5.2.8条，民用建筑的供暖热负荷应对围护结构耗热量进行间歇附加。

5. 【参考答案】C
【解析】参考《复习教材》第1.7.2节"7. 管道保温"。

6. 【参考答案】A
【解析】根据《民用建筑供暖通风与空气调节设计规范》GB 50736-2012 第5.9.14条，热水垂直双管供暖系统和垂直分层布置的水平单管串联跨越式供暖系统，应对热水在散热器和管道中冷却而产生自然作用压力的影响采取相应的技术措施。

7. 【参考答案】C
【解析】由《公共建筑节能设计规范》GB 50189-2015 第3.2.4条可知，选项所述内容仅适合甲类共建，并非所有公共建筑，故选项A错误；由第3.2.7条可知，仅对甲类公建有此要求，故选项B错误。由《建筑节能与可再生能源利用通用规范》GB 55015-2021 表3.3.10-4可知，屋面传热系数不满足表列要求，但在《公共建筑节能设计规范》GB 50189-2015 表3.4.1-1范围内，符合进行热工性能权衡判断条件，故选项C正确；由《建筑节能与可再生能源利用通用规范》GB 55015-2021 第 3.1.3 条可知，体形系数与建筑面积有关，另外本条为强制性条文，不满足要求时应调整建筑体形系数，使其满足要求而非热工性能权衡判断，选项 D 错误。

8. 【参考答案】C
【解析】根据《锅炉房设计标准》GB 50041-2020 第 18.4.5 条，顺坡 400～500m、逆坡 200～300m 设置启动疏水器或经常疏水装置。

9. 【参考答案】A
【解析】根据《辐射供暖供冷技术规程》JGJ 142-2012 第 3.3.7 条，对于采用集中热源分户热计量的热水辐射供暖系统，热负荷计算需考虑间歇运行和户间传热等因素。根据条文说明表 3 查得间歇运行修正系数为 1.2～1.3。因为题目要求计算实际房间热负荷，因此仍需考虑户间传热附加，根据条文说明取平均户间传热量 $7W/m^2$。如此计算实际房间热负荷为 $(1.2～1.3)×3000+7×120=4440～4740$（W）。注：若考察系统干管，则不需考虑户间传热。

10. 【参考答案】D
【解析】根据《锅炉房设计标准》GB 50041-2020 第 15.1.1 条：锅炉间应属于丁类生产厂房，重油油箱间、油泵间和油加热器及轻柴油的油箱间和油泵间应属于丙类生产厂房，故选项 A 错误；第 15.1.2 条：锅炉房的外墙、楼地面或屋面，应有相应的防爆措施。并应有相当于锅炉间占地面积 10% 的泄压面积，故选项 B 错误；第 4.1.6 条：全年运行的锅炉房应设置于总体最小频率风向的上风侧，季节性运行的锅炉房应设置于该季节最大频率风向的下风侧（小区锅炉房属于季节性），故选项 C 错误；第 6.1.7 条：燃油锅炉房室内油箱的总容量，重油不应超过 $5m^3$，轻柴油不应超过 $1m^3$，故选项 D 正确。

11. 【参考答案】D
【解析】根据《建筑给水排水及采暖工程施工质量验收规范》GB 50242-2002 第 8.2.1 条：选项 ABC 正确；第 4.1.3 条：管径小于或等于 100mm 的镀锌钢管应采用螺纹连接；管径大于 100mm 的镀锌钢管应改用法兰或卡套式专用管件连接，故选项 D 错误。

12. 【参考答案】C
【解析】$H=SQ^2$，由所求 S 单位为 kg/m^7，可知 H 的单位为 Pa，Q 的单位为 m^3/s。即：$420=S×(4800/3600)^2$，解得 $S=236.35$。

13. 【参考答案】C
【解析】根据《工业建筑供暖通风与空气调节设计规范》GB 50019-2015 第 5.1.13 条：当数种溶剂（苯及其同系物、醇类或醋酸酯类）蒸气或数种刺激性气体同时放散在空气中时，应按各种气体分别稀释至规定的接触限值所需要的空气量的总和计算全面通风换气量。除上述有害气体及蒸气外，其他有害物质同时放散于空气中时，通风量仅按需要空气量最大的有害物质计算。针对本题：具有刺激性才叠加：SO_2+HCl；有毒，无刺激性不能叠加。

14. 【参考答案】B

【解析】根据《人民防空地下室设计规范》GB 50038-2005 第 5.3.12 条、第 5.2.1 条、第 5.1.2 条，选项 B 错误。

15. 【参考答案】D

【解析】由《建筑设计防火规范》GB 50016-2014（2018 年版）第 8.5.2 条第 4 款可知，非高度大于 32m 的高层厂房疏散走道，只有长度大于 40m 才设排烟设施，故选项 A 不必设；根据第 3.1.1 条表 1，铝粉生产厂房为乙类生产车间，应设置防爆设施，而非排烟设施，故选项 B 不必设；台球社为歌舞娱乐放映游艺场所，根据第 8.5.3 条第 1 款，地上 4 层时，不论建筑面积大于小都需要设排烟，故选项 D 正确。根据第 2.1.17 条，避难走道是指采取防烟措施且两侧设置耐火极限不低于 3.00h 的防火隔墙，用于人员安全通行至室外的走道，故选项 C 避难走道应设防烟而不是排烟，同时可参考《建筑防烟排烟系统技术标准》GB 51251-2017 第 3.1.9 条。

16. 【参考答案】C

【解析】根据《建筑防烟排烟系统技术标准》GB 51251-2017 第 5.1.4 条，选项 A 错误，机械加压送风系统宜设有测压装置及风压调节措施。根据第 4.4.9 条，选项 B 错误，当吊顶内有可燃物时，吊顶内的排烟管道应采用不燃材料隔热，并应与可燃物保持不小于 150mm 的距离。根据第 3.3.12 条和《建筑设计防火规范》GB 50016-2014（2018 年版）第 5.5.23 条第 9 款，选项 C 正确。选项 D 为《建筑防烟排烟系统技术标准》GB 51251-2017 第 3.1.5 条第 2 款原文，但是建立在防烟楼梯间和合用前室皆设置机械加压送风系统的前提下，若满足第 3.1.3 条第 2 款的要求，楼梯间也可以采用自然通风系统。

17. 【参考答案】C

【解析】根据《离心式除尘器》JB/T 9054-2015 第 5.3.1 条，选项 AB 正确；根据第 6.4.1 条，选项 C 错误，质量中位径在 $8\sim 12\mu m$，选项 D 正确。

18. 【参考答案】D

【解析】根据《工业企业设计卫生标准》GBZ 1-2010 第 6.1.1 条，选项 A 错误，应是无毒或低毒物质代替有毒物质；根据第 6.1.1.3 条，选项 B 错误，应对产尘设备采取密闭措施；根据第 6.1.3 条，选项 C 错误，应设置泄险沟（堰）；根据第 6.1.4 条，选项 D 正确。

19. 【参考答案】D

【解析】根据《复习教材》第 2.6.4 节，选项 ABC 正确，选项 D 错误，对于亲水性（水溶性）溶剂的活性炭吸附装置，不宜采用水蒸气脱附的再生方法。

20. 【参考答案】A

【解析】参考《复习教材》式 (3.4-3)。

21. 【参考答案】A

【解析】参考《复习教材》第3.4.7节"3) 表面式换热器的阻力计算"。

22. 【参考答案】C

【解析】《复习教材》式（3.4-11）：析湿系数（换热扩大系数）＝全热/显热＝$(h_1-h_2)/C_p(t_1-t_2)$＝$(50.9-30.7)/1.01×(25-11)$＝1.43。

23. 【参考答案】D

【解析】《公共建筑节能设计标准》GB 50189-2015 第4.5.9条：风机盘管应采用电动水阀和风速相结合的控制，宜设置常闭式电动通断阀。一般来说，普通的舒适性空调采用双位阀即可。设置动态平衡阀的投资较高、增加系统阻力，没有必要在每个风机盘管上设置动态平衡阀。

24. 【参考答案】D

【解析】《公共建筑节能设计标准》GB 50189-2015 第3.4.1条为节能设计权衡判断准入条件，选项ABC均为准入条件。但选项D，屋面透明部分内容并非准入要求，规范只对屋面传热系数、外墙（包含非透光幕墙）传热系数、外窗的传热系数和$SHGC$做了准入规定。

25. 【参考答案】B

【解析】根据《实用供热空调设计手册（第二版）》P2039：选择循环水泵时，宜对计算流量和计算扬程附加5%～10%的余量；$H=1.1×(5+15+2+10)=35.2$（m）。

26. 【参考答案】C

【解析】《复习教材》第3.7.2节"（2）变流量系统"：在系统中设置压差控制旁通电动阀，正是为了解决冷水机组对定流量及最小流量运行的安全要求和用户侧变流量运行的实际使用要求的矛盾。当用户需求的水量减少时，旁通阀逐渐开启，让一部分供水直接进入系统回水管。根据末端用户压差变化，多余的7℃冷水通过旁通管流回与回水混合使得供回水温差降低。

27. 【参考答案】B

【解析】《组合式空调机组》GB/T 14294-2008 第7.2.1条试验工况：供冷进口空气干球温度为35℃，供热进口空气干球温度为7℃。因实际工况夏季风侧温差小，机组供冷量小于额定供冷量，实际出风温度低于额定出风温度，故选项AC正确；实际工况冬季温差大，机组供热量大于额定供热量，实际出风温度低于额定出风温度，故选项B错误、选项D正确。按照公式判断时，供冷、供热量建立在传热系数和传热温差之上，夏季传热温差减小，制冷量减小（选项A正确），换热建立在新风进出口温差上，制冷量减小，新风进出口温差减小，进风温度降低时，出风温度无法判断；冬季传热温差增加，制热量变大（选项B错误），新风进出口温差增加，进风温度降低时，出风温度无法判断。

28. 【参考答案】B

【解析】根据《复习教材》第 4.4.3 节，制冷机组（冷水机组）均配备有完善的控制系统，选项 A 正确。根据第 3.8.5 节，选项 B 错误，应为连续监测，包括空调冷、热水供回水温度和冷却水供回水温度，供回水压差等。根据第 3.7.2 节"（3）集中空调冷水系统的设计原则与注意事项"，选项 C 正确，水泵变频控制的策略既有采用定温差的调控方式，也有采用系统供回水压差或者系统的总流量需求作为控制参数进行调控。根据第 4.4.3 节，选项 D 正确，多台冷水机组优先采用由冷量优化控制运行台数的方式。

29. 【参考答案】C

【解析】根据《洁净厂房设计规范》GB 50073-2013 表 6.3.3，对于 7 级洁净室，按 $15\sim25h^{-1}$ 计算，$10\times8\times3\times(15\sim25)=3600\sim6000$（$m^3/h$）。

30. 【参考答案】A

【解析】参考《复习教材》图 4.3-5。

31. 【参考答案】B

【解析】根据《蒸气压缩循环冷水（热泵）机组 第 1 部分：工业或商业用及类似用途的冷水（热泵）机组》GB/T 18430.1-2007 第 4.3.2.1 条，选项 A 正确；根据《冷水机组能效限定值及能效等级》GB 19577-2015 第 4.2 条表 2，选项 B 错误，应为 2 级；根据《公共建筑节能设计标准》GB 50189-2015 第 4.2.13 条条文说明，选项 C 正确；选项 D 正确，污垢系数不同，蒸发温度和冷凝温度不同，制冷量和运行能耗都会不同。

32. 【参考答案】D

【解析】根据《复习教材》第 4.2.4 节：R134a 与矿物油不相溶，必须使用醇类合成润滑油、酯类合成润滑油和改性 POE 油。

33. 【参考答案】D

【解析】参考《通风与空调工程施工质量验收规范》GB 50243-2016 第 8.3.4 条第 4 款。

34. 【参考答案】B

【解析】选项 A 错误，根据《复习教材》第 4.7.2 节，串联系统制冷机出水温度低，适合大温差冷冻水或低温送风技术；选项 B 正确；选项 C 错误，只有在蓄冷周期内存在稳定且一定数量的供冷负荷时，宜配置基载制冷机；根据《蓄能空调工程技术标准》JGJ 158-2018 第 3.1.12 条，选项 D 错误，具有蓄热功能的水池，严禁与消防水池合用。

35. 【参考答案】C

【解析】《复习教材》第 4.5.2 节：第一类吸收式热泵（也称增热型）是以消耗少量高温热能，产生大量中温有用热能；同时，可以实现制冷（性能系数可大于 1.2）。第二类吸收式热泵（也称升温型）是以消耗中温热能（通常是废热），制取热量少于但温度高于中温热源的热量。升温能力增大，性能系数下降。第二类吸收式热泵的性能系数较低，但由于是利用排放的60～100℃的废热资源，节能效果显著。

36. 【参考答案】B

【解析】《复习教材》第4.4.4节：蒸发式冷凝器，宜比夏季空气调节室外计算湿球温度高8～15℃，选项A错误；螺旋管式和直立管式蒸发器的蒸发温度，宜比冷水出口温度低4～6℃，选项B正确；水冷卧式壳管式冷凝器的冷却水进出口温差宜为4～6℃，选项C错误；风冷式冷凝器的空气进出口温差，不应大于8℃，选项D错误。

37. 【参考答案】B

【解析】《复习教材》式（4.9-15）：$q_v = n_x q_z v_z = (7～8) \times 838 \times 1.49 \times 10^{-3} = 8～10$（m³/h）。对于上进下出式氨泵供液制冷系统，循环倍数n_x取7～8。

38. 【参考答案】D

【解析】《复习教材》第5.3节：采用地源热泵系统应考虑其合理性，工业建筑的工艺性空调要求一般较高或较为特殊，采用地源热泵作为冷热源，应对其能提供的保障率进行分析后再采用。

39. 【参考答案】B

【解析】《复习教材》第6.1.2节：系统不设灭菌消毒设施时，医院、疗养所等建筑加热设备出水温度应为60～65℃，其他建筑出水温度应为55～60℃；系统设灭菌消毒设施时，出水温度均宜相应降低5℃。

40. 【参考答案】D

【解析】根据《城镇燃气设计规范》GB 50028-2006（2020版）第10.4.4条第4款，选项A正确；根据第10.5.3条，选项BC正确；根据第10.4.5条第2款，选项D错误，有外墙的卫生间，可安装密闭式热水器，但不得安装其他类型热水器。

（二）多项选择题

41. 【参考答案】BC

【解析】选项A错误，虽满足了铝制散热器与铜制散热器对系统水的pH的要求，但铜制散热器对Cl^-、SO_4^{2-}含量另有要求，见《复习教材》第1.8.1节；选项B正确，见第1.8.2节；选项C正确，热动力式、可调双金属片式宜用于流量较小的装置，见第1.8.3节；选项D错误，应区分热水供暖系统采用的是重力循环系统还是机械循环系统，应区别对待，见第1.8.4节；重力循环宜接在供水主立管的顶端兼作排气用；机械循环系统时接至系统定压点，一般宜接在水泵吸入口前，若安装有困难时，也可接在供暖系统中回水干管上的任何部位。

42.【参考答案】 CD

【解析】 选项C正确、选项A错误，见《复习教材》第1.8.9节：实际上动态平衡阀仅起到水力平衡的作用；而常用的电动三通或两通阀节流，又是适应承担负荷变化的需求。若要实现水力平衡与负荷调节合二为一，应选用带电动自动控制功能的动态平衡阀；选项B错误，根据得出的阀门系数K_v，查找厂家提供的平衡阀的阀门系数数值，选择符合要求规格的平衡阀。按照管径选择同等公称管径规格的平衡阀是错误的做法。选项D正确，见《民用建筑供暖通风与空气调节设计规范》GB 50736-2012 第5.9.3条。

43.【参考答案】 ACD

【解析】 选项A错误，根据《复习教材》第2.8.1节，锅炉引风机的实验测试条件为：大气压力$B=101.3$kPa，温度为200℃；选项B正确，见《复习教材》第1.11.2节；选项C错误，烟尘的最高允许排放浓度为20mg/m³；选项D错误，锅炉房的设计容量应根据综合最大负荷确定，见《民用建筑供暖通风与空气调节设计规范》GB 50736-2012 第8.11.8条条文说明。

44.【参考答案】 BD

【解析】 根据《复习教材》第1.10.7节，当用户3的阀门关闭时，水压图的变化如图1.10.8（d）中细线所示。用户3的阀门关闭使系统总阻力数增加，总流量减小，从热源到用户3之间的供水和回水管的水压线变平缓，用户3处供回水管之间的压差增加。用户3处作用压差的增加，相当于所有热用户的作用压差都增加。在整个网路中，除用户3以外的所有热用户的流量增加，呈一致失调。由于用户3之后的阻力数未变，用户4、5的流量呈等比一致增加，用户3以后的供水和回水管水压线变陡。用户3前的热用户1和用户2流量呈不等比一致增加，用户2比用户1的流量增加得更多。

45.【参考答案】 ABC

【解析】 根据《供热工程项目规范》GB 55010-2021 第3.1.4条第2款，选项A正确；根据第3.1.7条，选项B正确；根据第3.2.4条，选项C正确；根据第3.2.6条第2款，选项D错误，不应采用玻璃管式油位表，玻璃管式油位表属于就地式物位测量仪表中较易破碎的类别，破碎后有可燃或易燃介质泄漏的危险，且玻璃管式油位表目视效果较差。

46.【参考答案】 AB

【解析】《复习教材》第1.9.1条：在确定分户热计量供暖系统的户内供暖设备容量和户内管道时，应考虑户间传热对供暖负荷的附加，但附加量不应超过50%，且不应计入供暖系统的总热负荷内。选项AB错误；选项C正确，户内时应计入；选项D正确，可以调节各户流量。

47.【参考答案】 BCD

【解析】 根据《公共建筑节能设计标准》GB 50189-2015 第4.2.15条条文说明，"应为冬季室外空调或供暖计算温度"。若缺少供暖计算温度的表述，则表明对于用于供暖的空气源热泵，也要采用冬季室外空调计算温度，故选项A错误。根据《全国民用建筑工程设计

技术措施 暖通空调 动力分册 2009》第 7.1.1.2 条，选项 B 正确。根据《民用建筑供暖通风与空气调节设计规范》GB 50736-2012 第 8.3.1 条第 1 款，选项 C 正确；根据《低环境温度空气源热泵（冷水）机组 第 2 部分：户用及类似用途的热泵（冷水）机组》GB/T 25127.2-2020 第 4.3.3 条表 1，选项 D 正确。

48. 【参考答案】AD

【解析】选项 A 正确，见《供热计量技术规程》JGJ 173-2009 第 3.0.6 条条文说明。选项 B 错误，原为《通风与空调工程施工质量验收规范》GB 50243-2002 的内容，但《通风与空调工程施工质量验收规范》GB 50243-2016 第 C.1.3 条已调整为：风管的严密性测试应分为观感质量检验与漏风量检测。观感质量检验可应用于微压风管，也可作为其他压力风管工艺质量的检验，结构严密与无明显穿透的缝隙和孔洞应为合格。选项 C 正确，见《民用建筑供暖通风与空气调节设计规范》GB 50736-2012 第 6.6.11 条，且曲率半径小于 1.5 倍的平面边长时，应设置弯管导流叶片。选项 D 错误，见《通风与空调工程施工质量验收规范》GB 50243-2016 第 8.3.3 条第 2 款。

49. 【参考答案】CD

【解析】根据《复习教材》图 2.7-3，应不低于 1.3H，即高出不小于 3m。

50. 【参考答案】AB

【解析】根据《复习教材》第 2.4.4 节，选项 AB 正确；选项 C 错误，排风口应设在罩内压力较高的部位，以利于消除罩内正压。为尽量减少把粉状物料吸入排风系统，吸风口不应设在气流含尘高的部位或飞溅区内。选项 D 错误，吸风口速度根据物料的破碎和细粉料的筛分按不同的速度确定。

51. 【参考答案】BCD

【解析】根据《建筑设计防火规范》GB 50016-2014（2018 年版）第 9.3.6 条，选项 A 正确；根据第 9.3.5 条，应采用不产生火法的除尘器，而非干式或湿式，选项 B 错误；第 9.3.8 条，净化有保证危险粉尘的干式除尘器和过滤器应布置在系统负压段上，选项 C 错误；根据《复习教材》第 2.5.5 节，选项 D 错误，《除尘器能效限定值及能效等级》GB 37484-2019 规定中，除尘器能效等级分成 3 级。

52. 【参考答案】ABCD

【解析】根据《复习教材》第 2.12.2 节，选项 ABCD 皆正确。

53. 【参考答案】ABC

【解析】根据《建筑环境通用规范》GB 55016-2021 第 2.2.8 条或《复习教材》第 3.9.2 节，选项 A 错误，应通过控制消声器和管道中的气流速度降低气流再生噪声；根据《建筑设计防火规范》GB 50016-2014（2018 年版）第 6.4.2 条第 1 款，选项 B 错误，封闭楼梯间不能自然通风或自然通风不能满足要求时，应设置机械加压送风系统或采用防烟楼梯间；根据《工业建筑供暖通风与空气调节设计规范》GB 50019-2015 第 6.4.3 条，选项 C 错误，当房间高度大于 6m 时，应按 6m 的空间体积而不是实际空间体积计算；选项 D 正确，详见《饮食建筑设计标准》JGJ 64-2017 第 5.2.4 条第 3 款。

54. 【参考答案】BC

【解析】根据《复习教材》第 2.14 节，选项 A 错误，仅针对疫区的其他公共建筑，医疗建筑的隔离病房区和手术区的全直流式空调系统仍应运行；根据《民用建筑供暖通风与空气调节设计规范》GB 50736-2012 表 3.0.6-2，选项 B 正确，除了配药室 $5h^{-1}$ 以外，门诊、急诊、放射室和病房按 $2h^{-1}$。根据《传染病医院建筑设计规范》GB 50849-2014 第 7.1.4 条，选项 C 正确。根据《复习教材》第 2.14 节，空调通风系统投入运行前，应全面消毒；投入运行后，应定期消毒。但根据《综合医院建筑设计规范》GB 51039-2014 第 7.1.8 条，无特殊要求时不应在空调机组内安装臭氧等消毒装置。医用机组送风系统不得采用产生有害作用与物质的部件，特别强调不得使用淋水式等水介入空气的空气处理部件，以及对患者有潜在危害的消毒装置，故选项 D 错误。

55. 【参考答案】CD

【解析】《公共建筑节能设计标准》GB 50189-2015 第 4.3.5 条：系统作用半径较大、设计水流阻力较高的大型工程，宜采用变流量二级泵系统，当各环路的设计水流阻力相差较大时，宜按区域或系统分别设置二级泵，甚至采用多级泵系统。二级泵系统的基础立足点仍然是冷水机组保持定水量运行，该系统在整个运行过程中有可能会比一级泵压差旁通控制系统节约一部分二级泵的运行能耗。但若要实现节能，二级泵系统应能进行自动变速控制而非台数控制，宜根据管道压差的变化控制转速，且压差能优化调节。

56. 【参考答案】ABC

【解析】参考《复习教材》第 3.1.3 节。另根据《公共建筑节能设计标准》GB 50189-2015 第 4.3.13 条，"排风量也宜适应新风量的变化以保持房间的正压"，故选项 D 不合理。

57. 【参考答案】ABD

【解析】因新风机组的换热器被拆除，夏季供冷时，室外高温高湿的新风没有经过处理直接送入室内，冷负荷变大湿度变大，风盘供冷能力不足的房间即会温度偏高，故选项 A 正确；室外空气闷热时，新风的湿度非常大，直接送入室内导致风盘的凝水变多，水量超出凝水盘外漏，故选项 B 正确；新风机组拆除换热器后，新风系统的阻力损失变小，系统风量变大，各房间风量均会增加，而系统风量变大就有可能导致风机超载，故选项 C 错误、选项 D 正确。

58. 【参考答案】ACD

【解析】参考《复习教材》第 3.4.4 节。另外需注意，等焓线是新风是否承担室内冷负荷的分界线；等湿线是风机盘管是否承担新风潜热负荷的分界线；温线是新风是否承担室内显热负荷的分界线。潜热负荷用于去除相应湿负荷。新风处理到室内等焓线时，风机盘管承担的部分室内显热负荷和新风机组承担的部分新风潜热负荷等量抵消。

59.【参考答案】AC

【解析】选项A正确，见《民用建筑供暖通风与空气调节设计规范》GB 50736-2012 第7.4.8条条文说明，地板送风以较高的风速从尺寸较小的地板送风口送出，形成较强的空气混合；选项B错误，见《公共建筑节能设计标准》GB 50189-2005 第5.3.22条文说明，与全室性空调方式相比，分层空调夏季可节省冷量30%左右，但在冬季供暖工况下运行时并不节能；选项C正确，见《民用建筑供暖通风与空气调节设计规范》GB 50736-2012 第7.4.8条条文说明，其他气流组织会破坏房间内的空气分层；选项D错误，见第7.4.8条条文说明，工作区的热力分层高度根据热源的坐、站姿确定，维持在室内人员活动区之上，宜为1.2~1.8m。

60.【参考答案】ABD

【解析】根据《复习教材》第3.7.2节"（2）变流量系统"，选项ABD正确。有的工程出现盈亏管"倒流"，通常是因为二级泵的扬程选择过大所致，导致夏季用户侧系统的供水温度升高，用户末端会进一步要求供水量加大，从而形成一种恶性循环的局面，故设计应根据负荷正确选择空调末端设备的型号和容量，避免末端设备小温差、大流量下运行。

61.【参考答案】ABCD

【解析】《复习教材》表2.8-6：电机转速与频率的公式：$n=60f(1-s)/p$，当f由50变为40时：$n_2=0.8n_1$；$L_2/L_1=(n_2/n_1)$，得：$L_2=0.8L_1=0.8\times 20000=16000$（$m^3/h$），选项A正确；$P_2/P_1=(n_2/n_1)^2$，得：$P_2=0.64P_1=0.64\times 500=320$（Pa），选项BC正确；$N_2/N_1=(n_2/n_1)^3$，得：$N_2=0.512N_1$，选项D正确。

62.【参考答案】ACD

【解析】根据《空气过滤器》GB/T 14295-2019、《高效空气过滤器》GB/T 13554-2020 及《复习教材》表3.6-2，空气过滤器分为粗效、中效、高中效、亚高效、高效五个等级，选项A错误；选项B正确；选项D错误，对C类、D类、E类、F类过滤器及用于生物工程的A类、B类过滤器应在额定风量下检查过滤器的泄漏，且在《高效空气过滤器》GB/T 13554-2020 第6.3条中明确高效和超高效过滤器应逐台进行检漏试验。根据《高效空气过滤器》GB/T 13554-2020，选项C错误，规范中已经删除关于高效过滤器阻力最高限值的要求，《复习教材》表3.6-2中应同步修改。

63.【参考答案】BCD

【解析】根据《洁净厂房设计规范》GB 50073-2013 第6.1.5条，洁净室送风量理解为保持室内正压，此题选项A负压洁净室非本题考点，根据第6.3.2条，洁净室的送风量为三项中的最大值，除了选项BC以外，还应包括补充给室内的新鲜空气量。

64.【参考答案】BD

【解析】根据《复习教材》第 4.7.4 节，选项 AC 正确，选项 BD 错误。

65. 【参考答案】AD

【解析】根据《民用建筑供暖通风与空气调节设计规范》GB 50736-2012 第 11.1.3 条第 5 款，《工业建筑供暖通风与空气调节设计规范》GB 50019-2015 第 13.1.4 条、第 7.9.3 条第 3 款，选项 AD 正确；选项 B 错误，有限选用闭孔材料；选项 C 错误，阻燃型保冷材料的氧指数应大于或等于 30。

66. 【参考答案】ABCD

【解析】根据《公共建筑节能设计规范》GB 50189-2015 第 4.2.13 条条文说明，选项 ABC 均为实际工程中对 IPLV 的错误认识。IPLV 各部分负荷工况的权重综合考虑了建筑类型、气象条件、建筑负荷分布以及运行时间，是根据 4 个部分负荷工况的累积负荷百分比得出的，不仅仅是对应的运行时间百分比，故选项 A 错误；IPLV 不能用于评价单台冷水机组在实际运行工况下的性能水平，不能用于计算单台冷水机组的实际运行能耗，故选项 B 错误；IPLV 只能用于评价单台冷水机组在名义工厂下的综合部分负荷性能水平，不能用于评价多台冷水机组综合部分负荷性能水平，故选项 C 错误；选项 D 所述计算公式为修订前的 IPLV 计算公式，应采用新的计算公式 $IPLV = 1.2\% \times A + 32.8\% \times B + 39.7\% \times C + 26.3\% \times D$。

67. 【参考答案】BD

【解析】根据《复习教材》第 4.5.4 节，选项 A 错误，同种燃料的多台机组共用烟道，其截面可取各支烟道截面之和的 1.2 倍。不能与非同种燃料或其他类型设备（如发电机）共用烟道。选项 B 正确；选项 C 错误，燃油、燃气锅炉应布置在建筑物的首层或地下一层靠外墙部位，但常（负）压燃油、燃气锅炉可设置在地下二层；选项 D 正确。

68. 【参考答案】ABD

【解析】本题考察的是《民用建筑供暖通风与空气调节设计规范》GB 50736-2012 第 8.7.6 条条文说明的表 14：不同蓄冷介质和蓄冷取冷方式的空调冷水供水温度范围。

69. 【参考答案】AB

【解析】根据《建筑节能与可再生能源利用通用规范》GB 55015-2021 第 2.0.3 条，选项 A 正确；根据《复习教材》第 5.1.3 节 "2. 低碳建筑"，选项 B 正确，三个阶段分别为：建筑材料的生产及运输阶段、运行阶段、建造及拆除阶段；选项 C 错误，建筑拆除阶段的碳排放应包括人工拆除和使用小型机具机械拆除使用的机械设备消耗的各种能源动力产生的碳排放。选项 D 错误，见《建筑碳排放计算标准》GB/T 51366-2019。

70. 【参考答案】ABD

【解析】根据《建筑给水排水设计标准》GB 50015-2019 第 4.6.1 条：建筑内部排水管道应采用建筑排水塑料管及管件或柔性接口机制排水铸铁管及相应管件。

第3套卷·专业案例（上）答案及解析

1. 【参考答案】B

   【主要解题过程】根据《建筑给水排水及采暖工程施工质量验收规范》GB 50242-2002 第 8.6.1 条，热水供暖系统，应以系统顶点工作压力加 0.1MPa 作水压试验，同时在系统顶点的试验压力不小于 0.3MPa。故试验压力为 0.3MPa+0.1MPa=0.4MPa。若在用户 3 地面试压，还应加上 2 用户顶层标高和 3 用户地面标高，即：0.4MPa+24mH$_2$O+5mH$_2$O=0.69MPa。

2. 【参考答案】C

   【主要解题过程】根据《民用建筑供暖通风与空气调节设计规范》GB 50736-2012 附录 A 查得沈阳市冬季供暖室外计算温度为 −16.9℃。

   根据《城市供热管网设计标准》CJJ/T 34-2022 式 (3.2.1-1) 或《复习教材》式 (1.10-8) 得：

   $$Q_h^q = 0.0864 N Q_h \frac{t_i - t_{ave}}{t_i - t_{o.h}} = 0.0864 \times 152 \times 48.1 \times \frac{126000}{1000} \times \frac{18-(-5.1)}{18-(-16.9)} = 52681 (GJ)$$

3. 【参考答案】C

   【主要解题过程】由 $\Delta P = SL^2$，关闭用户 2 前工况得：

   $$S_{C3F} = \frac{P_{C3F}}{L_{C3F}^2} = \frac{21000-14000}{60^2} = 1.94 [Pa/(m^3 \cdot h)^2]$$

   $$S_{B1G} = \frac{P_{B1G}}{L_{B1G}^2} = \frac{23000-12000}{60^2} = 3.06 [Pa/(m^3 \cdot h)^2]$$

   $$S_{BC,FG} = \frac{P_{BC,FG}}{L_{BC,FG}^2} = 2 \times \frac{23000-21000}{140^2} = 0.204 [Pa/(m^3 \cdot h)^2]$$

   $$S_{AB,HG} = \frac{P_{AB}}{L_{AB}^2} + \frac{P_{HG}}{L_{HG}^2} = \frac{25000-23000}{200^2} + \frac{12000-10000}{200^2} = 0.1 [Pa/(m^3 \cdot h)^2]$$

   关闭用户 2 后，由 $\frac{1}{\sqrt{S_{1,3并联}}} = \frac{1}{\sqrt{S_{B1G}}} + \frac{1}{\sqrt{S_{C3F}+S_{BC,FG}}}$；有 $\frac{1}{\sqrt{S_{1,3并联}}} = \frac{1}{\sqrt{3.06}} + \frac{1}{\sqrt{1.94+0.204}}$。

   $$S_{1,3并联} = 0.64 \ [Pa/(m^3 \cdot h)^2]$$

   $$S_{总} = S_{AB,HG} + S_{1,3并联} = 0.1 + 0.64 = 0.74 \ [Pa/(m^3 \cdot h)^2]$$

   由 $\Delta P = SL^2$，总流量 $L_{总} = \sqrt{\frac{P_{总}}{S_{总}}} = \sqrt{\frac{25000-10000}{0.74}} = 142.37 \ (m^3/h)$。

   由 1，3 并联，得：

   $$S_{B1G} L_{B1G}^2 = S_{B3G} L_{B3G}^2 = (S_{C3F}+S_{BC,FG}) L_{B3G}^2 \qquad ①$$

   $$L_{总} = L_{B1G} + L_{B3G} \qquad ②$$

有 $3.06 \times L_{B1G}^2 = S_{B3G} L_{B3G}^2 = (1.94 + 0.204) \times L_{B3G}^2$，$142.37 = L_{B1G} + L_{B3G}$；
$L_{B1G} = 65 \text{m}^3/\text{h}$；$L_{B3G} = 77.4 \text{m}^3/\text{h}$。

4.【参考答案】 B

【主要解题过程】根据《复习教材》第1.8.12节及《民用建筑供暖通风与空气调节设计规范》GB 50736-2012 第8.11.3条，有：

$$\Delta a = 143.6 - 70 = 73.6(\text{℃})，\Delta b = 143.6 - 95 = 48.6(\text{℃})$$

$$\Delta t_{pj} = \frac{\Delta a - \Delta b}{\ln(\Delta a/\Delta b)} = \frac{25}{\ln(73.6/48.6)} = 60.24$$

$$F = \frac{Q}{K \cdot B \cdot \Delta t_{pj}} = \frac{15 \times 10^5}{2000 \times 0.9 \times 60.24} = 13.83(\text{m}^2)$$

注：题中直接给出换热量，不进行附加。详见《全国勘察设计注册公用设备工程师暖通空调专业考试考点精讲》第2篇知识点扩展与总结第8.16节：换热器计算。

5.【参考答案】 A

【主要解题过程】

$$S_1 = \frac{\Delta P_{1j}}{G_{1j}^2} = \frac{4513}{1196^2} = 0.00316[\text{Pa}/(\text{kg} \cdot \text{h})^2]，S_2 = \frac{\Delta P_{2j}}{G_{2j}^2} = \frac{4100}{1180^2} = 0.00295[\text{Pa}/(\text{kg} \cdot \text{h})^2]$$

$$G_s = 0.86 \frac{\sum Q}{(t_g - t_h)} = 0.86 \frac{74800}{(95-70)} = 2573(\text{kg/h})$$

$$\frac{G_{t1}}{G_{t2}} = \frac{1}{\sqrt{S_1}} : \frac{1}{\sqrt{S_2}} = \frac{1}{\sqrt{0.00316}} : \frac{1}{\sqrt{0.00295}} = 0.966$$

环路1和2和实际流量分别为：

$$G_{t1} = 0.966(G_s - G_{t1})，G_{t1} = 1264(\text{kg/h})$$
$$G_{t2} = 2573 - 1264 = 1309(\text{kg/h})$$

根据《复习教材》第1.6.2节，按照不等温降法，环路1计算的温降调整系数为：

$$\frac{\Delta t_1}{\Delta t'_1} = \frac{G'_{t1}}{G_{t1}} = \frac{1264}{1196} = 1.057，\Delta t'_1 = \frac{30}{1.057} = 28.4(\text{℃})$$

6.【参考答案】 D

【主要解题过程】根据《建筑设计防火规范》GB 50016-2014（2018年版）第3.1.1条表1，面粉厂研磨加工部位属于乙类火灾危险性，根据《工业建筑供暖通风与空气调节设计规范》GB 50019-2015 第6.9.2条第1款，甲、乙类厂房或仓库，不得采用循环风。根据第6.9.15条，风机未直接设置在爆炸危险区域内时，输送含有爆炸危险的粉尘、纤维等物质，其含尘浓度为爆炸下限25%及以上时，通风系统应采用防爆型。

应采用防爆型设备的室内最低含尘浓度为：

$$y_2 = 23.5 \times 25\% = 5.875(\text{mg/m}^3)$$

采用防爆型风机的最小通风量为：

$$L_{fb} = \frac{x}{y_2 - y_0} = \frac{100}{5.875 - 0} = 17.02(\text{m}^3/\text{s}) = 61272(\text{m}^3/\text{h})$$

因此，选项 ABCD 四种通风量下，均不得采用循环风，选项 AB 错误。并且只有选项 D 的风机可以采用非防爆型，因此选项 C 错误。

7. 【参考答案】A

【主要解题过程】根据《工业通风（第四版）》，设置稀释低毒性物质的全面通风，室外计算温度应采用冬季通风室外计算温度，根据《民用建筑供暖通风与空气调节设计规范》GB 50736-2012 附录 A 查得 $t_w = -5.5℃$（不应采用题目中的室外供暖计算温度 $-10.1℃$）。

生产设备总放热量：
$$\sum Q_f = 15 \times 10 = 150(kW)$$

由《复习教材》式（2.2-5）列风量平衡，得：
$$G_{ZJ} = G_{jp} - G_{jj} = 10 - 9 = 1(kg/s)$$

由式（2.2-6）列热平衡，得：
$$\sum Q_h + c \cdot G_{jp} \cdot t_n = \sum Q_f + c \cdot G_{jj} \cdot t_{jj} + c \cdot G_{zj} \cdot t_w$$
$$250 + 1.01 \times 10 \times 16 = 150 + 1.01 \times 9 \times t_{jj} + 1.01 \times 1 \times (-5.5)$$

解得，$t_{jj} = 29.4℃$。

8. 【参考答案】C

【主要解题过程】《复习教材》图 2.7-1 及式（2.7-4）、式（2.7-5）、式（2.7-7），流速当量直径为：
$$D_v = \frac{2ab}{a+b} = \frac{2 \times 210 \times 190}{210 + 190} = 199.5 \approx 200(mm)$$

由 $D_v = 200mm$，$v = 12m/s$，查得 $R_{m0} = 9Pa/m$。

温度压力修正：$R_m = K_t K_B R_{m0} = \left(\frac{273+20}{273+100}\right)^{0.825} \times \left(\frac{80.80}{101.3}\right)^{0.9} \times 9 = 0.81 \times 0.8 \times 9 = 5.83(Pa)$

9. 【参考答案】D

【主要解题过程】根据《复习教材》第 2.4.4 节。

$1.5\sqrt{A_p} = 1.5\sqrt{\frac{\pi B^2}{4}} = 1.5\sqrt{\frac{\pi 0.65^2}{4}} = 0.86 < H$，判断为高悬罩。

根据炉口直径 $B = 0.65m$，热源至计算断面距离 $H = 1.1m$，根据式（2.4-23）和式（2.4-30），得：
$$D_z = 0.36H + B = 0.36 \times 1.1 + 0.65 = 1.046(m)$$
$$D = D_z + 0.8H = 1.046 + 0.8 \times 1.1 = 1.926(m)$$

10. 【参考答案】A

【主要解题过程】

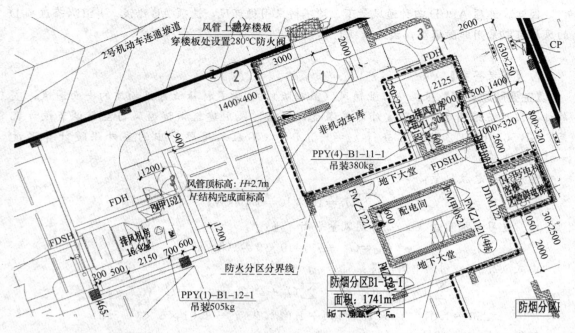

序号	违反条文编号	违反规范内容
1	4.4.1	PPY(1)-B1-11-1与PPY(1)-B1-12-1分别服务于两个不同的防火分区,该两个系统的排出管在图中①处汇总,违反了强制性条文的系统独立原则,机械排烟系统横向按每个防火分区设置独立系统,是指风机、风口、风管都独立设置。
2	4.4.10	PPY(1)-B1-12-系统的排烟管道穿越防火分区分隔②处未设置排烟防火阀FDSH,违反强制性条文。
3	5.2.7	消防控制室设备应显示排烟系统的排烟风机、补风机、阀门等设施启闭状态。图中③处的排烟防火阀未设置信号反馈要求,违反强制性标准,阀门代号应改为FDSH。

11. 【参考答案】A

【主要解题过程】根据《复习教材》式(2.6-1),得:

$$y_2 = \frac{M}{22.4} \cdot C = \frac{(12+16\times 2)}{22.4} \times 1000 = 1964 \ (\text{mg/m}^3)$$

根据式(2.2-1b)得:

$$L = \frac{x}{y_2 - y_0} = \frac{30 \times 3600}{1964 - 700} = 85.4 \ (\text{m}^3/\text{h})$$

12. 【参考答案】D

【主要解题过程】根据《复习教材》第3.7.7节"(3)台数与容量的搭配",小机组设计冷量$Q_x = 400/0.8 = 500$(kW);单台大机组的设计冷量$Q_d = 500/0.5 = 1000$(kW),大机组台数$n = (2500-500)/1000 = 2$。

13. 【参考答案】C
【主要解题过程】（1）关闭阀门前，$\Delta P_{AB}=90+30=120$ （kPa），$Q_单=100$kg/h，$Q_总=300$kg/h，$S_单=\Delta P_单/Q_单^2=90/100^2=0.009$，$S_{AB}+S_{DB}=(\Delta P_{AC}+\Delta P_{DB})/Q_总^2=30/300^2=0.00033$。

（2）阀门关闭后，$\Delta P'_{AB}=120$kPa，根据《复习教材》式（1.10-26），$S'_并=0.00225$，$S'_总=S'_并+S_{AB}+S_{DB}=0.00225+0.00033=0.00258$，则由 $\Delta P'_{AB}=S'_总 Q'^2_总$，可得，$Q'_总=215.7$kg/h。

14. 【参考答案】B
【主要解题过程】
方法一：直接计算法
$$\Delta h=1.01\cdot\Delta t+2500\Delta d$$
$$\sum q/G=1.01\cdot\Delta t+2500\times\sum W/(3600\times G)$$
$$3.3/G=1.01\times 8+2500\times 0.25\times 3.6/(3600\times G)$$

解得 $G=0.331$kg/s。

方法二：查 h-d 图法
已知热湿比线 $\varepsilon=\sum q/\sum W=3300/0.25=13200$，$t=22℃$，$\varphi=55\%$，可得室内状态点的焓，$h_N=45.19$kJ/kg。

由送风温差 $\Delta t=8℃$，可知过室内状态点的热湿比线与14℃等温线交于点 O 的状态参数为：

$h_O=35.04$kJ/kg，送风量 $G=\sum q/(h_N-h_O)=3.3/(45.19-35.04)=0.3251$（kg/s）。

15. 【参考答案】D
【主要解题过程】计算声称的不合格品数 $DQL=115\times(1-0.95)=5.75$，向下取整为5。根据《通风与空调工程施工质量验收规范》GB 50243-2016 第7.2.5条，风机盘管机组风量为主控项目，按附录B表B.0.2-1确定抽样方案。$N=115$，介于110和120之间，查表按上限 $N=120$，$DQL=5$ 查表，得到抽样方案 $(n,L)=(10,1)$。

16. 【参考答案】C
【主要解题过程】根据《复习教材》式（3.4-14），得
$$h_1=58\text{kJ/kg};h_2=30\text{kJ/kg};G(h_1-h_2)=WC_p(t_{w2}-t_{w1})$$
$$18000\times 1.2/3600\times(58-30)=20\times 1000/3600\times 4.2\times(t_{w2}-7),t_{w2}=14.3℃$$
热交换效率系数 $\xi_1=(t_1-t_2)/(t_1-t_{w1})=(25-10.5)/(25-7)=0.805$。

17. 【参考答案】A
【主要解题过程】由题意可知，室内温度18℃为设计温度，题目所要求的是实际室内温度。且 A 房间外围护结构散热量9kW为设计温度下的散热量，需进行实际室内温度下散热量的修正。

由《复习教材》式（1.2-1）：围护结构散热量 $Q=KF\Delta t$，得：

$$\frac{Q_{A实际}}{Q_{A设计}}=\frac{KF(t_{A实际}+12)}{KF(18+12)}$$

$$Q_{A实际}=\frac{9(t_{A实际}+12)}{30}。$$

根据 $Q'=C\rho L \Delta t$，得 $Q_{A实际}-2=1.01\times1.2\times3000\times(30-t_{A实际})/3600$。

解得 $t_{A实际}=21.8℃$。

同理，B 房间只有散热量，则：$-2=1.01\times1.2\times3000\times(30-t_{B实际})/3600$。

解得 $t_{B实际}=32℃$。

18. 【参考答案】B

【主要解题过程】干球温度 20℃，相对湿度 60%，查 h-d 图得室内焓值 $h_{n1}=42kJ/kg$。沿等湿线（热湿比线）与 90% 相交求得送风状态点 O 的焓值 $h_O=35kJ/kg$。

$$\frac{Q}{h_{n1}-h_O}=\frac{0.7Q}{h_{n2}-h_O}$$

$$h_{n2}=0.7(h_{n1}-h_O)+h_O=0.7(42-35)+35=40(kJ/kg)$$

由送风状态点 O 沿等湿度线与等焓线 40kJ/kg 的交点及为实际室内空气状态点 n_2，查 h-d 图，室内温度为 18.0℃，相对湿度 65%，含湿量为 8.35g/kg干空气。

19. 【参考答案】C

【主要解题过程】根据《公共建筑节能设计标准》GB 50189-2015 第 4.3.22 条，风量大于 10000m³/h 时，风道系统 W_s 不宜大于表 4.3.22 数值。办公建筑变风量系统，W_s 限值 0.29。由式（4.3.22）得：

$$\eta_F=\frac{P}{3600W_s\eta_{CD}}=\frac{650}{3600\times0.29\times0.855}=0.728=72.8\%$$

20. 【参考答案】D

【主要解题过程】根据《复习教材》式（3.6-7），有：

$$G=\frac{\left(q+\frac{q'P}{F}\right)}{H}=\frac{\left(12500+\frac{300000\times4}{20}\right)}{2.5}=29000[pc/(min\cdot m^3)]$$

根据式（3.6-9），有：

$$n=60\times\frac{G}{N-N_s}=60\times\frac{29000}{80000-1000}=22(h^{-1})$$

根据表 3.6-14，按插值法得：

$$\phi=1.22-\frac{(1.22-1.16)}{20}=1.217$$

$$n_v=\phi n=1.217\times22=26.7(h^{-1})$$

21. 【参考答案】B

【主要解题过程】设体积流量不变为 V，温度变化则密度发生变化，质量流量 M 发生变化吸热量也发生变化，根据密度公式：

$$\rho_7 = 353/(273+7) = 1.261 (\text{kg/m}^3)$$
$$\rho_2 = 353/(273+2) = 1.284 (\text{kg/m}^3)$$
$$\rho_{-5} = 353/(273-7) = 1.317 (\text{kg/m}^3)$$
$$\rho_{-10} = 353/(273-10) = 1.342 (\text{kg/m}^3)$$

冬季室外蒸发器吸热量变化前：$M_7 \times h_7 - M_2 \times h_2$
冬季室外蒸发器吸热量变化后：$M_{-5} \times h_{-5} - M_{-10} \times h_{-10}$
蒸发器吸热变化率（降低值）：

$$\alpha = \frac{(M_7 \times h_7 - M_2 \times h_2) - (M_{-5} \times h_{-5} - M_{-10} \times h_{-10})}{M_7 \times h_7 - M_2 \times h_2}$$

$$= \frac{(1.261V \times 18.05 - 1.284V \times 9.74) - (1.342V \times 7.4 - 1.317 \times 0.91)}{1.261V \times 18.05 - 1.284V \times 9.74} = 15\%$$

由于冷凝器换热变化比例与蒸发器吸热比例相同，故制热量降低比例也为 15%。

22. 【参考答案】A

【主要解题过程】根据《公共建筑节能设计标准》GB 50189-2015 第 4.2.12 条，当机组类型不同时，其限值应按冷量加权的方式确定。

设计冷源的 $SCOP$：

$$\sum Q = 1407 \times 1 + 2813 \times 3 = 9846 (\text{kW})$$

$\sum W = $ 冷机总耗电功率＋冷却水泵耗电功率＋冷却塔耗电功率
$= (1407/5.6 + 3 \times 2813/6.0) + [300 \times 28/(367.3 \times 0.88 \times 0.74) + 3 \times 600 \times 29/(367.3 \times 0.88 \times 0.75)]$
$\quad + (15 + 3 \times 30)$
$= 2013.4$ （kW）

设计冷源系统的 $SCOP$ 为：

$$SCOP = \frac{\sum Q}{\sum W} = \frac{9846}{2013.4} = 4.89$$

该园区地处上海，上海市为夏热冬冷地区，由表 4.2.12 查得所选螺杆式机组单机 $SCOP$ 限值为 4.4，离心式机组单机 $SCOP$ 限值为 4.6。按冷量加权平均得到冷源系统 $SCOP$ 限值：

$$SCOP_l = \frac{\sum(Q_i SCOP_i)}{\sum Q_i} = \frac{1407 \times 4.4 + 3 \times 2813 \times 4.6}{9846} = 4.57$$

因此，冷源系统 $SCOP$ 为 4.89，大于限定值 4.57，满足节能要求，选 A。

23. 【参考答案】C

【主要解题过程】根据《复习教材》式（4.7-6）及式（4.7-7）：

（1）制冷机的空调工况制冷量 $q_c = Q_l/(n_2 + n_1 \times C_f)$，$q_c = 53000/(10 + 8 \times 0.7) = 3397.44 (\text{kW})$。

（2）蓄冷装置有效容量 $Q_s = n_1 \times C_f \times q_c = 8 \times 0.7 \times 3397.44 = 19025.6$（kWh）。

24.【参考答案】 C

【主要解题过程】 以经济器为对象，进入和流出经济器的质量、能量守恒得：

$$M_R = M_{R1} + M_{R2}$$

$$M_{R1} = \frac{Q_0}{h_1 - h_7} = \frac{50}{(390 - 220)} = 0.294(\text{kg/s})$$

$$(M_{R1} + M_{R2})h_6 = M_{R1}h_7 + M_{R2}h_3$$

$$M_{R1}(h_5 - h_7) = M_{R2}(h_3 - h_5)$$

$$M_{R2} = M_{R1}\frac{h_5 - h_7}{h_3 - h_5} = 0.294 \times \frac{250 - 220}{410 - 250} = 0.055(\text{kg/s})$$

$$Q_k = (M_{R1} + M_{R2}) \times (h_4 - h_5) = (0.294 + 0.055) \times (430 - 250) = 62.82(\text{kW})$$

25.【参考答案】 D

【主要解题过程】 根据《复习教材》式（6.3-1）：计算室内低压燃气管道阻力损失时，应考虑因高程差引起的附加压头：$\Delta H = g(\rho_k - \rho_m)\Delta H = 9.8 \times (1.293 - 0.518) \times 3 = 22.785$（Pa）。

第3套卷·专业案例（下）答案及解析

1. **【参考答案】** C
   【主要解题过程】（1）天津属于寒冷B区，窗墙面积比=(2.5×1.5×4×8)/(14.4×3×8)=0.35。根据《严寒和寒冷地区居住建筑节能设计标准》JGJ 26-2018，查表4.1.4，东向窗墙面积比满足限值要求。
   （2）查表4.2.1-5，得$K \leqslant 2.0$。
   （3）根据第4.2.5条，寒冷地区设置凸窗，传热系数限值应比普通窗降低15%：$K' = K(1-15\%) \leqslant 1.7$。
   （4）根据第4.2.4条，"当设置了展开或关闭后可以全部遮蔽窗户的活动式外遮阳时，应认定满足本标准第4.2.2条对外窗的遮阳系数的要求"，对遮阳系数不作要求。

2. **【参考答案】** C
   【主要解题过程】 根据《复习教材》式(1.4-25)，得：
   $$L = \frac{Q}{293} \cdot k = \frac{450 \times 1000}{293} \times 6.4 = 9829.3(\text{m}^3/\text{h})$$
   房间体积为：
   $$V = 60 \times 60 \times 18 = 64800(\text{m}^3)$$
   换气次数为：
   $$n = \frac{L}{V} = \frac{9829.3}{64800} = 0.15 < 0.5$$
   根据《民用建筑供暖通风与空气调节设计规范》GB 50736-2012第5.6.6条及《复习教材》第1.4.3节第1条"（5）室外空气供应系统的计算和配置"，无需设置室外空气供应系统。

3. **【参考答案】** C
   【主要解题过程】 根据《复习教材》第1.8.1节，有：
   $$\frac{1500 \times 5}{95-70} = \frac{1500}{95-t_1} = \frac{1500}{t_4-70}, t_1 = 90, t_4 = 75$$
   假定$\beta_1=1$，流量变化为5倍，查得流量增加系数为0.83，则第一组散热器片数：
   $$F_1 = \frac{Q}{K\Delta t_p}\beta_1\beta_2\beta_3\beta_4 = \frac{1500 \times 1 \times 1 \times 1 \times 0.83}{3.663(\frac{95+90}{2}-18)^{1.16}} = 2.289 \text{（m}^2\text{)}$$
   $$n'_1 = \frac{2.289}{0.2} = 11.45 \text{（片）}$$
   查表1.8-2，得$\beta_1=1.05$，$n_1=11.45 \times 1.05=12.02$（片）。
   根据《全国民用建筑工程设计技术措施 暖通空调 动力分册2009》第2.3.3条，有：

$\dfrac{0.02}{12.02} \times 100\% = 0.16\% < 7\%$，故取 $n_1 = 12$ 片。

同理，第五组散热器片数：

$$F_5 = \dfrac{Q}{K\Delta t_p}\beta_1\beta_2\beta_3\beta_4 = \dfrac{1500 \times 1.251 \times 1 \times 1 \times 0.83}{3.663\left(\dfrac{75+70}{2}-18\right)^{1.16}} = 4.115 \, (\text{m}^2)$$

$$n'_5 = \dfrac{4.115}{0.2} = 20.58 \, (\text{片})$$

查表 1.8-2，$\beta_1 = 1.1$，$n_1 = 20.58 \times 1.1 = 22.64$（片）。

$\dfrac{0.64}{22.64} \times 100\% = 2.8\% > 2.5\%$，故取 $n_5 = 23$ 片。

$n_5 - n_1 = 23 - 12 = 11$ 片。

4. 【参考答案】C

【主要解题过程】根据《复习教材》第 1.8.3 节，有：$P_2 = P_3 + P_4 + P_z$，因为 $P_1 = 2P_2$，所以有：$P_0 = P_L + P_1 = 500 \times 200 \times (1+20\%)/10^6 + 2 \times (0.01 + 10 \times 1000 \times 9.8/10^6 + 0.02) = 0.376$（MPa）

5. 【参考答案】A

【主要解题过程】参考《辐射供暖供冷技术规程》JGJ 142-2012 第 3.4.7 条及第 3.1.4 条。

(1) 顶棚辐射供冷时：$q_{dp} = 800/20 = 40 \text{W/m}^2$。

$T_{dppj} = t_n - 0.175 q^{0.976} = 26 - 0.175 \times 40^{0.976} = 19.6$ (℃) > 17℃，满足要求。

(2) 地面辐射供冷时：$q_{dm} = 800/(20-4) = 50$ (W/m^2)。

$T_{dmpj} = t_n - 0.171 q^{0.989} = 26 - 0.171 \times 50^{0.989} = 17.8$ (℃) < 19℃，不满足要求。

6. 【参考答案】C

【主要解题过程】根据《复习教材》式 (1.5-19)、式 (1.5-18)，得：

$$\dfrac{Q_d}{Q_n} = \dfrac{t_{pj} - t_n}{t_{pj} - 15} = \dfrac{\dfrac{95+70}{2} - 18}{\dfrac{95+70}{2} - 15}, \, Q_d = 5.73(\text{kW})$$

按热负荷算：

$$n = \dfrac{Q}{Q_d \times \eta} = \dfrac{94-30}{5.73 \times 0.8} = 14(\text{台})$$

按换气次数算：

$$n = \dfrac{1.5 \times 6 \times 1000}{500} = 18(\text{台})$$

取大值：18 台。

7.【参考答案】D
【主要解题过程】(1) 题目中的排气筒的排放速度为：$L=(50\times 60000)/10^6=3$(kg/h)。
(2) 根据《环境空气质量标准》GB 3095-2012 第 4.1 条，一般工业区内（非特定工业区）为二级区域，查《大气污染物综合排放标准》GB 16297-1996 表 2 可知，排气筒高度为 20m 的石英粉尘标准排放限值为 3.1kg/h。
(3) 根据第 7.1 条的规定：排气筒高度除须遵守表列排放速率标准值外，还应高出周围 200m 半径范围的建筑 5m 以上，不能达到该要求的排气筒，应按其高度对应的表列排放速率标准值严 50% 执行。目前仅高出 2m，应严格 50% 后为 $3.1\times 50\%=1.55$ (kg/h)＞3kg/h。故排放不达标。

8.【参考答案】D
【主要解题过程】参考《复习教材》式（2.5-17），根据除尘器分级效率，得：
$$\eta=0.65\times 10+0.75\times 25+0.86\times 40+0.95\times 15+0.92\times 10=82.35\%$$

9.【参考答案】C
【主要解题过程】根据《复习教材》式（2.3-19）及式（2.3-12），有：
根据有效热量系数 $m=0.4$ 可知：
$$t_p=t_w+(t_n-t_w)/m=32+(35-32)/0.4=39.5(℃)$$
室内平均温度为：
$$t_{pj}=(t_p+t_n)/2=(39.5+35)/2=37.25(℃)$$

10.【参考答案】B
【主要解题过程】使用通风耗电量为：
$$N_{通}=\frac{Q}{c\rho\Delta t}\times 1.5=\frac{10}{1.01\times 1.2\times(28-t_w)}\times 1.5$$
使用空调耗电量为：
$$N_{空}=\frac{Q}{COP}=\frac{10}{4-0.005\times(t_w-35)}$$

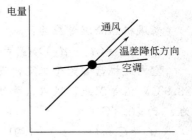

根据题意（见右图），二者相等时的温度为切换温度。
$$\frac{10}{1.01\times 1.2\times(28-t_w)}\times 1.5=\frac{10}{4-0.005\times(t_w-35)}$$
解得：$t_w=22.98℃$。

11.【参考答案】D
【主要解题过程】由《人民防空地下室设计规范》GB 50038-2005 表 5.2.4 查得隔绝防护时间 $\tau\geq 6h$，CO_2 容许浓度 $C\leq 2.0\%$，根据第 5.2.5 条，对于一般掩蔽人员，$C_1=20$L/(人·h)，根据 $q=10$m³/(人·h) 查表 5.2.5 得初始浓度 $C_0=0.25\%$。
$$t=\frac{1000V_0(C-C_0)}{nC_1}=\frac{1000\times 5000(2.0\%-0.25\%)}{800\times 20}=5.46(h)<6(h)$$
因此，达不到设计要求的隔绝防护时间。

掩蔽人数 $n = \dfrac{1000V_0(C-C_0)}{\tau C_1} = \dfrac{1000 \times 5000(2.0\% - 0.25\%)}{6 \times 20} = 729(人)$

12. 【参考答案】C
【主要解题过程】(1) 平时量计算：根据《民用建筑供暖通风与空气调节设计规范》GB 50736-2012 第 6.3.8 条，双层停车库排风量，应按稀释法计算通风量。

气体总量：
$$M = \dfrac{T_1}{T_0} \cdot m \cdot t \cdot k \cdot n = \dfrac{273+500}{273+20} \times 0.025 \times 4 \times 1 \times 120 = 31.7(\text{m}^3/\text{h})$$

CO 的量：
$$G = My = 31.7 \times 55000 = 1743500(\text{mg/h})$$

排风量：
$$L = \dfrac{G}{y_1 - y_0} = \dfrac{1743600}{30 - 2} = 62268(\text{m}^3/\text{h})$$

(2) 消防量计算：根据《汽车库、修车库、停车库设计防火规范》GB 50067-2014 第 8.2.5 条，层高 6.5m，插值求得排烟量为 35250 m³/h。

(3) 平时排风量与消防排烟量取大值，则计算排风兼排烟量不小于 62268 m³/h。

13. 【参考答案】D
【主要解题过程】由 $t_n = 27℃$，$\varphi_n = 60\%$ 查 h-d 图可知室外参数含湿量 $d_w = 22.46\text{g/kg}_{干空气}$。

新风机组的送风量为：
$$G_x = 4500 \times 1.2 = 5400(\text{kg/h})$$

新风机组除湿量应为：
$$W = (d_w - d_x) \times G_x = (22.46 - 8.0) \times 5400 = 78084(\text{g/h}) = 78.084(\text{kg/h})$$

室内风机盘管为干工况，没有湿量变化，由室内状态点 N（干球温度 36℃、湿球温度 28.9℃）沿等湿线，风机盘管处理到相对湿度为 90% 时，查 h-d 图，得风机盘管送风温度为 t_o 为 20.3℃。
$$Q = C_p m(t_n - t_o) = 1.01 \times (30000 - 4500) \times 1.2/3600 \times (27 - 20.3) = 57.5(\text{kW})$$

14. 【参考答案】B
【主要解题过程】新风系统送风干球温度低于室内干球温度，因此新风系统承担一部分室内显热冷负荷：
$$Q_{x,w} = c_p \rho L_x(t_n - t_{w,o}) = 1.01 \times 1.2 \times \dfrac{2000}{3600} \times (26-19) = 4.71(\text{kW})$$

温度控制系统实际承担冷负荷：
$$Q_{x,g} = Q_x - Q_{x,w} = 35 - 4.71 = 30.29(\text{kW})$$

温度控制系统送风量：
$$L_g = \dfrac{3600 Q_{x,g}}{\rho c_p(t_n - t_{g,o})} = \dfrac{3600 \times 30.29}{1.2 \times 1.01 \times (26-20)} = 14995(\text{m}^3/\text{h})$$

15. 【参考答案】C

【主要解题过程】令热水盘管后的送风状态点为3，则13过程为等湿加热，32过程为等焓加湿。

根据《复习教材》式（3.1-4），得：

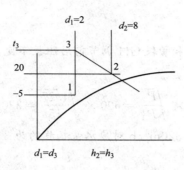

$$h_2 = 1.01t_2 + d_2(2500 + 1.84t_2) = 1.01 \times 20 + 0.008(2500 + 1.84 \times 20) = 40.49(\text{kJ/kg})$$
$$h_3 = 1.01t_3 + d_3(2500 + 1.84t_3) = 1.01t_3 + d_1(2500 + 1.84t_3)$$
$$= 1.01t_3 + 0.002(2500 + 1.84 \times t_3) = h_2 = 40.49(\text{kJ/k})$$

解得 $t_3 = 35.1℃$。

16. 【参考答案】B

【主要解题过程】根据《民用建筑供暖通风与空气调节设计规范》GB 50736-2012 第7.4.10条第2款，空调精度±0.5℃时的最大送风温差为6℃，最低送风温度 $t_O = 25 - 6 = 19℃$，热湿比线 $\varepsilon = 21000/3 = 7000$。

本题按照二次回风系统，过室内N点做热湿比线ε与19℃温度线交点即为送风状态点O，热湿比线ε过点O作延长线交90%相对湿度线于机器露点L，查得 $t_L = 12℃$。h-d 图如下：

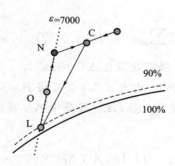

17. 【参考答案】A

【主要解题过程】根据《复习教材》式（3.9-5），得：

$$L_{W2} = L_{W1} + 50\lg\frac{n_2}{n_1} = L_{W1} + 50\lg\frac{1450}{960} = L_{W1} + 8.95\text{dB}$$

18. 【参考答案】C
【主要解题过程】根据《复习教材》式（3.5-11），得：
$$v_2 = \frac{r_1^2}{r_2^2} \times v_1 = \frac{0.2^2}{0.5^2} \times 4 = 0.64 (\text{m/s})$$

19. 【参考答案】B
【主要解题过程】管段 AB 和管段 GH 调节前后阻抗不变，根据 $P=SG^2$，以管段 AB 为研究对象，调节后管路流量为：
$$G_2 = G_1 \times \sqrt{\frac{P_2}{P_1}} = 600 \times \sqrt{\frac{4.27}{15}} = 320(\text{m}^3/\text{h})$$

由水泵 Q-H 曲线图查得，320m³/h 对应水泵扬程约为 310kPa。

20. 【参考答案】C
【主要解题过程】根据《洁净厂房设计规范》GB 50073-2013 第 3.0.1 条，得：
$$C_n = 10^N (0.1/D)^{2.08}$$
$$13700 = 10^N (0.1/0.5)^{2.08}$$

解得 $N=5.59$，N 按 0.1 为最小允许递增量，得 $N=5.6$。

注：C_n 是四舍五入至相近的整数，有效位数不超过 3 位数，因此在代入数据时应用 "13700" 而不是题干中给出的 "13715"；N 按 0.1 为最小允许递增量，题中 $N=5.59$，不是简单地按 "四舍五入" 取 $N=5.6$，而是按满足洁净度等级要求按更严格的 0.1 等级退级为 5.6。

21. 【参考答案】C
【主要解题过程】根据《蓄能空调工程技术标准》JGJ 158-2018 第 3.3.5 条，载冷剂循环泵的耗电输热比应满足：
$$ECR = \frac{N}{Q} = 11.136 \sum [m \times H/(\eta_b \times Q)] \leqslant A \times B/(C_p \times \Delta T)$$

蓄冷工况规定的载冷剂计算供回液温差 $\Delta T = 3.4℃$。

由表 3.3.5-1 查得 $A=16.469$，由表 3.3.5-2 查得 $B=30$，由附录 B 查得载冷剂密度为 1053.11kg/m³，比热为 3.574kJ/kg·K（注：规范中单位错误）。

故有：
$$\eta_b \geqslant \frac{11.136 C_p \Delta T \sum mH}{A \times B \times Q} = \frac{11.136 \times 3.574 \times 3.4 \times (2 \times 150 \times 1053.11 \times \frac{40}{3600})}{16.469 \times 30 \times 1700}$$
$$= 0.565 = 56.5\%$$

22. 【参考答案】C
【主要解题过程】根据《空气调节系统经济运行》GB/T 17981-2007 第 3.4 条和 5.3.1 条，设制冷系统整个供冷季运行总时间为 t，则有：

供冷冷负荷：$Q=500\times1\times0.1t+500\times0.75\times0.2t+500\times0.5\times0.4t+500\times0.25\times0.3t=500\times0.525t$（kWh）

空调系统（不包括末端）能效比：

$$EER_r=\frac{Q}{\sum N}=\frac{Q}{\frac{Q}{COP}+(N_{冷水泵}+N_{冷却水泵}+N_{冷却塔})t}=\frac{500\times0.525t}{\frac{500\times0.525t}{5}+(25+20+4)t}$$
$$=2.59$$

23. 【参考答案】D

【主要解题过程】参考《复习教材》式（4.1-1）。

根据过冷器热平衡关系，$h_5=h_9$，$h_1=h_6$，因此有

$$(MR_1+MR_2)\times h_5=MR_1\times h_6+MR_2\times h_7$$
$$MR_1/MR_2=(h_7-h_5)/(h_7-h_6)=(1500-686)/(1500-616)=0.921$$
$$\varepsilon=q/w=(h_2-h_1)\times MR_1/[(h_3-h_2)\times MR_1+(h_8-h_7)\times MR_2]$$
$$=(1441-616)\times0.921/[(2040-1441)\times0.921+(1900-1500)\times0.079]=1.30$$

24. 【参考答案】B

【主要解题过程】根据《公共建筑节能设计标准》GB 50189-2015 式（4.2.13）计算 $IPLV$ 值：

$$IPLV=1.2\%\times A+32.8\%\times B+39.7\%\times C+26.3\%\times D$$
$$=1.2\%\times\frac{824}{154}+32.8\%\times\frac{624}{102}+39.7\%\times\frac{416}{66}+26.3\%\times\frac{208}{38}$$
$$=6.01$$

大连为寒冷地区，由第4.2.11条得，824kW 水冷螺杆机 $IPLV$ 限值为 5.85，变频机组不应低于表列值的1.15倍，故该变频水冷螺杆式机组限值为 $5.85\times1.15=6.73>6.01$，因此，该机组不满足节能要求。

25. 【参考答案】C

【主要解题过程】根据《复习教材》式（6.1.2）可知，生活给水最大用水时平均秒流量为：$Q_S=Q_h/3600=m\cdot q_0\cdot k_h/(3600\cdot T)$，故有：

$$Q_S=(5\times21\times8\times4)\times130\times2.3/(3600\times24)=11.63(L/s)$$

全国注册公用设备工程师（暖通空调）执业资格考试答题卡和答题纸示例

注册公用设备工程师（暖通空调）专业知识答题卡

注册公用设备工程师（暖通空调）专业案例答题纸

单位：

姓名：

填涂方式：用2B铅笔这样填写 ▬
不允许这样填写 [●] [■] [✓] [◢]
修改要用橡皮擦擦干净

准考证号

贴条形码区

请将试题册背面条形码撕下后贴在上方贴条形码处，请勿贴出框外！

缺考标记，考生禁填！ □
由监考老师负责用黑色字迹的签字笔填涂。

答案填涂区

1 [A] [B] [C] [D]　　6 [A] [B] [C] [D]　　11 [A] [B] [C] [D]　　16 [A] [B] [C] [D]　　21 [A] [B] [C] [D]
2 [A] [B] [C] [D]　　7 [A] [B] [C] [D]　　12 [A] [B] [C] [D]　　17 [A] [B] [C] [D]　　22 [A] [B] [C] [D]
3 [A] [B] [C] [D]　　8 [A] [B] [C] [D]　　13 [A] [B] [C] [D]　　18 [A] [B] [C] [D]　　23 [A] [B] [C] [D]
4 [A] [B] [C] [D]　　9 [A] [B] [C] [D]　　14 [A] [B] [C] [D]　　19 [A] [B] [C] [D]　　24 [A] [B] [C] [D]
5 [A] [B] [C] [D]　　10 [A] [B] [C] [D]　　15 [A] [B] [C] [D]　　20 [A] [B] [C] [D]　　25 [A] [B] [C] [D]

答题区（红色框线内）

必须使用黑色字迹签字笔作答。非答题区域的作答均为无效。

1.

必须使用黑色字迹签字笔作答。非答题区域的作答均为无效。

2.

3.

4.

5.

6.

7.

必须使用黑色字迹签字笔作答。非答题区域的作答均为无效。

8.

9.

10.

11.

必须使用黑色字迹签字笔作答。非答题区域的作答均为无效。

12.

13.

必须使用黑色字迹签字笔作答。非答题区域的作答均为无效。

14.

15.

必须使用黑色字迹签字笔作答。非答题区域的作答均为无效。

16.

17.

18.

19.

必须使用黑色字迹签字笔作答。非答题区域的作答均为无效。

20.

21.

22.

23.

必须使用黑色字迹签字笔作答。非答题区域的作答均为无效。

24.

25.